旅館資訊系統

【客房電腦】

Hotel Computer System

蕭君安、陳堯帝◇著

餐旅叢書序

近年來，隨著世界經濟的發展，觀光餐飲業已成爲世界最大的產業。爲順應世界潮流及配合國內旅遊事業之發展，各類型具有國際水準的觀光大飯店、餐廳、咖啡廳、休閒俱樂部，如雨後春筍般的建立，此一情勢必能帶動餐飲業及旅遊事業的蓬勃發展。

餐旅業是目前最熱門的服務業之一，面對世界性餐飲業之劇烈競爭，餐旅服務業是以服務爲導向的專業，有賴大量人力之投入，服務品質之提升實是刻不容緩之重要課題。而服務品質之提升端賴透過教育途徑以培養專業人材始能克盡其功，是故餐飲教育必須在教材、師資、設備方面，加以重視與實踐。

餐旅服務業是一門範圍甚廣的學科，在其廣泛的研究領域中，略可分爲兩大領域：一爲有形的硬體，包括國際水準的觀光大飯店、餐廳、咖啡廳、休閒俱樂部等設施；一爲「人」的，包括顧客和餐旅管理及從業人員，兩者之間相互搭配，相輔相成，互蒙其利。然而，從業人員之訓練與培育非一蹴可幾，著眼需要，長期計畫予以培養，方能適應今後餐旅行業的發展；由於科技一日千里，電腦、通信、家電（三C）改變人類生活形態，加上實施周休二日，休閒產業蓬勃發展，餐旅行業必然會更迅速成長，因而往後餐旅各行業對於人才的需求自然更殷切，導致從業人員之教育與訓練更加重要。

餐旅業蓬勃發展，國內餐旅領域中英文書籍進口很多，中文

書籍較少，並且涉及的領域明顯不足，未能滿足學術界、從業人員及消費者的需求，基於此一體認，擬編撰一套完整「餐旅叢書」，以與大家分享。經與總編輯構思，此套叢書應著眼餐旅事業目前的需要，做為餐旅業界往前的指標，並應能確實反應餐旅業界的眞正的需要，同時能使理論與實務結合，滿足餐旅類科系學生學習需要，因此本叢書將有以下幾項特點：

1. 餐旅叢書範圍著重於國際觀光旅館及休閒產業，舉凡旅館、餐廳、咖啡廳、休閒俱樂部之經營管理、行銷、硬體規劃設計、資訊管理系統、行業語文、標準作業程序等各種與餐旅事業相關內容，都在編撰之列。

2. 餐旅叢書採取理論和實務並重，內容以行業目前現況爲準則，觀點多元化，只要是屬於餐旅行業的範疇，都將兼容並蓄。

3. 餐旅叢書之撰寫性質不一，部分屬於編撰者，部分屬於創作者，也有屬於授權翻譯者。

4. 餐旅叢書深入淺出，適合技職體系各級學校餐旅科系的教科書，更適合餐旅從業人員及一般社會大眾的參考書籍。

5. 餐旅叢書爲落實編撰內容充實與客觀性，編者帶領學生赴歐海外實習參觀旅行之際，搜集歐洲各國旅館大學教學資料，訪問著名旅館、餐廳、酒廠等，給予作者撰寫之參考。

6. 餐旅叢書各書的作者，均獲得國內外觀光餐飲碩士學位以上，並在國際觀光旅館實際參與經營工作，學經歷豐富。

身爲餐旅叢書的編者，謹在此感謝本叢書中各書的作者，若非各位作者的奉獻與合作，本叢書當難以順利付梓，最後要感謝揚智文化事業股份有限公司總經理、總編輯及工作人員支持與工作之辛勞，才能使本叢書順利的呈現在讀者面前。

陳堯帝　謹識

中華民國89年9月

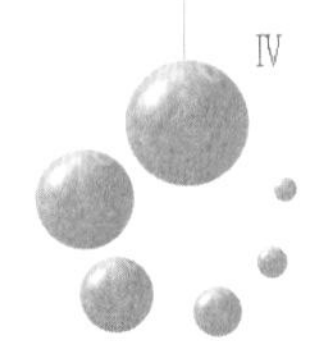

自序

資訊科技的突飛猛進，帶給旅館學門的革命性改變，旅館產業資訊化的全面發展將成爲旅館業未來制勝的利器，面對瞬息萬變的競爭環境，旅館業需要以最快、最正確、最經濟的方式取得所需的資訊，以產生適當的決策，創造旅館業的成功和永續經營。

隨著世界經濟的發展，觀光餐飲業已成爲世界最重要的產業。爲因應餐旅潮流及配合國內餐旅事業之發展，各類型具有國際水準的觀光大飯店，加入國際連鎖飯店系統，此一情勢必能帶動餐飲業及旅遊事業的蓬勃發展。

面對世界性餐飲業之劇烈競爭，服務品質之提升實是刻不容緩之重要課題。而服務品質之提升端賴透過教育途徑以培養專業人材始能克盡其功，是故餐旅教育必須在教材、師資、設備方面，加以重視與實踐。

爲落實旅館資訊系統編撰內容充實與客觀性，作者帶領學生赴海外實習參觀旅行之際，搜集歐洲各國旅館大學教學資料，訪問著名旅館、餐廳等，編著《旅館資訊系統》一書，適合技職體系餐旅管理科系、觀光事業科系學生更深入的瞭解旅館資訊系統管理的重要性，同時滿足學術界、從業人員及消費者的需求。本書編撰以簡明扼要爲原則，內容豐富，資料新穎，對提高旅館、餐廳經營理念，必能駕輕就熟，本書具有下列特色：

1.本書內容共分十九章，大約三十萬餘言，四百餘頁。

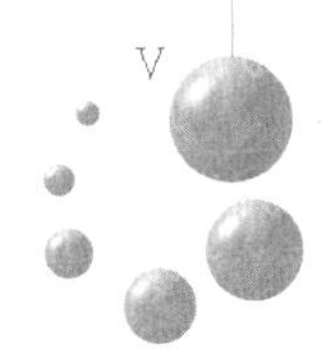

2.本書爲便利學生學習，文辭力求簡明易懂，並附上簡易光碟片，在586以上PC視窗環境可以執行。

3.旅館產業受到資訊化的衝擊，所有經營者必須具備的營運工具。

本書得以出版，首先感謝德安資訊股份有限公司黃總經理大力支持，提供所有相關資料，感謝師長的鼓勵及餐旅業先進之指正，總感覺此書資料不盡完善，尚祈各位先進賢達不吝賜予指教，多加匡正是幸。

蕭君安　陳堯帝　謹誌

民國89年9月

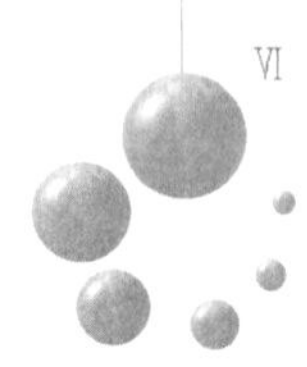

目錄

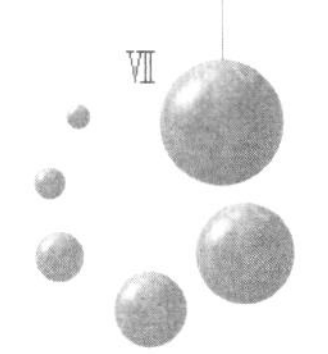

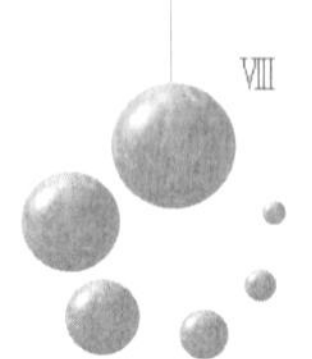

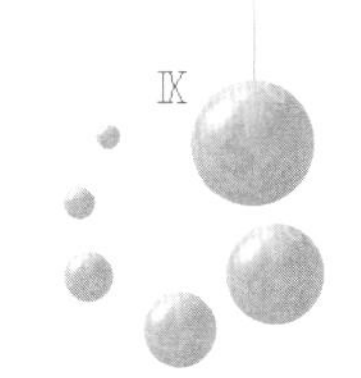

Chapter 1
旅館資訊系統概論

資訊業界鉅子，美國微軟（Microsoft）公司創辦人暨執行長比爾·蓋茲，著作《數位神經系統》一書，指出是企業把井然有序的資訊活動，適時地提供給公司適當的單位。 數位神經系統包括數位流程，公司可以藉此瞭解環境並做出回應，能察覺競爭者的挑戰、顧客的需要，然後適時地提出應對措施。數位神經系統需要軟硬體的組合，單純的電腦網路無法與之相提並論。它能提供精準、直接和豐富的資訊給經營者，而這些資訊亦增進經營者的洞悉力和彼此的合作。

旅館資訊系統（Hotel Computer System），它是旅館經營者的數位神經系統，包括旅館經營的整個流程，經營者可以藉旅館資訊系統瞭解營運狀況並做出回應，能察覺競爭者的挑戰、顧客的需要，然後適時地提出經營策略。旅館資訊系統需要軟硬體的組合，它能提供精準、直接和豐富的資訊給旅館經營者，而這些資訊亦增進經營者的洞悉力和生產力。

最佳決策（Optimized）的產出，端賴精確的資訊服務。如何善加運用資訊管理，誠爲現代旅館業管理人，所應面對的重要課題。尤其旅館業的結構和市場的狀況。經常一夕之間產生巨大的變化，經營管理者想要在多變化環境中應付自如，就必須從資訊系統中，及早獲得充分有利的相關資訊，再參酌當時情況，依據既定的政策，加以分析、研判，得到結論，作爲決策，行動的綱領。因此，管理資訊系統（Management Information System）遂在這種環境之下應用而生。

如果以「顧客的滿意度」來考慮提昇服務品質的方法，員工，尤其是與顧客直接接觸的外場人員，是影響顧客滿意度的關鍵，除了加強訓練、提高待遇及實施獎勵制度外，運用先進的科技，來支援第一線員工作業，以提高產力，已成爲提昇服務品質必要的工具。因而「顧客」、「員工」、「科技」的掌握，成爲旅館業者突破困境，擬訂競爭策略的核心。

資訊系統在旅館業的發展

旅館發展資訊系統的重要性

國內各類型旅館經營管理者已進入使用電腦資訊系統時代，因此目前PC工作站正逐漸被經營者認同，由於PC網路系統的出現，電腦已爲越來越多的一般企業和服務業在日常經營帶來了顯著的變化。旅館管理系統（Hotel Computer System，簡稱HCS）在國內日漸普及，除提供資料處理之簡易性，並能減少許多不必要的錯誤，使電腦系統眞正發揮其應有的功能。

一般HCS系統爲適應大、小不同的旅館需要，易於修改，運用靈活，具備全面性的功能，並可提供外界連接介面供使用者選擇，一般常使用爲電話計費界面系統、房間狀態指示器、磁卡門鎖、PAY-TV、P.O.S 系統介面等。

旅館使用資訊系統普及化的原因

1. 旅館經營者需要快速而有效率的處理作業，PC網路廣泛的被旅館界採用，特別是現行在國內加入國外連鎖之知名旅館例如，六福皇宮、大溪環鼎、高雄晶華都已經更換或準備更換爲PC網路系統。
2. 旅館的經營利潤壓力大，人事費用增加，追求合理化及電腦化之旅館管理系統。
3. 旅館連鎖性的發展，訂位、預約網路的效率化，電腦作業的需求量增加。
4. 旅館飯店業務用的軟體及電腦設備因技術革新而加速的進

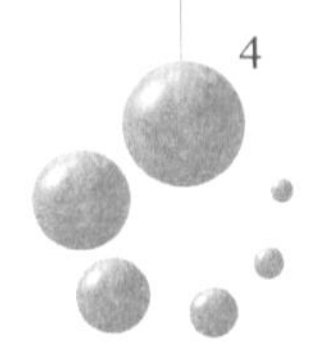

步。

5. 因新技術的開發與市場上之成長，電腦硬體設備價格明顯降低，設備投資容易。
6. 旅館非專業人員也可簡易操作的電腦。

旅館資訊系統的規劃

旅館資訊系統的規劃應考慮的方向

1. 旅館服務品質的提高。
2. 在電腦的維修保養及故障時，是否有充份的後援或防備對策。
3. 太複雜的需求，電腦無法發揮功能。
4. 連鎖性的旅館，電腦的效益愈大。
5. 電腦操作人員的訓練比硬體設備的購買更重要。

旅館前檯系統功能

HCS系統主要是根據各種旅館的具體要求任意編排，另外也可以按照你的要求設置一些綜合性的參數，例如，獨特房間類型、客房特徵、市場代碼、貨幣等等，它的特點是任何其他系統所不及的，更便於旅館管理者按自己的需要隨時進行修改來協調系統，每一模塊和子模塊在任何時候都能與其他模塊溝通，因此所有數據只需要向系統輸入一次，有關部門就隨時都能得到所需要的信息，從而使得重複工作和可能發生的錯誤減少到最低程度。

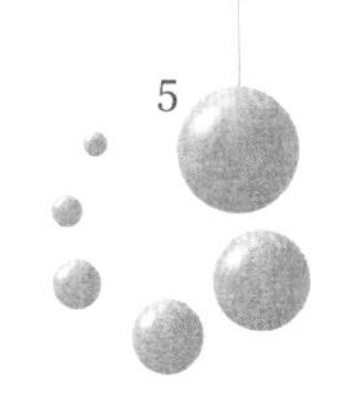

前檯功能

前檯主要是替客人作房間預訂、登記及安排客人入住情況，並記錄客人的消費，當客人離店時可一次結算，前檯的帳務可以自動轉至後檯應收帳，減少後檯再次將資料輸入的程序，並能提供符合許多國家高級審計公司標準審核報告，客人的住店記錄更可轉至客人歷史的模塊中去備案待查。

業務推廣

旅館由於所在地點位置的不同，對於市場的區隔、旅客住宿的動機、市場需求的數量、市場的潛力等差異，旅館行銷主要的目的，在於創造市場的優勢與滿足顧客需求，在行銷爲導向的時代，旅館管理首重行銷經營策略，提供高品質的服務，及研究推出各種優惠專案，加強顧客的消費。

客房預訂

精確地控制客房租用率和詳細的預訂資料，使旅館最大限度出租客房，以獲得最高效益，提前預報和對經營情況下的分析程序，爲管理者的決策提供幫助。

1.訂房部可接受超逾三年的散客及團體客房預訂。

2.聯繫功能，可即時查核營業帳戶、資料號碼及客人歷史等記錄。

3.查詢客戶預訂多變化，可按照客人名、團體名、訂房人姓名或電話號碼、預訂號、到達日期、班機時間等。

4.可直接查看、更改及控制客房出租情況（包括超額預訂記錄），特設快速查詢及時間區查詢功能。

5.可替散客或團體預訂（早餐或膳食）安排。

旅客接待

1.接待和登記零散客人及團體，有快速詳細登記之功能。

2.可辦理日租房、加房、減房、換房、加床或部分客人先離店、退房等。

3.即時更正房間出租率狀態。

4.辦理個人或團體長期包租。

5.處理寓所、辦公室或商店鋪租用記錄。

6.自動完成全天工作結束的核對、統計，當日客房出租情況，客房和餐廳或其他消費的收入總帳目，可按客人國籍、市場類別資料等作分析統計。

7.能將當天離店客人記錄轉至各檯應收帳模塊。

服務中心

1.聯繫訂房部模塊，可查詢個人或團體的訂房記錄資料。

2.可按客人姓名（時間區域）或快速查法，可按客人進住時間區域搜索查詢，找客人留言。

3.查詢旅館各部門或其他旅館、公司、大使館的電話及地址等資料。

櫃台出納

1.查詢住店客人（包括個人及團體）的消費帳務記錄。

2.可由系統自動過帳或人工過帳。

3.零散客人或團體結帳，分爲現金付款、記帳付款、部分記帳或部分付款等各種方式，程序簡單快速。

4.結算合約單位帳務，長期住戶及寓所、辦公室或商店租務等帳項。

5.處理零散客人或團體的預付款業務。

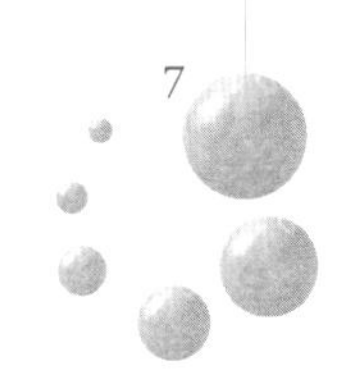

6.清楚結算每個帳務操作員每天的帳務交款總數、記錄及轉存至後檯。

7.統計每日所收的各種款項（包括前檯及各餐廳的帳務）。

8.外匯自動計算、兌換各總外幣、簡單的修改兌換排價程序。

9.清楚記錄自電話轉至的直播電話費用。

房客資料歷史存檔

旅館資訊系統能自動記錄和更新客人的住店資料，累積訊息，提高服務，總而言之，簡單方便的迅息處理幫助您爲人提供個人服務，並記錄客人的姓名、地址、職業、次入住記錄及消費，均直接聯繫訂房部、接待處、營運處模塊，方便查詢。

房務部管理

協助記錄房務部的日常操作程序，連接其他部門，例如，訂房部、前檯等，協助每個房間的資料狀態，以減少房務部工作人員的操作時間。

客房部管理部門：透過撥動電話鍵盤或一個安裝客房方便的電腦終端上的輸入，客房管理部門可以得到絕對準確的客房狀態訊息。

1.可即時查詢客人進住情況和記錄。

2.第一時間更新客房狀態（包括待離房間、待潔或已清理好的房間）。

3.處理房間的修復後的記錄。

布巾管理

能把布巾開支縮減到最小程度，使用Chase 系統的旅館在這方面的開支能節省約15%，甚至更多。本系統能詳細記錄每層樓

及每個房間的布巾數量及房內的額外設備等。

電話機管理

HCS系統可透過電話與多種交換或監視設備連接，接收各總機信號，產生詳細的電話記錄和分析報告。

1.計算直撥自動電話費及非直撥電話費用。
2.可直接找客房或住客資料。
3.提供各地方主要城市的電話費價格表。
4.查詢飯店各部門及其他飯店公共設施的電話資料。
5.可將電話費用即時過帳，打印電話費帳單總數和金額 。

會員管理

國際觀光旅館的營運，除了客房的銷售、高品質餐飲以及相關設施提供顧客賞心悅目的服務外，大部分旅館為增加營收，成立會員俱樂部，提供休閒運動設施、三溫暖、特殊的餐飲服務，依不同的等級收取入會費、年費、月費，增加旅館資金的調度，會員有長期、短期之不同，權益亦有所差別。

餐飲管理

透過餐飲資訊系統的終端機或餐飲銷售點收銀機，把住客或外來客人在餐廳和酒吧娛樂場所的消費記錄分類，並可能作現金付款或直接入到住客的帳戶中。

1.替客人訂餐，記錄及更新客人用餐資料及費用，並直接查詢住客資料。
2.用餐客人結帳時，分現金、信用卡付款、房客簽字結帳及分帳處理等。
3.可打印當天營業額報表、服務員及收款員營業額報表。
4.統計餐廳營運報表、各種餐飲銷售記錄表、分班結帳統計

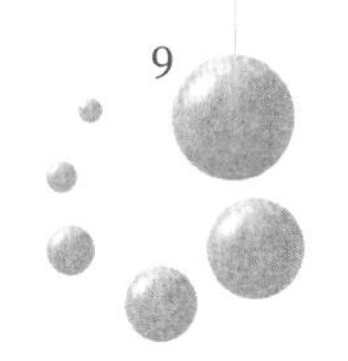

表。

房務管理系統

執行房務管理系統之前，房間基本資料應先建立，再演進到房間狀況控制作業，房間鎖控資料登錄及旅客遺失物品管理等三大功能，現在說明如下：

商務管理系統

商務系統始於旅客的訂房作業，將住客資料建立後，可處理房務管理（包括訂房、接待）、旅客歷史檔案、櫃檯出納、夜間稽核、發票管理、餐廳出納等功能，為旅客櫃檯作業重要一環。

旅館後檯系統功能

HCS後檯電腦作業以各式帳務爲主，其中應收帳、應付帳、現金帳等分類帳佔最重要地位，其它如庫存管理、採購管理、固定資產管理、薪資管理等均可歸納在內，數字最會說話，也是管理者的利器，掌握正確的電腦資訊，將是旅館經營最重要的課題。

總帳

科目代碼的結構和報表格式是按美國飯店會計制度編制程序，飯店財務部也可加入自己管理上所需之科目代碼，電腦會依傳票輸入後自動產生資產負債損益表和各部門之損益表，當也需建立各科目之預算金額作比較。

總出納

總出納負責旅館的一般資金，並且保管保險箱內經過簽字後的所有現金收據供應各部門會計需要和要求的改變，每日對所有現金收入提出「每日現金報告」，並且準備銀行存款報告，準備所有處理現金出納及員工的超收及短缺記錄，檢核清楚所有的出納都有保險，旅館內所有處理現金員工的平均收支款項及短缺情形建立記錄。

應收帳款

應收帳款應於前檯系統作簽帳之接收，或可獨立輸入應收帳款，應收帳款之客戶資料需能與前檯業務部之客戶資料相關聯，旅館管理之應收帳款應可作到明細沖帳，此作業因客戶產生之多筆應收帳款在收款員回收時可能會遇到只沖帳明細，剩餘筆數下次收款在沖，電腦提供該客戶應收帳之詳細記錄與列印應收對帳單及應收款之餘額，及轉應收傳票至總帳系統。

應付帳款

應付帳款應於採購驗收自動轉應付帳款，或可獨立輸入應付帳款一般應付帳款可區分兩類：一般應付帳款及快速應付帳款，這與管理制度有關。

應付帳款也同樣有明細付款處理之作業，一般飯店業會遇到應付帳款之憑證不完整而暫不付款，也有可能廠商交貨品質不良而有折扣金額處理，電腦提供該廠商每月應付款明細核對表，及轉應付傳票至總帳系統。

票據管理

票據管理建立應收票據與應付票據之管理同時可將銀行現金納入管理，票據管理在於提供管理管理者之資金預測與運用。

採購管理

採購管理爲旅館進貨成本控制的第一關卡，旅館採購管理會建立常態管理模式，詢價一般物品會透過詢價管理來建立，依廠商與產品之詢價作業保留廠商所對物品之報價，生鮮食品一般會採標單模式處理即針對固定生鮮食品採開標方式每一季或每一個月固定由得標廠商供應食品，而在採購管理上一般物品由請購轉採購，但各廚房之生鮮採購是建立各廚房之常用物品（Marking List）每日廚房塡數量轉生鮮採購單，電腦保留採購記錄以利作歷史查詢。

庫存管理

成功的庫存管理，是既要減少庫存量，又要避免供不應求這兩個對立業務，透過對各倉庫之產品、類別存量管理，各部門領用之統計分析是管理者掌握部門耗用成本之資訊。

固定資產

資產管理爲旅館之重要管理，因一個旅館擁有上千種產品，從發電機、電梯及小到一個計算機都歸資產管理，且旅館部門各資產之保管與調撥都是財務部人力之負擔，電腦提供清處記錄固定資產折舊情況，及增值、報廢等處理。

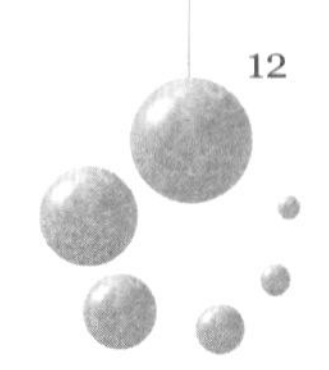

人事薪資管理

旅館薪資管理需考慮到等級管理的考慮，一般B級以下之員工是有財務部處理，但一般A級主管人員其薪資是直接由財務長或財務經理直接處理，同時需考慮旅館業之特性一般薪資項目會歸類到36種科目這是一般行業所不同處。同時依國別之不同其法規不一樣，台灣地區就有勞保、健保之扣抵且本國人與外國人之薪資扣抵不一樣電腦所需提供之功能。

薪資除提供個人、部門、公司之薪資統計表外也需考慮自動轉銀行薪資磁片，年底扣繳憑單列印及媒體轉磁片申報。

餐飲成本控制

餐飲成本控制（F&B Cost Control），建立菜單食譜管理一般是由成控部門管理，但食譜用料需由行政總廚提供，餐飲成控需於庫存作連結自動帶出成本單價作計算，同時每日接收餐廳餐飲銷售數量這是一般行業所不同處。餐飲控制程序爲：

1.制定衡量實績的標準。

2.確定實際經營成果。

3.對預測和實際營成果做比較。

4.採取改進措施。

5.評估改進措施效果。

Chapter 2
旅館資訊系統硬體設備及架構圖

旅館資訊系統硬體設備功能簡介

旅館365天全天營業，在電腦硬體設備之採購方面，宜考量廠牌之商譽及持續經營的條件，避免往後維修有所困難。

在選擇一種適用於旅館營運的系統時，業者應注意其基本功能是否完全滿足旅館的需要。且以餐飲銷售系統爲例，它必須能改進菜單、現金收入、生產力、存貨管理，以及經理的文書作業等方面管制。至於其他重要功能應爲：

1. 系統必須全然可靠，如有任何差錯或不符規格的情事，電腦供應廠商應能保證立即退貨或維修。
2. 系統必須具有擴展的功能，能適應店中營業規模擴大時的需要，以免日後成爲發展的障礙。
3. 系統所具有的軟體必須能夠隨時而且立即的處理菜單定價及定位結構之改變。
4. 系統必須具有可投資性，換言之，電腦不應被視爲一種單純的事務機器，它應當具有某種形式的生產力。
5. 如果旅館係連鎖事業的成員，則系統應具有發射資訊到總公司的功能，否則便會陷於孤立營運狀態。而其所購置的系統即是不合格的。

旅館資訊系統硬體設備操作說明

旅館資訊系統架構

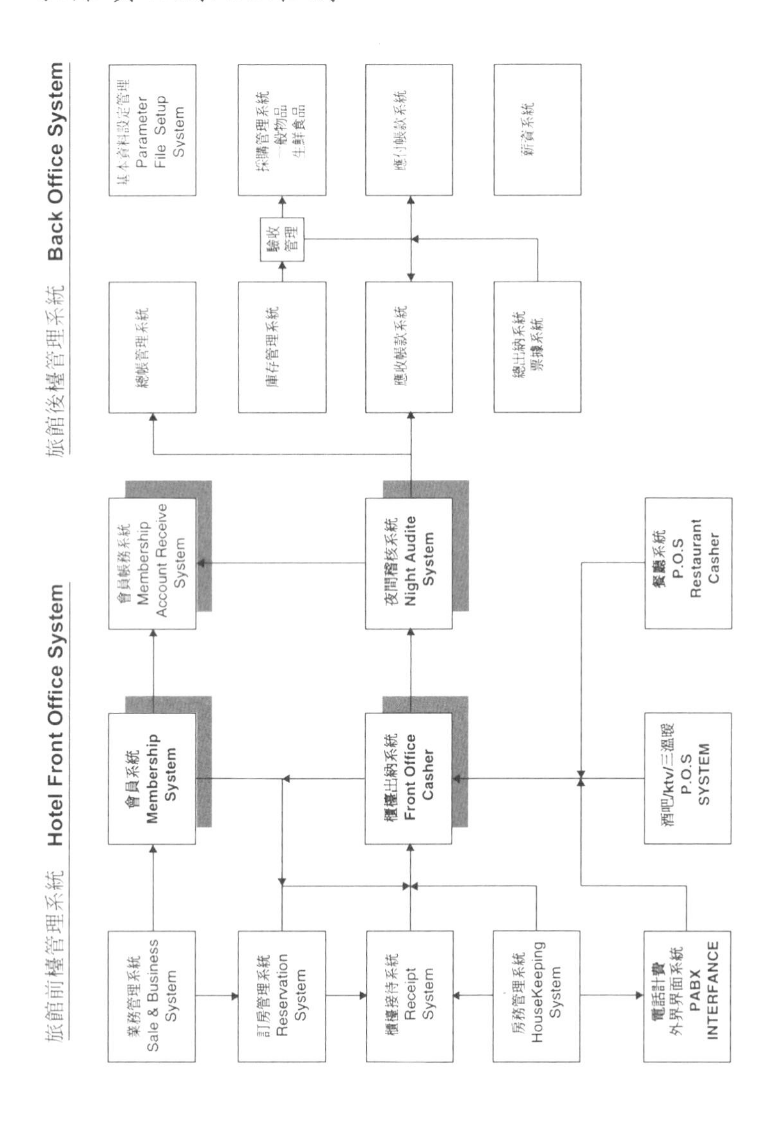

旅館前檯電腦管理系統架構圖

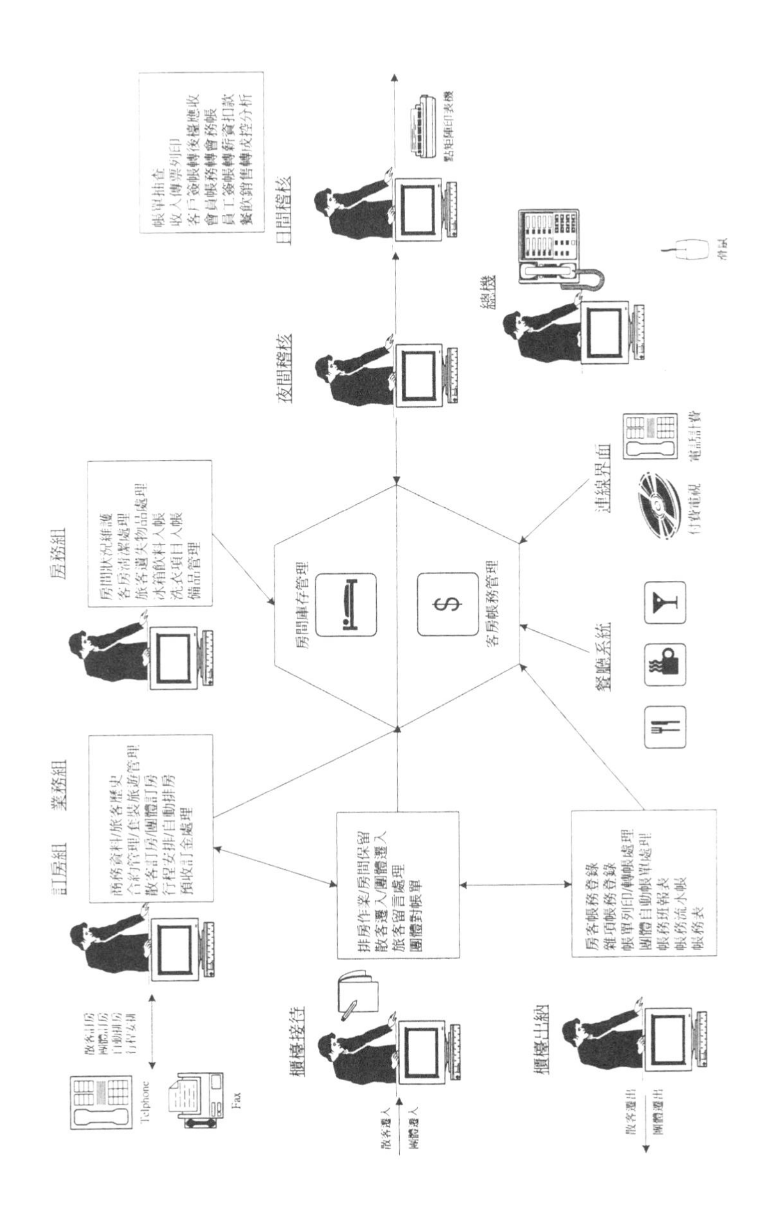

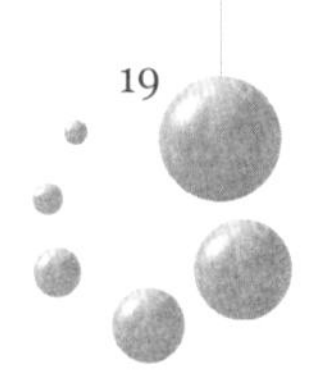

旅館前檯系統外界連線系統架構圖

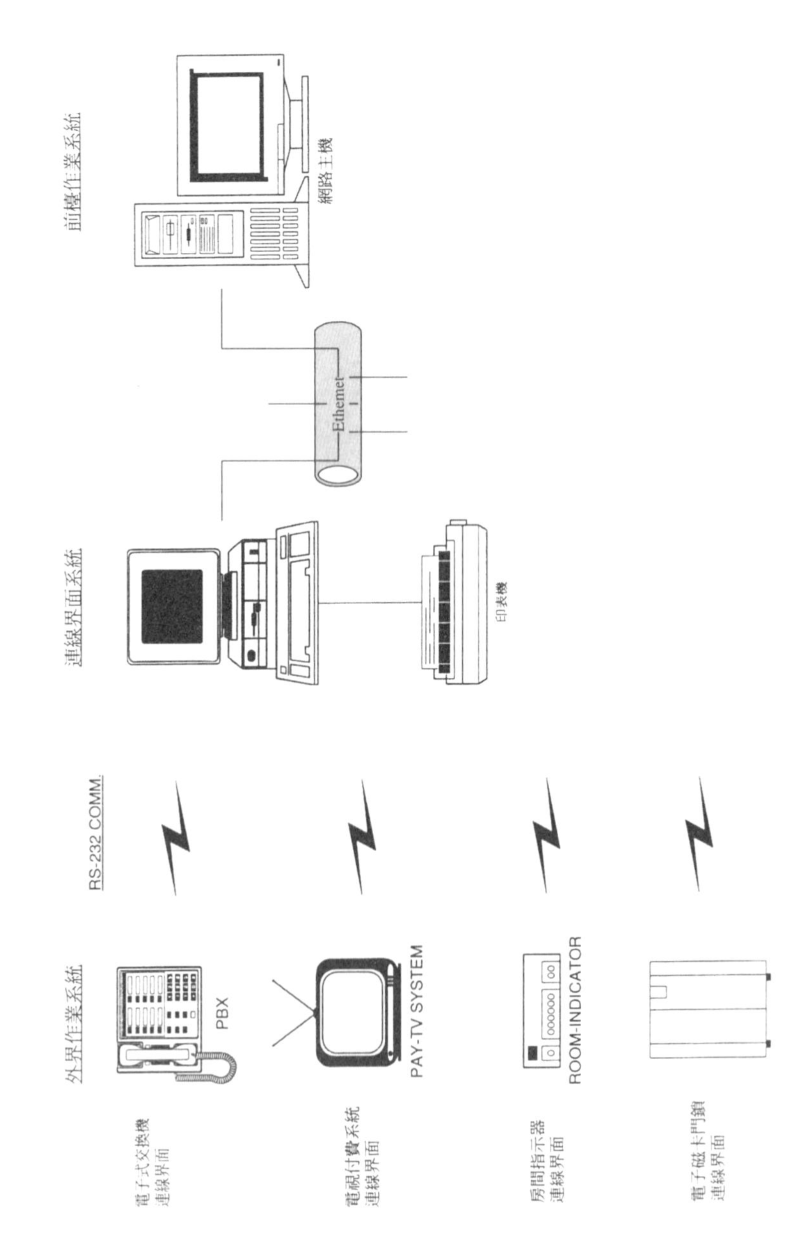

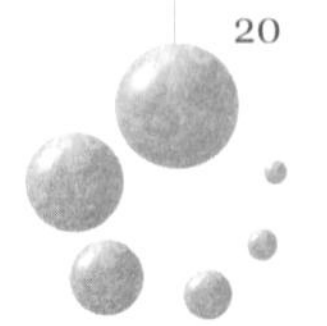

旅館後檯電腦管理系統架構圖

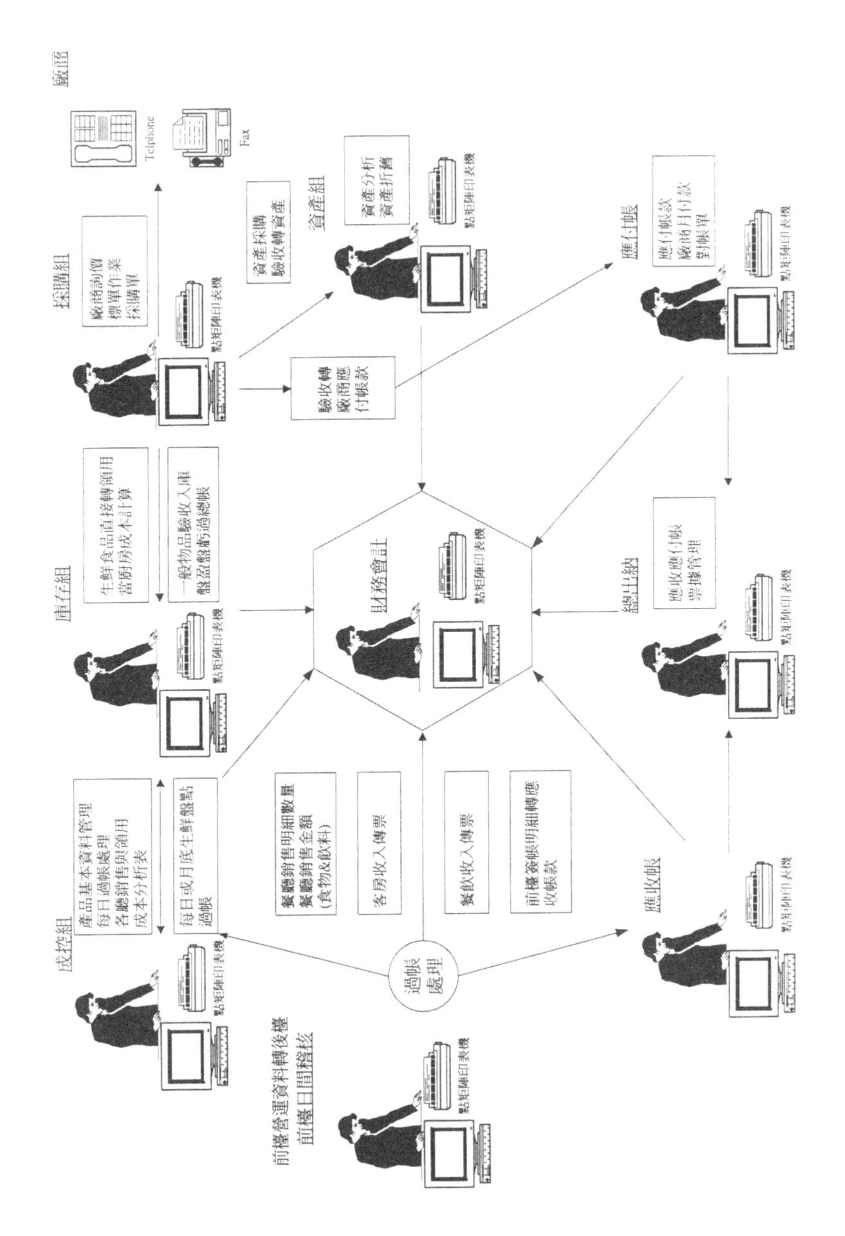

網路配置架構圖

樓層	使用單位	硬體配置
13F	大陸餐廳出納/廚房 藍天酒吧出納/廚房	PC工作站x1 印表機x1 廚房印表機 x1 PC工作站x1 印表機x1 廚房印表機x1
12F 到 3F	各房務備品室由房間指示器廠商提供房間指示器看版	此設備由房控廠商提供
2F	中式餐廳/廚房 訂席組櫃檯 訂席組出納	PC工作站x1 印表機x1 廚房印表機 x1 PC工作站x1 印表機x1 (132) PC工作站x1 印表機x1 (80)
1F	大廳經理/旅遊服務/服務中心 大廳櫃檯/接待/出納 前台經理/前台辦公室/訂房組	PC工作站x3 印表機x1 (132) PC工作站5 印表機x3 (80) 系統印表機x3 (132) PC工作站4 印表機x1 (132) 系統印表機x1 (132)
1F	總機室 商店/商務中心 大廳酒吧/西餐廳/餐飲辦公室	PC工作站x2 (NT/PC工作站 PMS 連線 印表機x1) PC/POS 工作站x1 PC工作站x1 印表機x1 PC工作站x4 印表機x2 (80) 印表機x1(132) 廚房印表機x1
B1	團體接待/出納/團體辦公室	PC工作站x2 印表機x2 (80) 系統印表機 x1 (132)
B1	健康俱樂部櫃檯 酒吧/餐廳/ 商品賣店 餐務組	刷卡門禁機x2 PC工作站x2 PC工作站x4 印表機x2 PC/POS 工作站 x2
B2	行銷公關部 育樂辦公室 商店	PC工作站x6 系統印表機x1 (132) PC工作站x2 PC/POC 工作站x1
B3	人事室 房務中心 倉庫/員工警衛室	PC工作站x1 (刷卡鐘接收) PC工作站x2 系統印表機x1 出勤刷卡鐘x2 (上下班個一台) PC工作站x3 系統印表機x2 (132)
B3	電腦中心(獨立辦公室)	網路主機 x2 台 (前檯一台 後檯一台) DAT 備份 PC工作站x2 系統印表機一台
B3	管理部/財務部	PC工作站 x15 系統印表機 x4 (132)
B3	總務部/採購部/成控部/美工部	工程辦公室(獨立) PC工作站x2 印表機x1 美工 (獨立) 專用美工PC工作站 PC工作站x4 系統印表機x2 (132)

網路硬體系統架構圖

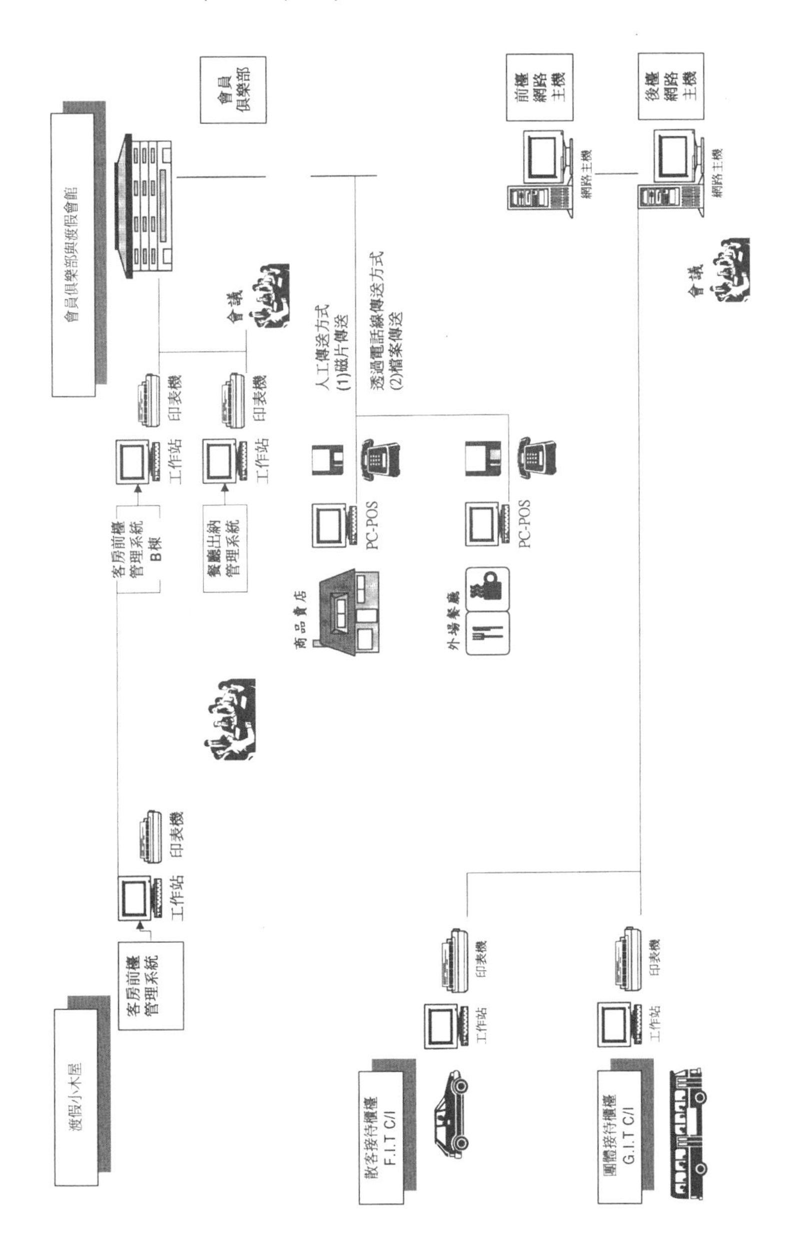
會員俱樂部
前檯網路主機
後檯網路主機
網路主機
網路主機
會員俱樂部與渡假會館
會議
會議
人工傳送方式
(1)磁片傳送
透過電話線傳送方式
(2)檔案傳送
印表機
印表機
工作站
工作站
客房前檯管理系統 B棟
餐廳出納管理系統
PC-POS
PC-POS
商品賣店
外場餐廳
印表機
工作站
客房前檯管理系統
渡假小木屋
印表機
工作站
印表機
工作站
散客接待櫃檯 F.I.T C/I
團體接待櫃檯 G.I.T C/I

旅館場地設備需求表(一)

PAGE : 01

地點 LOCATION		說明 [DESCRIPTIONS]								
樓層 FLOW	使用單位說明	網路主機 FILE SERVER 備份磁帶機 DAT	PC工作站 WINDOWS 95/98 NT W/S	132印表機 132 PRINTER	80印表機 80 PRINTER	雷射印表機 LASER PRINTER	NT 工作站 外界連線 PMS PAY_TV 房控界面	PC/POS 商品賣店 專用POS	專用通信 MODEM	考勤刷卡鐘 門禁卡鐘
13F	大陸式西餐廳(出納/廚房)		1 台		1 台					
13F	藍天酒吧(吧台出納)		1 台		1 台					
12F 3 F	房務備品室設備									
2F	中式餐廳出納櫃檯		1 台	1 台	1 台					
2F	餐飲訂席櫃檯		1 台	1 台						
2F	宴會櫃檯出納		1 台		1 台					
1F	大廳經理		1 台							
1F	旅遊服務		1 台							
1F	服務中心		1 台							
1F	前檯大櫃檯(接待/出納)		5 台	3 台	3 台					
1F	前檯經理		1 台							
1F	前台辦公室		1 台	1 台						
	本頁小計數量									

旅館場地設備需求表(二)

PAGE：02

地點 LOCATION		說明 [DESCRIPTIONS]								
樓層 FLOW	使用單位說明	網路主機 FILE SERVER 備份磁帶機 DAT	PC工作站 WINDOWS 95/98 NT W/S	132 印表機 系統印表機	80印表機 LOCAL 印表機	雷射印表機 LASER PRINTER	NT 工作站 外界連線 PMS PAY_TV 房控界面	PC/POS 商品賣店 專用POS	專用通信 MODEM	考勤刷卡鐘 門禁卡鐘
1F	訂房組		2 台	1 台						
1F	話務總機室		1 台	1 台						
1 F	商品賣店		1 台		1 台					
1F	商務中心		1 台							
1F	大廳酒吧收銀		1 台		1 台					
1F	西餐廳出納		1 台	1 台	1 台					
1F	餐飲辦公室		2 台	1 台						
B1	健康俱樂部櫃檯		2 台	1 台						2 台
B1	夜總會酒吧出納櫃檯		1 台		1 台					
B1	花園餐廳出納		1 台		1 台					
B1	商店街出納收銀		2 台		2 台					
B1	池畔酒吧出納櫃台		1 台		1 台					
	本頁小計數量									

旅館場地設備需求表(三)

PAGE：03

地點 LOCATION		說明 [DESCRIPTIONS]								
樓層 FLOW	使用單位說明	網路主機 FILE SERVER 備份磁帶機 DAT	PC工作站 WINDOWS 95/98 NT W/S	132 印表機 系統印表機	80印表機 LOCAL 印表機	雷射印表機 LASER PRINTER	NT 工作站 外界連線 PMS PAY_TV 房控界面	PC/POS 商品賣店 專用POS	專用通信 MODEM	考勤刷卡鐘 門禁卡鐘
B1	餐務組辦公室		1 台							
B1	團體接待櫃台		1 台	1 台						
B1	團體出納櫃台		1 台	1 台	1 台					
B2	行銷公關部		6 台	1 台						
B2	育樂辦公室		2 台							
B2	保齡球場出納櫃台		1 台		1 台					
B2	商品賣店收銀		1 台		1 台					
B3	電腦中心	2 台	2 台	1 台					1 台 通信維護	
B3	電腦中心電話計費連線PMS				1 台		1 台		1 台 通信維護	
B3	房間指示器連線界面				1 台		1 台			
B3	付費電視PAY_TV 連線界面				(預留)		(預留)			
	本頁小計數量									

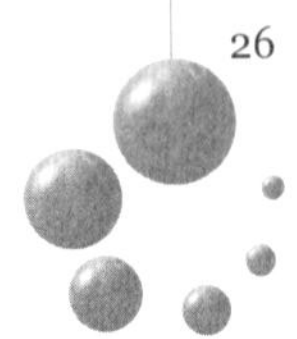

旅館場地設備需求表(四)

PAGE：04

地點 LOCATION		說明 [DESCRIPTIONS]								
樓層 FLOW	使用單位說明	網路主機 FILE SERVER 備份磁帶機 DAT	PC工作站 WINDOWS 95/98 NT W/S	132印表機 系統印表機	80印表機 LOCAL 印表機	雷射印表機 LASER PRINTER	NT工作站 外界連線 PMS PAY_TV 房控界面	PC/POS 商品賣店 專用POS	專用通信 MODEM	考勤刷卡鐘 門禁卡鐘
B3	董事長室		1台							
B3	總經理室		1台							
B3	助理總經理室		1台							
B3	祕書		1台	1台		1台				
B3	財務長室		1台							
B3	會計組		6台	1台						
B3	收帳組		2台	1台	1台					
B3	總出納室		2台	1台						2台
B3	工程部辦公室		2台	1台	1台		1台			
B3	監控中心		2台		1台		1台			
B3	採購部辦公室		2台	1台	(預留)		(預留)			
B3	成本控制室		2台	1台						
	本頁小計數量									

旅館場地設備需求表(五)

PAGE：05

地點 LOCATION		說明 [DESCRIPTIONS]								
樓層 FLOW	使用單位說明	網路主機 FILE SERVER 備份磁帶機 DAT	PC工作站 WINDOWS 95/98 NT W/S	132 印表機 系統印表機	80印表機 LOCAL 印表機	雷射印表機 LASER PRINTER	NT 工作站 外界連線 PMS PAY_TV 房控界面	PC/POS 商品賣店 專用POS	專用通信 MODEM	考勤刷卡鐘 門禁卡鐘
B3	人事室		2 台	1 台						
B3	房務中心		2 台	1 台						
B3	倉庫管理室		1 台	1 台						
B3	職工警衛室									2 台 上下班一台
										2 台
	本頁小計數量									
	全部頁數合計數量									

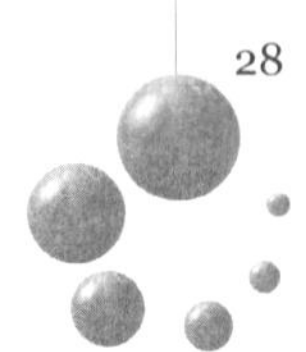

Chapter 3
旅館業務管理系統

旅館由於所在地點位置的不同，對於市場的區隔、旅客住宿的動機、市場需求的數量、市場的潛力等有所差異，旅館行銷主要的目的，在於創造市場的優勢與滿足顧客需求，在行銷爲導向的時代，旅館管理首重行銷經營策略，提供高品質的服務，及研究推出各種優惠專案，加強顧客的消費。

旅館業務行銷計畫有：（1）現況分析；（2）目標策略與定位；（3）年度目標及預測；（4）市場區隔；（5）市場評估。

現況分析

1.產品與服務組合分析。

2.市場分析。

3.同業競爭分析。

目標策略與定位

1.行銷目標與策略。

2.定位策略與定位理念。

年度目標及預測

1.住房率。

2.平均房價。

3.房間總收入。

4.餐飲總收入。

5.其它收入。

市場區隔

1.有效地運用行銷經費。

2.了解選定之顧客群的需求與欲望。

3.有效地定位。

4.精確地選擇促銷媒介與技巧。

市場評估

1.因應市場變化適時調整計畫。

2.了解顧客的滿意度。

3.追蹤行銷計畫績效並予評估。

4.拓展其他行銷相關計畫。

業務管理系統簡介

1.本系統爲業務管理系統之作業。

2.本系統採用西元年度。

畫面說明

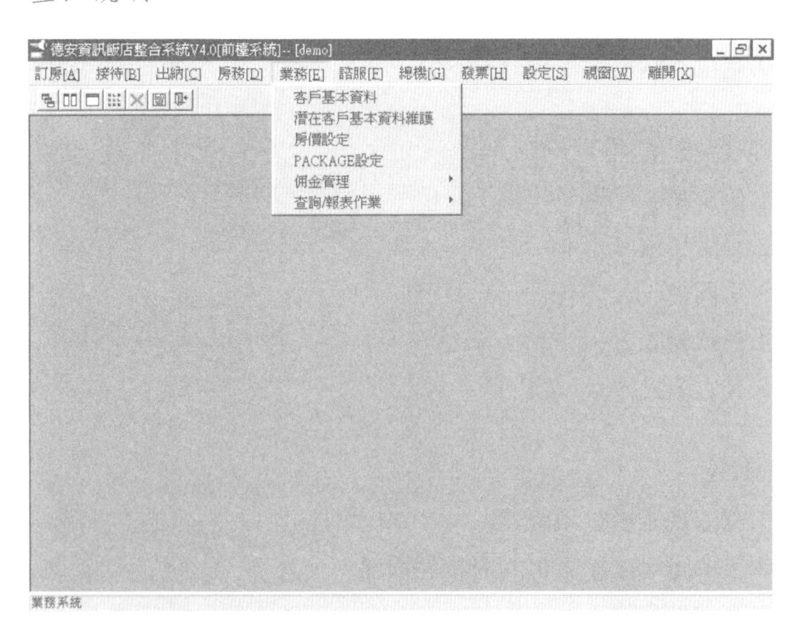

旅館業務管理系統功能簡介

1. 客戶基本資料維護：可做客戶基本資料的新增、刪除、修改、查詢、等級之輸入，例如，客戶名稱，統一編號……等。
2. 拜訪客戶基本資料維護：可做客戶基本資料的新增、刪除、修改、查詢、移轉之輸入，例如，客戶代號，客戶名稱……等。
3. 房價設定：可設定多種房價，例如，依簽約價、依淡旺季價格、依人數並可針對不同的客戶、活動、簽約廠商、折扣等，做不同的房價及服務費設定。
4. PACKAGE設定：PACKAGE設定可將套裝行程予以拆帳並可設定金額及是否每日入帳，避免當日平均房價過高及免除財務拆帳之困擾。
5. 佣金管理。

旅館業務管理系統操作說明

客户基本資料維護

功能說明

此系統爲針對公司行號或企業機構做基本資料記錄。

畫面說明

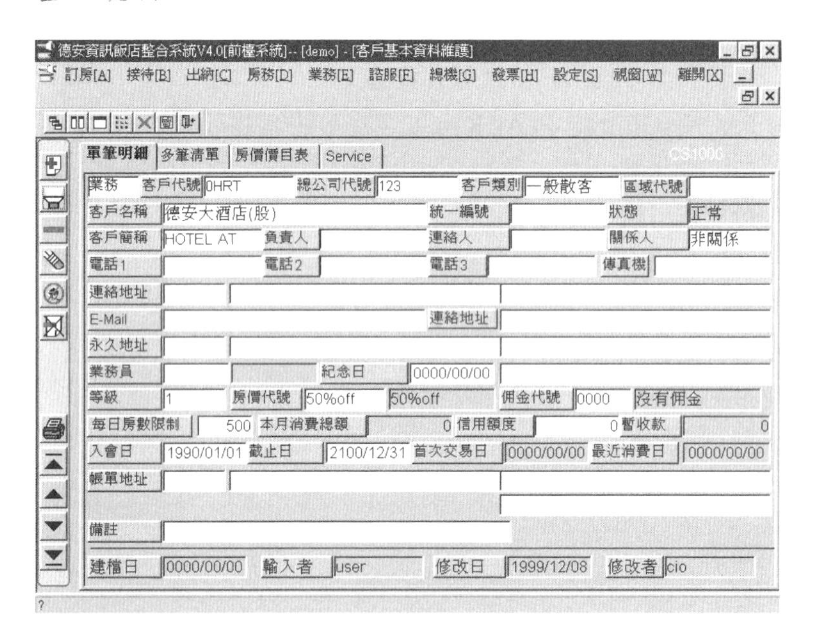

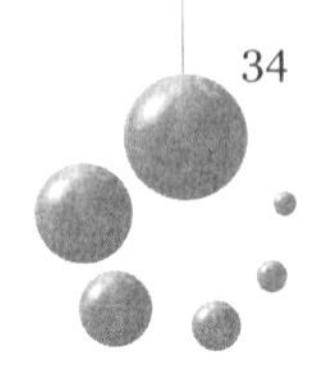

欄位說明

1.客戶代號：第一個英文字母會自動以大寫顯示，例如，T00100。

2.總公司代號：此客戶之母公司代號，使用者自行設定，例如，T001。

3.客戶類別：依客戶類別對照檔，例如，協會軟體、一般公司。

4.區域代號：依區域代號對照檔，例如，北區、東區。

5.關係人：此客戶與本公司之關係，與日後傳票開立科目有關。

6.狀態：N：正常；D：無往來；B：黑名單。

7.暫收款：客戶償還簽帳金額時，多付之金額，此欄位會由財務系統中自動帶出。

8.佣金：大部分為給旅行社之佣金，小於100為比率，例如，20%，大於100為金額。

9.簽約價格種類：簽約價格是否

◇依標準：房價將依標準房價，不可修改。

◇依折扣：房價將依標準房價×房租折扣，不可修改。

◇自訂：自行輸入。

10.淡旺季價格種類：淡旺季價格是否

◇依標準：房價將依標準房價，不可修改。

◇依折扣：房價將依標準房價×房租折扣，不可修改。

◇自訂：自行輸入。

11.房價：請在「設定」內的訂房管理系統之房間類別對照檔內，設定此房價內容。

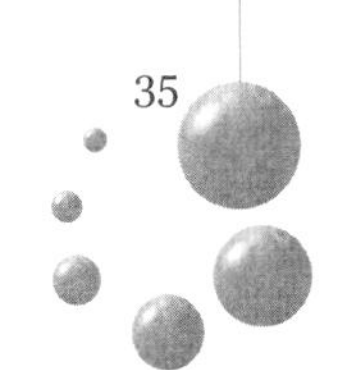

操作方法

進入客戶基本資料維護後，點選左方的圖示 新增一筆客戶基本資料，或點選圖示 可查詢客戶的基本資料。

1.新增：新增一筆客戶資料（依序輸入白色欄位），輸入完畢後，點選儲存 圖示存檔。

2.查詢：

◇在「多筆清單」狀態下可選擇輸入查詢條件或不輸入條件直接點選開始查詢 圖示。

◇查詢條件：客戶代號、客戶類別、狀態、客戶名稱、統一編號、負責人、連絡人、電話1、區域代號、郵遞區號、入會日期、截止日期、最近消費日、首次交易日、本月消費總額、建檔日、修改日。

◇查詢結果出現後，可選擇多筆清單或點選單筆明細顯示，執行次功能選項。

◇查詢後的次功能選項：

◆ 刪除：刪除客戶基本資料。
◆ 修改：修改客戶基本資料。
◆ 黑名單：可將客戶列入黑名單中。
◆ 清除：清除查詢資料，重新查詢。
◆ ：回上一層畫面。
◆ 刪除還原：若不小心將資料刪除時，可用刪除還原把資料救回。

注意事項

1. 客戶代號由使用者自行輸入，且號碼不能和會員、業務二系統原有的號碼重複。
2. 房價種類最多8種。
3. S1～S8房價皆由房間類別對照檔輸入，除非自訂，其餘皆不能修改。
4. 當客戶狀態為黑名單時，亦可修改。
5. 若此客戶為黑名單時，備註欄寫「此人常訂房未到」，在訂房時，會將備註欄之資料一併秀出。
6. 若此客戶為黑名單時，備註欄寫「此人簽帳1萬元未還」，在餐廳結帳時也會將備註欄之資料一併秀出。
7. 若此客戶為黑名單時，再按一次黑名單（B），此筆資料便會還原。

拜訪客戶基本資料維護

功能說明

此系統為若客戶還未成為正式客戶時，可將其資料先記錄在拜訪客戶中，待日後可直接轉為正式客戶。

畫面說明

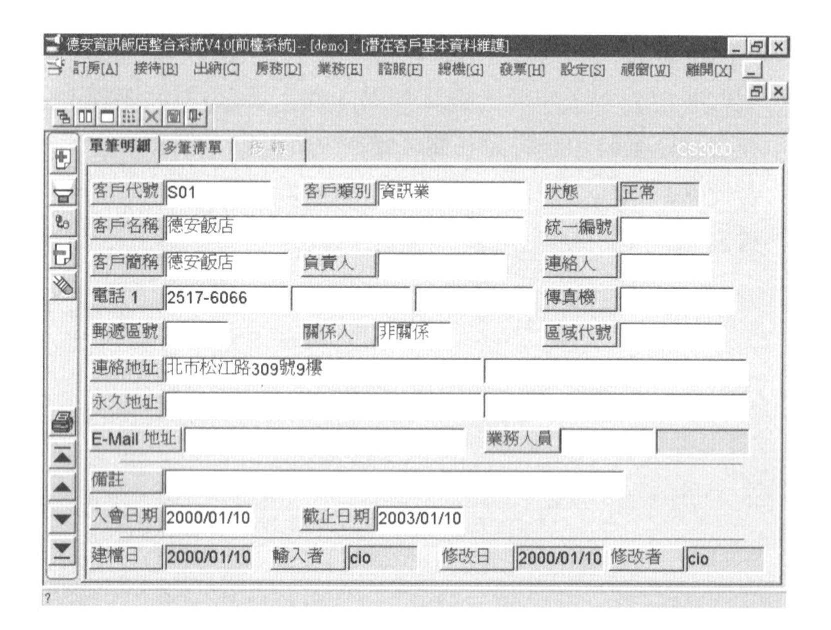

欄位說明

1. 客戶代號：第一個英文字母會自動以大寫顯示，例如，A0000002。
2. 客戶類號：依客戶類別對照檔，例如，協會機構、一般公司。
3. 狀態：N：正常；D：無往來。

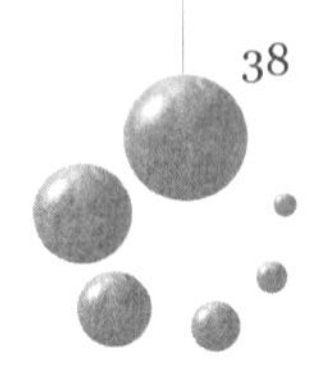

4.簽約價格種類：簽約價格是否為：

◇依標準：房價將依標準房價，不可修改。
◇依折扣：房價將依標準房價×房租折扣，不可修改。
◇自訂：自行輸入。

5.淡旺季價格種類：淡旺季價格是為：

◇依標準：房價將依標準房價，不可修改。
◇依折扣：房價將依標準房價×房租折扣，不可修改。
◇自訂：自行輸入。

6.房價：請在「設定」內的訂房管理系統之房間類別對照檔內，設定此房價內容。

注意事項

1.客戶代號由使用者自行輸入，且號碼不能和原有的號碼重複。
2.拜訪資料移轉成正式資料時所輸入的客戶代號不能與正式客戶（會員）資料內已存在的代號相同。
3.移轉完的資料仍然須至業務基本資料維護，將其餘基本資料補齊。
4.移轉後會直接把拜訪客戶內之資料刪除。

房價設定

功能說明

可由房價設定來控制帳單是否分帳、各房間種類的服務費、簽約房價、淡旺季價格、依人數設定房價及服務項目。

畫面說明

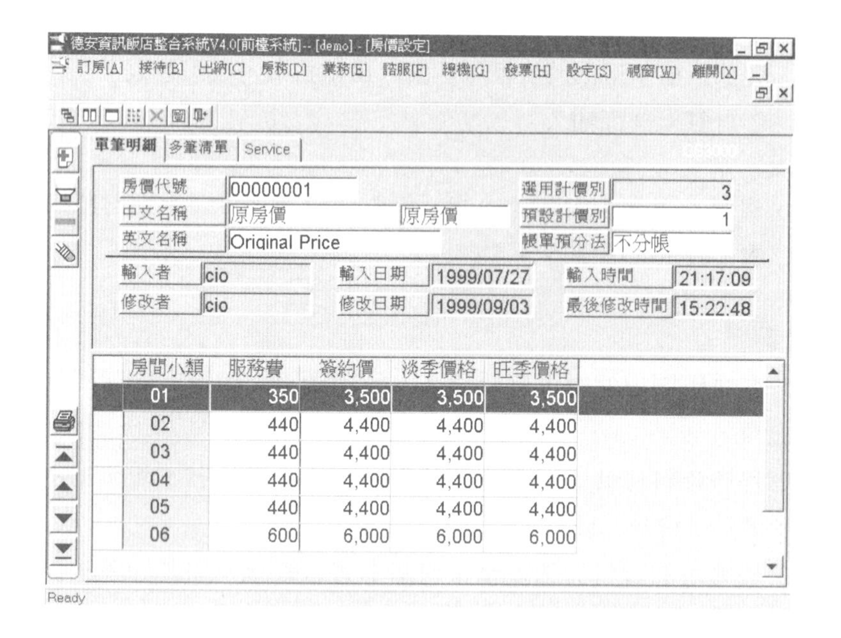

欄位說明

1. 房價代號：由使用者自行設定房價設定代號。
2. 中、英文名稱：房價設定之使用名稱。
3. 選用計價別：可選取1.依簽約2.依淡旺季3.依人數。
4. 預設計價別：設定當筆房價設定依何種計價別爲主。
5. 帳單預分法：設定是否要分帳單。

6.SERVICE：可新增、修改、刪除當筆房價設定之各項服務項目。

注意事項

1. 房價代號由使用者自行輸入，且號碼不能和原有的號碼重複。
2. 中英文名稱不得空白。
3. 選用計價別至少選取一種計價別。
4. 當計價別刪除後無法恢復刪除需要重新建立。

PACKAGE 設定

功能說明

PACKAGE設定可將套裝行程予以拆帳並可設定金額及是否每日入帳，避免日平均房價過高及免除財務拆帳之困擾。

畫面說明

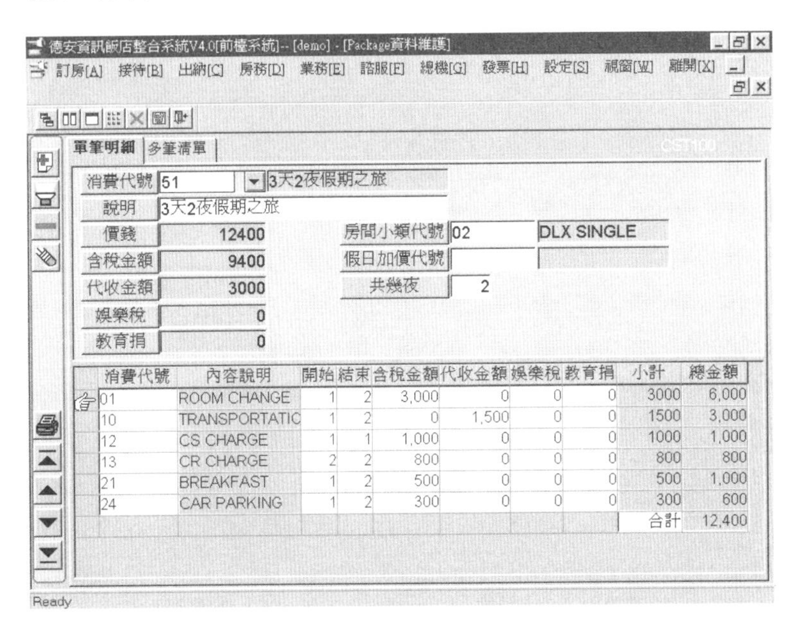

消費代號	內容說明	開始	結束	含稅金額	代收金額	娛樂稅	教育捐	小計	總金額
01	ROOM CHANGE	1	2	3,000	0	0	0	3000	6,000
10	TRANSPORTATIC	1	2	0	1,500	0	0	1500	3,000
12	CS CHARGE	1	1	1,000	0	0	0	1000	1,000
13	CR CHARGE	2	2	800	0	0	0	800	800
21	BREAKFAST	1	2	500	0	0	0	500	1,000
24	CAR PARKING	1	2	300	0	0	0	300	600
								合計	12,400

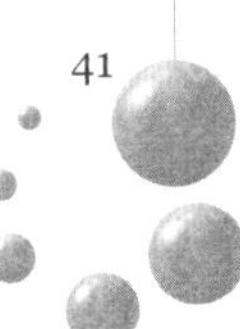

欄位說明

1.PACKAGE代號：由使用者自行設定房價設定代號。

2.說明：敘述此筆PACKAGE之用途。

3.選用計價別：可選取：（1）依簽約；（2）依淡旺季；（3）依人數。

4.預設計價別：設定當筆房價設定依何種計價別為主。

5.帳單預分法：設定是否要分帳單。

6.SERVICE：可新增、修改、刪除當筆房價設定之各項服務項目。

注意事項

1.房價代號由使用者自行輸入，且號碼不能和原有的號碼重複。

2.中英文名稱不得空白。

3.選用計價別至少選取一種計價別。

4.當計價別刪除後無法恢復刪除需要重新建立。

佣金管理

功能說明

針對不同的簽約廠商或訂房中心可設定不同的佣金方式。

畫面說明

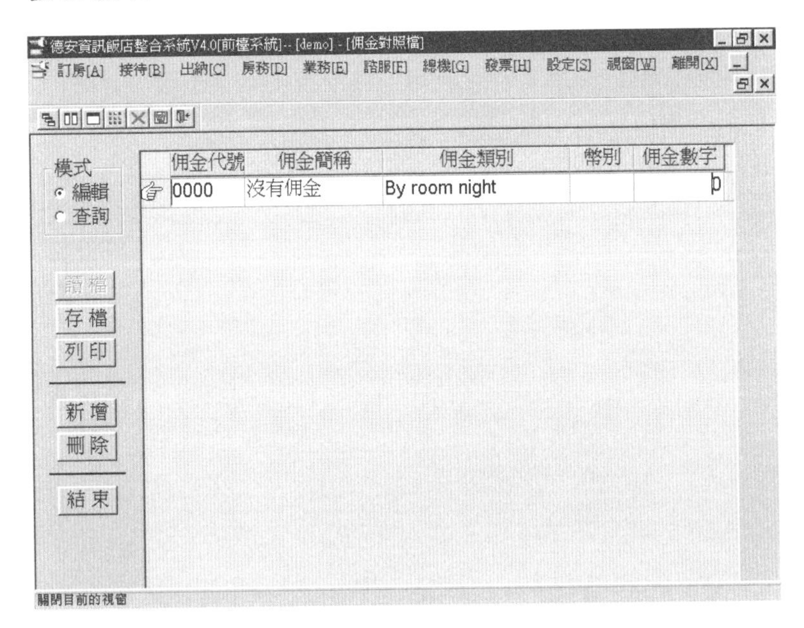

欄位說明

1.佣金代號：佣金代號最多4碼，可使用英文及數字。

2.佣金簡稱：佣金代號簡述，方便使用者使用。

3.佣金類別：

◇BY ROOM NIGHT

◇BY RESERVETION

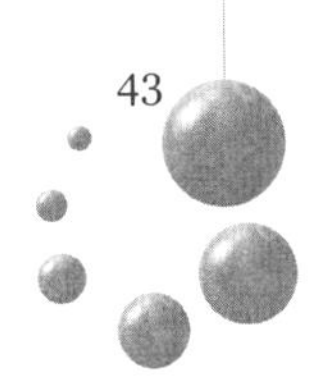

◇BY % OF TOTAL REVENUE

◇BY % FO ROOM REVENUE

4. 幣別：可以多種幣別設定如何支付佣金，例如，美金、日幣、台幣等。
5. 佣金數字：設定每次支付佣金金額。

注意事項

1. 佣金代號由使用者自行設定，且帶號不能有重複。
2. 佣金簡稱不能空白。

Chapter 4
訂房管理作業系統

旅館訂房的意義是顧客透過旅館的訂房程序之後，旅館提供客人所期望的客房產品，等待顧客的光臨。準確地控制客房租用率和詳細的預訂資料，使旅館最大限度出租客房，以獲得最高效益，提前預報和對經營情況下的分析程序，為管理者的決策提供幫助。

客房預訂的功能：

1.提高旅館住宿率。

2.預測旅館未來的業務。

3.提高櫃檯的接待效率。

4.訂房部可接受超逾三年的散客及團體客房預訂。

5.即時查核營業帳戶、資料號碼及客人歷史等記錄。

6.查詢客戶預訂多變化，可按照客人名、團體名、訂房人姓名或電話號碼、預訂號、到達日期、班機時間等。

7.可直接查看、更改及控制客房出租情況（包括超額預訂記錄），特設快速查詢及時間區查詢功能。

8.可替散客或團體預訂（早餐或膳食）安排。

訂房管理作業系統簡介

1.本系統爲訂房管理系統及房間指定之作業。

2.本系統採用西元年度。

畫面說明

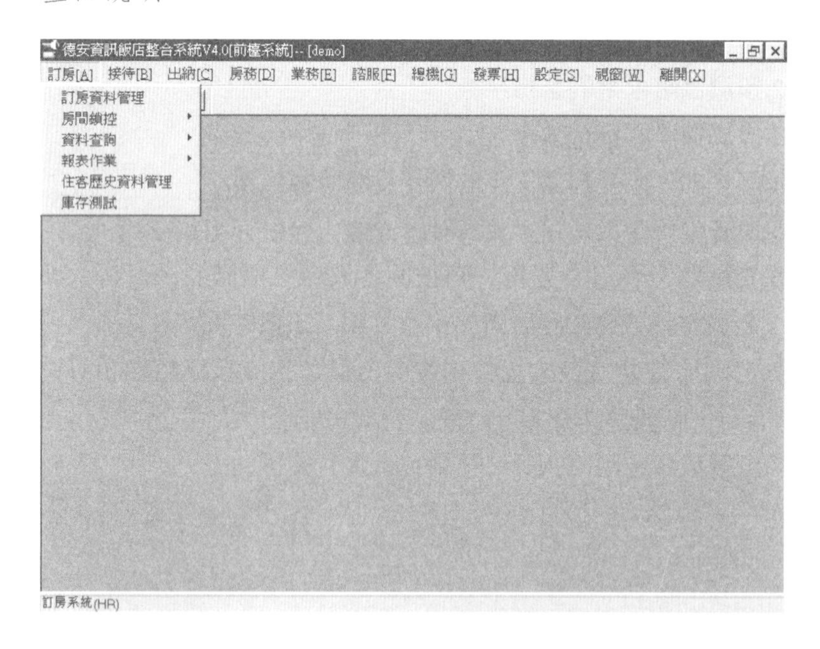

訂房管理作業系統功能簡介

進入訂房系統畫面後，可各自進入各項功能：

1.訂房資料管理：訂房卡的新增、刪除、修改、查詢、確認、取消、等待、等待轉正式訂房等作業。

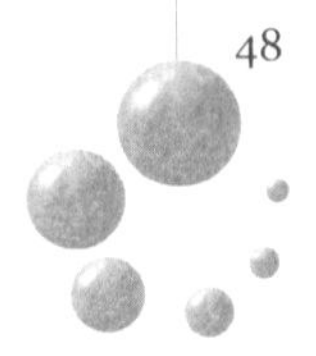

2.房間鎖控：房間指定的新增、刪除、修改、查詢、列印、房間鎖控等作業。

3.資料查詢：

◇飛機班次查詢。

◇訂房資料查詢（住客姓名）。

◇業務／會員 訂房數量查詢（日期）。

◇房間庫存查詢。

4.住客歷史資料管理：住客資料的新增、刪除、修改、查詢、合併、轉移、列印等等功能。

5.對照檔案維護作業（視窗版）：

◇房間類別對照檔維護。

◇房間種類對照檔維護。

◇房租計價別對照檔維護。

◇國籍對照檔維護。

◇洲別對照檔維護。

◇飛機班次對照檔維護。

◇旺季日期對照檔維護。

◇假日日期對照檔維護。

◇訂房客類別對照檔維護。

◇訂房卡來源對照檔維護。

◇招待種類對照檔維護。

◇招待項目對照檔維護。

訂房管理作業系統操作說明

訂房資料管理

畫面說明

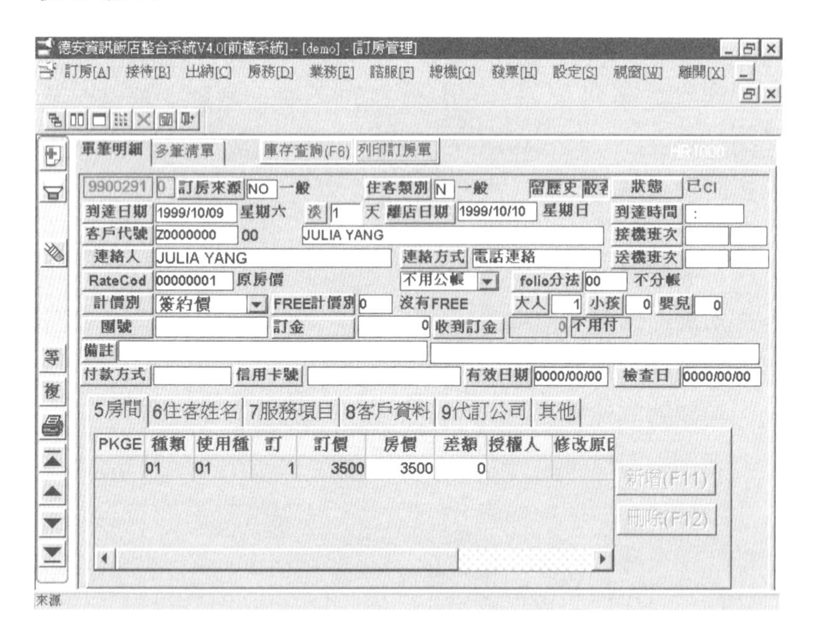

欄位說明

1. 訂房卡來源：依訂房卡來源對照檔，可用％選擇可以顯示所有可輸入的類別，並可顯示類別說明。
2. 住客類別：依住客類別對照檔，可用％選擇可以顯示所有可輸入的類別，並可顯示類別說明，此類別將會影響住客離開後是否會留下歷史資料。

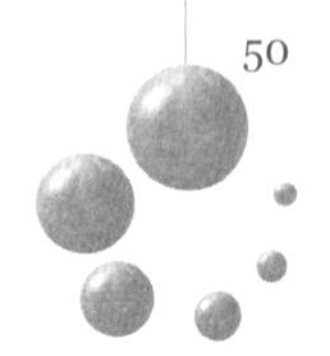

3.卡狀態：訂房卡狀態，此欄位不許輸入，電腦會依據各項動作執行後賦與適當的代號，自動帶出新增、刪除、確認、修改、過期、沒來、已C／I。

4.C／I日期：客戶聯絡要訂房的日期，不可小於今日。

5.C／O日期：客戶聯絡要退房的日期。

6.到達時間：預定到達旅館的時間。

7.客戶代號：在業務客戶基本資料中設定，可設定簽約廠商、會員或VIP等等，可用％選擇可以顯示所有可輸入類別。

8.接機班次：依飛機班次對照檔，可用％查詢，但只會顯示該星期的飛機，電腦會自動帶出飛機到達時間。

9.送機班次：依飛機班次動照檔，可用％查詢，但只會顯示該星期的飛機，電腦會自動帶出飛機起飛時間。

10.連絡人：訂房客戶之連絡人，本欄位一定要輸入資料。

11.付款方式：消費類別之付款方式，可用%查詢選擇欲輸入的資料。

12.Rate cod：在業務房價中設定資料，可用％查詢選擇欲輸入的資料。

13.Folio的分法：可選擇公私帳一起或分開付款。

14.計價別：依房租計價別對照檔，可用％查詢選擇欲輸入的資料。

15.Free計價別：房租free的方式，可用％選擇

FREE方式計有「0」沒有free

「1」 8間free一間　「2」8間free半間

「3」16間free一間　「5」4間free半間

16.團號：旅行團的團號。

17.訂金：輸入欲收的訂金，如有輸入下一欄會自動帶出「要

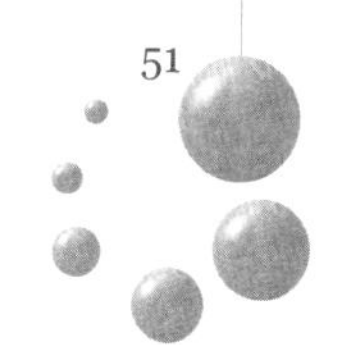

付」，如不需先付訂金，下一欄會自動帶出「不用付」。

18.備註：其他訂房應注意事項可在此輸入。

19.房間：

◇種類：訂房種類用%查詢，若大於旅館現有房間數量，會顯示警告訊息，影響房價。

◇使用種類：欲排房的房間種類可用%查詢，使用種類扣庫存。

◇訂：可輸入訂房數量。

20.住客姓名：輸入住客的姓名、信用卡卡號、有效日期。

21.服務項目：可用%查詢可顯示欲輸入的服務項目。

22.客戶資料：輸入連絡人、電話、傳眞。

操作方法

進入訂房資料管理後，即可進入各項次功能：

1. 增加：新增一張訂房卡資料，輸入完後按執行，電腦自動產生訂房卡號，序號為0。
2. 刪除：輸入訂房卡號（只有未做最後確認且已清除排房的訂房卡才可刪除），按刪除鍵。
3. 刪除還原：輸入已刪除的訂房卡號，按刪除還原，確定按「Y」，可將刪除掉的訂房卡還原，放棄按「N」。
4. 修改：輸入欲修改的訂房卡號，修改完正確按「Y」，放棄按「N」。
5. 查詢：如要執行刪除，刪原，修改……等功能而不知訂房卡號時，亦可由此功能進入再執行。
6. 確認：對訂房卡做最後確認，做此動作後訂房卡只可取消或修改。

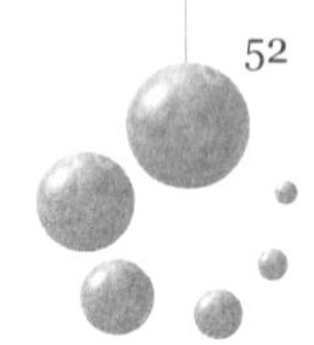

7.取消：取消一張已確認之訂房卡。

8.取消還原：還原一張已取消之訂房卡。

9.等待：新增一筆訂房卡資料，所有動作如同新增一般，但訂房卡狀態爲「等待狀態」且不更動房間庫存。

10.等待轉正式訂房：將等待之訂房卡轉爲正式訂房。

其它功能說明

1.訂房卡複製功能：於訂房卡新增或等待時，輸入欲複製的訂房卡號及序號，再輸入是否爲同一張訂房卡（如果爲同一張訂房卡，則訂房卡號將沿用，序號爲下一個序號，否則將付予一個新的訂房卡號），螢幕將會顯示該訂房卡之所有資料。

2.房間庫存查詢功能：於訂房卡新增，等待或修改時可以按房間庫存查詢，輸入起迄日期將可查詢此區間之房間庫存。

注意事項

1.到達日期不可比當日晚。

2.訂房卡類別爲REST 時，離開日必須等於到達日。

3.已排房之訂房卡，不可修改C／I、C／O 日期。

4.C／I 日期已過之訂房卡，不可修改原訂房卡。

5.有排房之訂房卡，不能修改 C／I、C／O 日期，及訂房數量。

6.訂房卡上至少要輸入一間訂房房間類別。

7.訂金已付之訂房卡，無法做取消動作。

8.若更改C／I日期、C／O 日期，訂房數量，則會刪除Block的房間。

9.大人、兒童欄位關係餐券列印數量。

房間鎖控

指定房號

畫面說明

德安資訊飯店整合系統V4.0[前檯系統]-- [demo] - [排房作業]
訂房[A] 接待[B] 出納[C] 房務[D] 業務[E] 諮服[F] 總機[G] 發票[H] 設定[S] 視窗[W] 離開[X]
單筆明細 多筆清單 庫存
9900253 0 訂房來源 NO 一般 住客類別 N 一般 HIST FIT 狀態 已CI
到達日期 1999/09/23 星期四 淡 3 天 離店日期 1999/09/26 星期日 到達時間 :
客戶代號 Z0000000 00 一般散客 接機班次
連絡人 連絡人 連絡方式 電話連絡 送機班次
RateCod 00000001 原房價 不用公帳 folio分法 00 不分帳
計價別 簽約價 FREE計價別 0 沒有FREE 大人 1 小孩 0 嬰兒 0
團號 訂金 0 收到訂金 0 不用付
備註
付款方式 信用卡號 有效日期 0000/00/00 檢查日 0000/00/00
排 清 更
已排房號

序號	訂房種	房號	排房	房間狀態	原房種

待排房種

序	使用	訂	排	CI	餘	房價	說明	訂房種
1	01	1	0	0	1	9000	STD SI	01

來源

欄位說明

1. 訂房卡號：點兩下查詢鍵，可查詢訂房卡卡號、序號、狀態所有欄位皆可下查詢條件。
2. C／I日期：check in日期 。
3. C／O日期：check out日期。
4. 已排房號：序號、訂房種類、房號。
5. 待排房種：序號、訂房、排房、C／I、餘的數量。

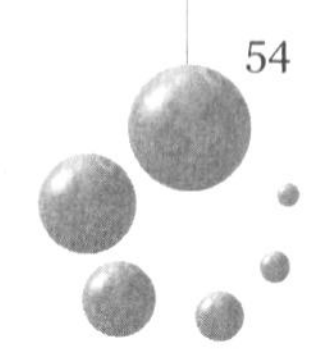

操作方法

進入房間鎖控的房間指定作業後，按滑鼠鍵，即可進入各項次功能。依續鍵入或修改資料，按執行鍵執行即可。

1. 排房：查詢出該筆訂房卡的所有旅客資料，再用滑鼠點「排房」鍵輸入序號、房號確定再按輸入旅客姓名再按「輸入排房」或按F3即可。
2. 清除排房：查詢出該筆訂房卡的所有旅客資料，再用滑鼠點「清除排房」鍵BIOCK房號起來再儲存即可。
3. 更改訂房數量：更改旅客之訂房數量。

注意事項

1. 有輸入住客名稱之訂房卡方可指定房間。
2. 若指定的房間於訂房期間（到達日期至離開日期）內有其它用途，該房間無法作 BLOCK，螢幕下方出現「此期間不可作 BLOCK 動作」。

指定數量

畫面說明

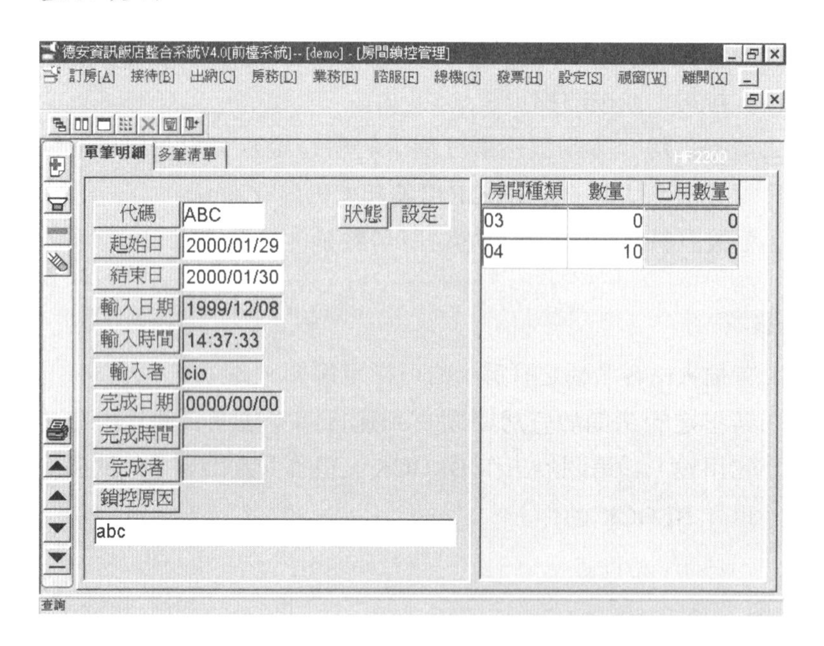

欄位說明

1.代碼：由設定人自行設定。

2.起始日：欲鎖控的起始日。

3.結束日：欲鎖控的結束日。

4.鎖控原因：鎖控的目的。

功能操作

1.新增：由滑鼠點「新增」再輸入代碼、起始日、結束日、鎖控原因，再鍵入「新增明細」輸入房間種類、數量再「執行」即可。

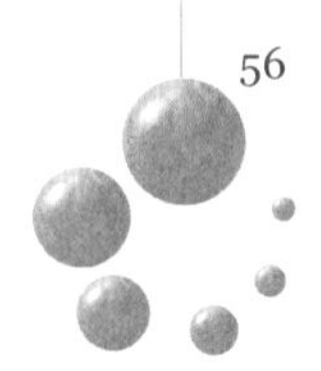

2.查詢：用滑鼠點兩下「查詢」即可。

3.刪除：先查詢到欲刪除的資料，再刪除執行即可。

4.修改：先查詢到欲修改的資料，再修改執行即可。

資料查詢

查詢作業選項

飛機班次查詢、訂房資料查詢（住客姓名）、業務／會員訂房數量查詢（日期）、房間庫存查詢。

畫面說明

1.飛機班次查詢：

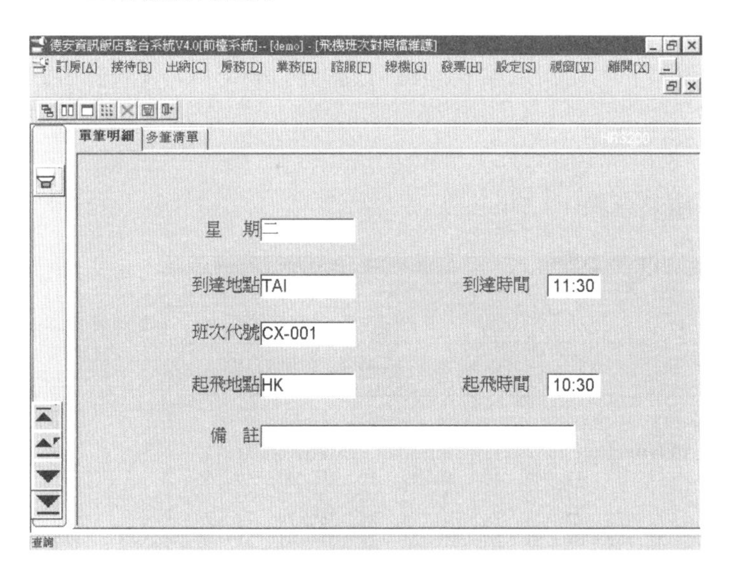

「排序方法」：（1）星期；（2）到達地點；（3）到達時間；（4）班次代號；（5）起飛地點；（6）起飛時間；（7）備註。

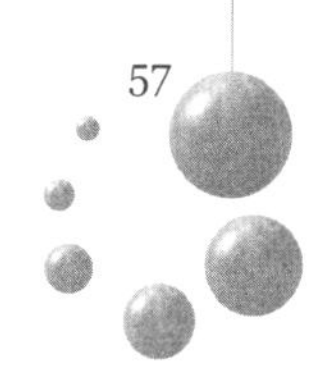

2.訂房資料查詢（住客姓名）：

住客姓名	房號	序號	帳狀	性別	C/I 日	遷入時	預定C/O	實際c/o日	遷出時	國籍
guest_1	0301	1	C/O	M	1999/10/03	11:13	1999/10/06	1999/10/09	15:10	ROC
PETER	0305	1	開帳	M	1999/10/05	17:13	1999/10/06	0000/00/00		ROC
QIQI	0306	1	開帳	M	1999/10/09	13:26	1999/10/11	0000/00/00		ROC
JULIA	0307	1	開帳	F	1999/10/09	13:30	1999/10/12	0000/00/00		ROC
ABC	0307	2	開帳	M	1999/10/09	13:30	1999/10/12	0000/00/00		ROC
JULIA	0307	3	開帳	F	1999/10/09	13:30	1999/10/12	0000/00/00		ROC

訂房尚未C/I之旅客姓名	C/I 日期	C/O日期	到達時間	訂房卡號	序號	歷史編號
J	1999/10/11	1999/10/14		9900210	0	
A	1999/10/11	1999/10/14		9900210	0	
F	1999/10/11	1999/10/14		9900210	0	
H	1999/10/11	1999/10/14		9900210	0	
D	1999/10/11	1999/10/14		9900210	0	
I	1999/10/11	1999/10/14		9900210	0	
B	1999/10/11	1999/10/14		9900210	0	

「欄位說明」：用滑鼠點查詢鍵可查詢訂房和未C／I的旅客資料。

3.房間庫存查詢：

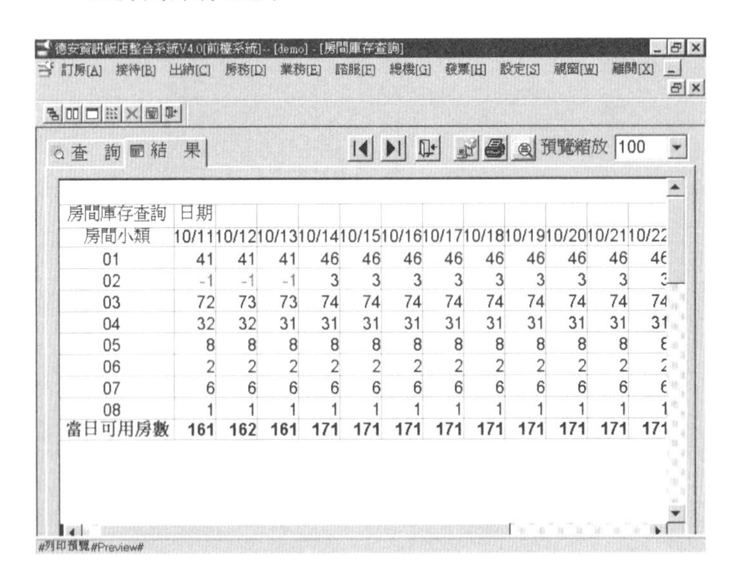

房間庫存查詢 房間小類	日期 10/11	10/12	10/13	10/14	10/15	10/16	10/17	10/18	10/19	10/20	10/21	10/22
01	41	41	41	46	46	46	46	46	46	46	46	46
02	-1	-1	-1	3	3	3	3	3	3	3	3	3
03	72	73	73	74	74	74	74	74	74	74	74	74
04	32	32	31	31	31	31	31	31	31	31	31	31
05	8	8	8	8	8	8	8	8	8	8	8	8
06	2	2	2	2	2	2	2	2	2	2	2	2
07	6	6	6	6	6	6	6	6	6	6	6	6
08	1	1	1	1	1	1	1	1	1	1	1	1
當日可用房數	161	162	161	171	171	171	171	171	171	171	171	171

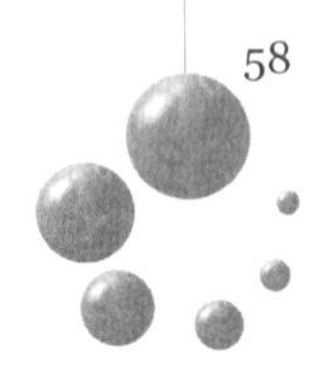

Chapter 5
接待管理系統

隨著時代的變遷，接待的工作已轉爲服務取向，客人可能詢問館內的餐飲、娛樂或是到機場的安排、館內各種服務活動，接待工作和顧客的關係更密切。

其重要工作分述如下：

1. 爲客人辦理遷入遷出手續。
2. 保持最新最正確的房態。
3. 做好安全控制的工作。
4. 接受詢問的服務。
5. 推銷旅館的產品。
6. 可辦理日租房、加房、減房、換房、加床或部分客人先離店、退房等。
7. 辦理個人或團體長期包租。
8. 處理辦公室或商店鋪租用記錄。
9. 自動完成全天工作結束的核對、統計，當日客房出租情況，客房和餐廳或其他消費處的收入總帳目，可按客人國籍、市場類別資料等作分析統計。
10. 能將當天離店客人記錄轉至各後檯應收帳款。

接待管理系統簡介

1. 本系統爲櫃台接待系統之作業。
2. 本系統採用西元年度。

畫面說明

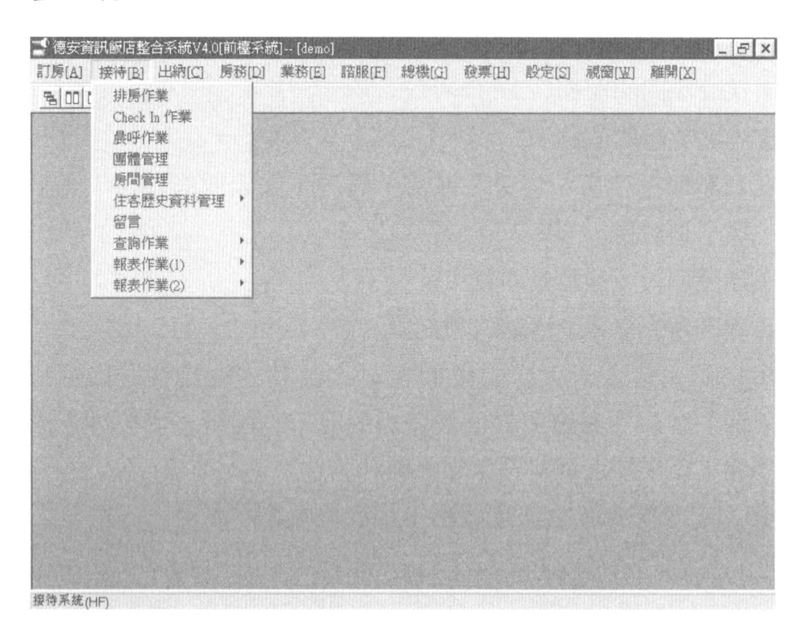

接待管理系統功能簡介

進入接待系統畫面後，即可逐次進入各項功能：

1. 排房作業：預定今天到達之訂房卡的排房、清除排房或更改訂房數量等作業。

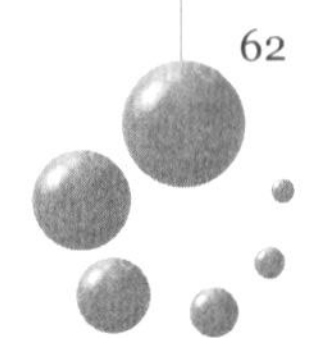

2.CHECK—IN 作業：排完房後之訂房卡，可做指定房號C／I、快速C／I、及還原C／I 等作業，同時亦可修改訂房卡及加房作業，W／I新增、查詢及空房查詢。

3.晨呼作業：可依房號或團號設定24小時之內的晨呼管理，並做新增或刪除作業。

4.團體管理：團體之報房號、改導遊、更改C／O日期、列印簽認單及團體名單、查房價、房價更改及查詢等作業。

5.房間管理：新增、查詢、修改房間資料、換房、修改C／O日期、修改房價、分房、修改住客資料。

6.住客歷史資料管理：新增、刪除、修改、查詢、合併、移轉新增住客歷史資料、列印郵遞標籤及資料重複名單。

7.留言：新增、查詢、刪除、修改留言。

8.查詢作業：

◇住客資料查詢。
◇換房資料查詢。
◇保留帳查詢。
◇房價異動查詢。
◇樓別房間狀況查詢。
◇房間現況查詢（條列式）。
◇房間現況查詢（期間）。
◇房間現況查詢（即時）。
◇異動記錄查詢。
◇空房查詢。

接待管理系統操作說明

排房作業

畫面說明

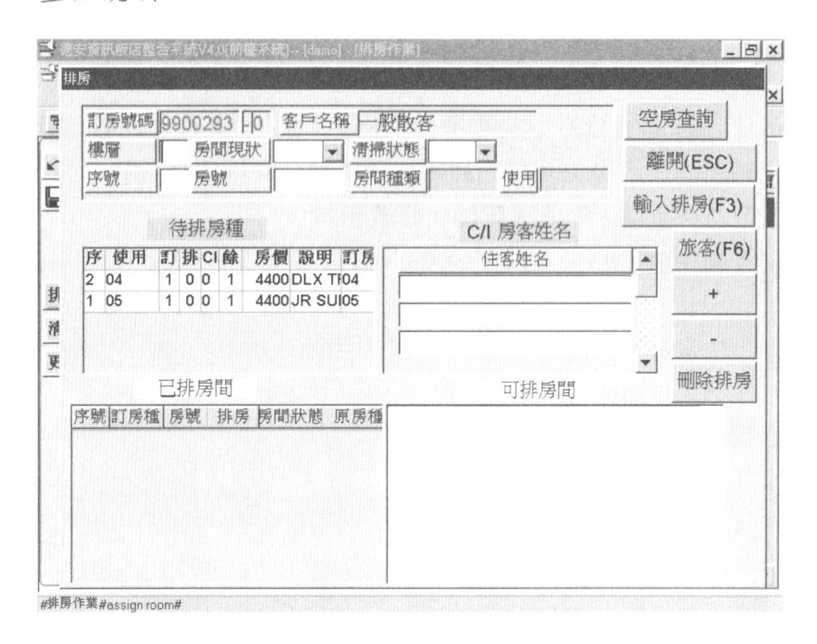

1.查詢訂房卡多筆清單。

2.選擇要排房的訂房卡。

3.輸入序號、房號，如不知房號可查詢空房。

4.輸入住客姓名即排房作業完成。

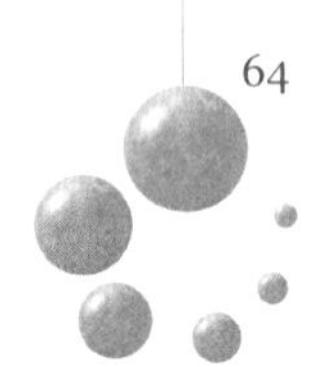

欄位說明

1.樓層：輸入欲排房的樓層。

2.序號：輸入此訂房卡的序號。

3.房號：輸入欲排房的房號，如不知房號可到空房查詢。

4.待排房種：此訂房卡尚有多少訂房未排房。

5.C／I房客姓名：輸入欲C／I的房客姓名，至少一位。

6.輸入排房：輸入排房後，確定按Y。

7.刪除排房：刪除排房後，確定按Y。

功能說明

1.排房：爲已經預約且預定今天到達的訂房卡號做排房，只有預定今天離開、空房的房號且未排房，而且C／I至C／O期間沒有其他用途之房號才可排房。

2.清除排房：清除刪除一間已排定的房號。

3.更改訂房數量：更改訂房卡上某一類別之訂房數量，更改之訂房數量不能比已排房之數量小，若有此情形發生則必須先刪除一部分的排房。

注意事項

1.排房、清除排房等功能項，必須在訂房卡狀態是新增、修改的狀態下，而且是今天到達的旅客才可以執行。

2.若有訊息顯示此房號不是可排房狀態，則可能是已排房或不是空房的狀態。

3.排房完後會出現輸入住客姓名之畫面，最少要輸入一位住客。

CHECK—IN 作業

選項

1.有預約、排房 C／I 。

2.W／I、無排房 C／I 。

畫面說明

有預約Check—In：

1.查詢條件畫面：

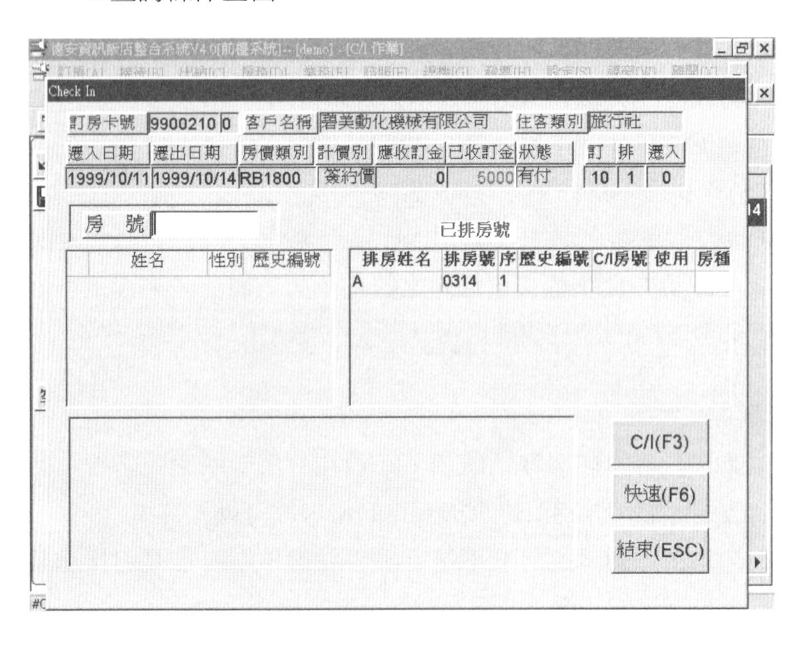

◇查詢欲C／I且已排房的訂房卡，按「排房」進入此狀態。

◇可選擇房號或直接快速C／I即可完成C／I動作。

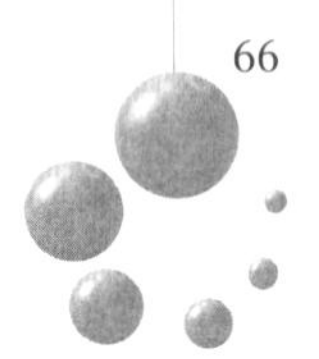

2.W／I的C／I：

◇使用於無事先預定房間臨時到達的客戶。

◇無預約C／I畫面會跳到補登訂房資料，C／I日期爲當天需輸入C／O日期。

◇再輸入欲C／I房號，如不知房號可查詢空房。

◇輸入房號後再C／I即完成。

功能說明

1.指定：指定某一特定房間 Check—In 。當整團旅客沒有一齊到達時，可針對已到達的旅客指定某一房間做 Check—In。

2.順序：依排房順序 Check—In 系統會將已排房的房間按順序一間一間顯示出來。

3.快速：快速 Check—In ，系統會將已排房的房間按順序做 Check—In 。

4.訂房卡：更改訂房卡資料；爲了方便使用者使用，特地增加此功能，使用者不必到訂房系統做更改。

5.加房（沒有排房的 Check—In ）；此功能乃是爲了旅客臨時要求要多一間或多間房間時使用，使用者不必先排房，可以直接 Check—In ，但此房間在此段時間內不可有其他用途。

6.還原：對已 Check—In 之房間做 Check—In 還原之動作，此房間必須是無任何帳掛在此房間內（包括已註消之帳），才可做此動作。

注意事項

1. 當房號完成 Check—In 之後，電話會自動打開。
2. Check—In 時，會依據訂房卡上的付款方式來判斷是否要給團體帳號（電腦公帳號）、（集體付款才須團體帳號）、是否要付房租服務費、加床服務費。
3. 訂房卡上之房客類別是用來判斷是否爲團體、是否有歷史資料。
4. Check—In 之前請確定是否已經開班，避免訂金入帳有誤。
5. 必須是有排房的房號，且此房間清掃狀態必須是乾淨的才可 Check—In。
6. 每間房間最多可輸入10人，序號由1～A號。
7. 指定、順序 Check—In 會把排房時所輸入的住客姓名帶出來。

晨呼作業

選項

1.設定房間之晨呼、下行李與預定 C / O 時間。

2.刪除房間之晨呼、下行李與預定 C / O 時間。

畫面說明

設定房間之晨呼、下行李與預定 C / O 時間

房號：可以輸入某一房號或團體帳號。若輸入團體帳號即代表此團之所有房號。

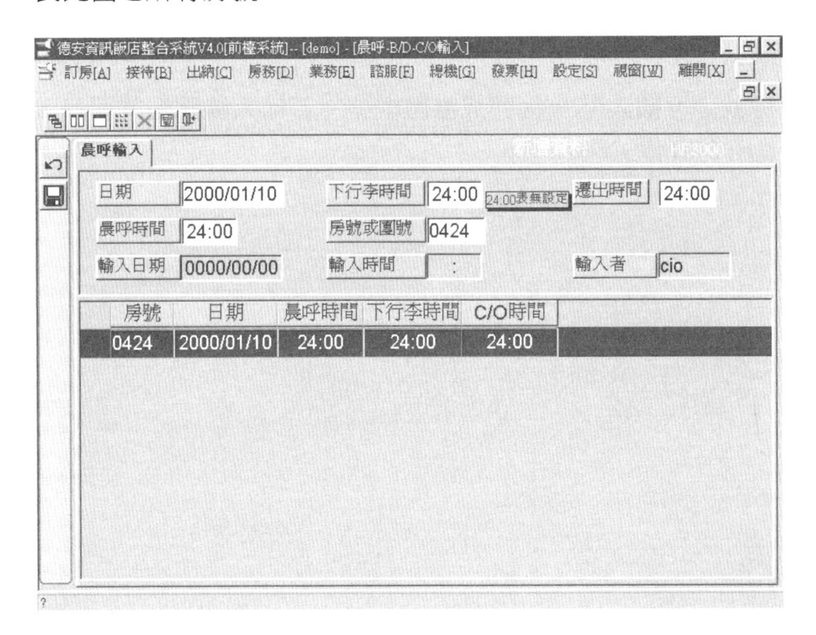

注意事項

1.每一房號一天只能設定一次晨呼，若設定兩次則晨呼時間會被更新為後來設定的時間。

2.若某一團中有一間房號要設定不同的晨呼時間，則先輸入團體帳號來設定全團的晨呼時間，再重新設定那一房號的晨呼時間。

3.晨呼只能設定從現在24小時內之時間。

如果小於現在的時間，則日期為隔天。

如果大於現在的時間，則日期為今天。

刪除晨呼、下行李、Check－Out 時間

輸入晨呼日期、房號可查得設定資料，按滑鼠鍵刪除晨呼設定資料。

房號：可輸入某一房號或團體帳號。若輸入團體帳號即代表此團之所有房號。

團體管理

畫面說明

輸入查詢條件：到達日期、團體帳號、訂房卡號，按<F3>接受鍵：

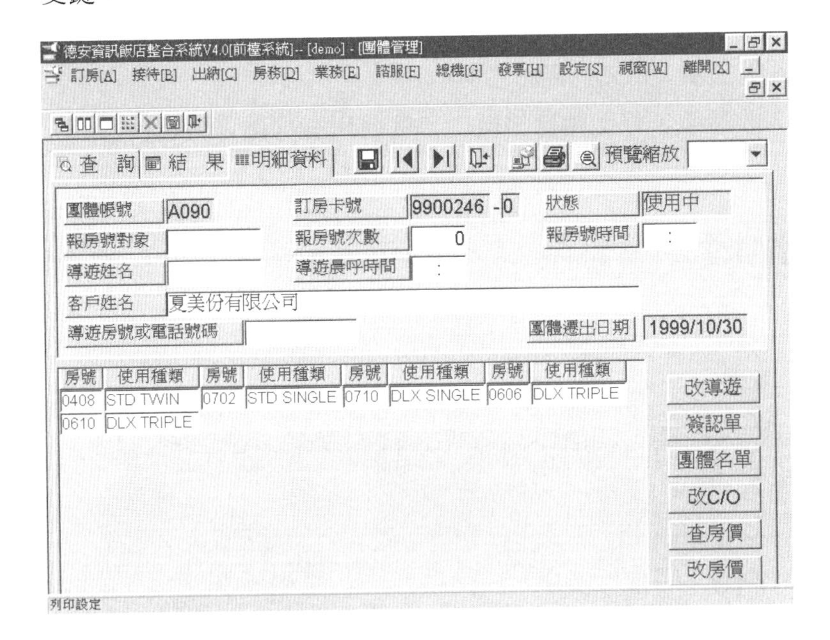

功能說明

1. 報房號：列出此張訂房卡之所有房號。
2. 改導遊：可修改公司名稱、 報房號對象、報房號次數、 報房時間、導遊姓名、連絡導遊房間號碼、導遊晨呼。
3. 列印團體簽認單（套表）：列出所有排給此張訂房卡之房號。
4. 列印團體名單（套表）：列出所有此張訂房卡之旅客基本資料。

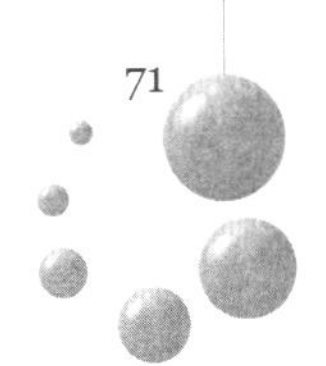

5.更改 Check－Out 日期：更改團體之所有房號的 C／O 日期。

注意：如果有訊息顯示某一間房號不能延後 C／O ，表示此房號已排定其他用途；但仍會繼續更改下一間房間的 C／O 日期。無法延後 C／O 之房號可到「房間作業管理」做換房，再更改 C／O 日期。

6.查房價：可查此團體之房價。

7.改房價：修改團體房價，一次將所有同團之房租、計價方式改變。

房間管理

畫面說明

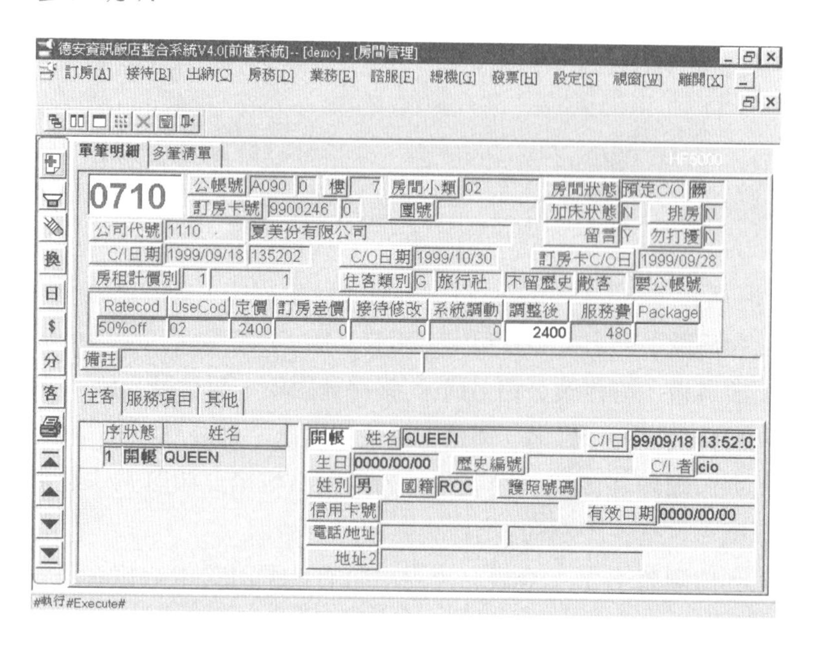

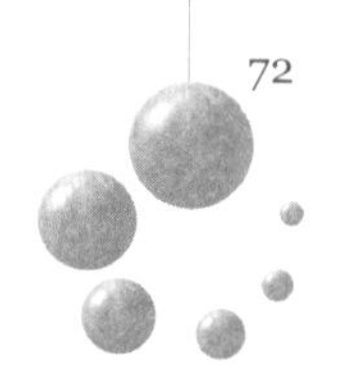

特殊欄位說明

1. 排房：「Y」已排房；「N」未排房。
2. 房間狀態：已住人、空房、預定今天C／O、修理中。房間狀態之下一欄是清掃狀態：乾淨、髒的、沒有行李。
3. 留言：可由此欄位得知是否有留言，Y：有留言；N：無留言。

功能說明

1. 修改房間資料：修改此房間之基本資料。
2. 修改房價：修改此房間之房價資料。

注意：◇計價類別選擇房價金額，並且會依照標準房價計算出金額。
◇系統會依據付款類別判斷是否要帶出加床費、加床服務費、服務費。

3. 修改C／O日期：更改此間之C／O日期。

注意：◇欲更改之C／O日期不能與原來C／O日期相同。
◇若訊息顯示無法延後C／O，表示此房號已有其他用途；可使用換房功能。

4. 修改住客資料：修改此房間之住客資料。

注意：◇若有歷史資料，則輸入完旅客姓名後便會自動顯示出來。
◇若原序號有住人，則會更新資料；若沒有住人，則會增加一筆住客資料。

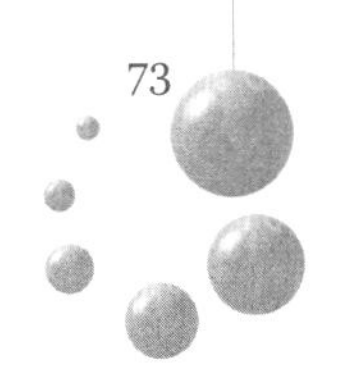

5.換房：更換房間，用於住客要求更換或此房間要做整修……等狀況。

注意：◇換房完成之後，原房間之資料將一併更換到新房間。

◇若有更改房價，則系統會將新房價寫入新房號；若沒更改，使用原房號之房價。

◇新房號必須是空房且是乾淨的才可以更換。

6.分房：將房間之旅客更換到另一間有住人之房間。

注意：◇換房完成之後，原房間之資料將一併更換到新房間。

◇若有更改房價，則系統會將新房價寫入新房號；若沒更改，使用原房號之房價。

◇新房號必須是空房且是乾淨的才可以更換。

◇訂房卡號不相同不可分房。

注意事項

房間狀態必須是「已住人」、「預定今天C／O」才可以執行此「房間作業管理」之功能。

住客歷史資料管理

選項

住客歷史資料維護。列印郵遞標籤。資料重複名單。

畫面說明

住客歷史主畫面：

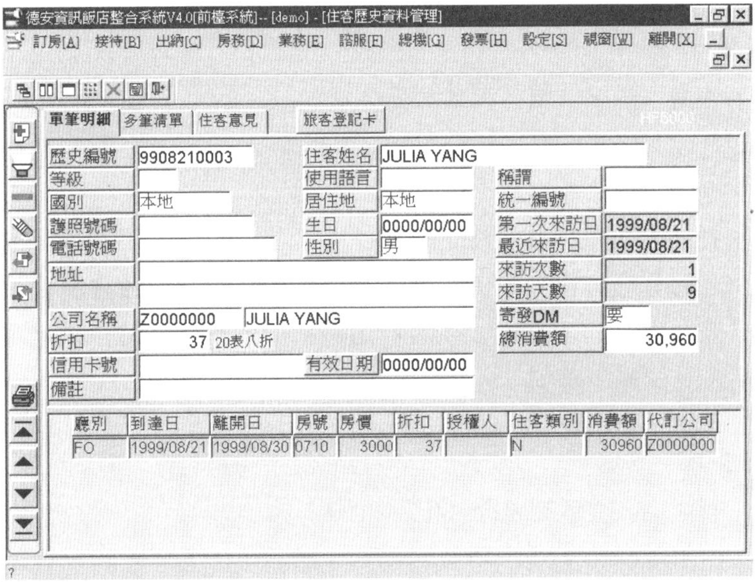

欄位說明

住客基本資料：

1.歷史編號：住客歷史編號。

2.國籍：國籍代碼（依國籍代號對照檔）。

3.居住地：居住地（依國籍代號對照檔）。

4.最近來訪日：住客最後一次來訪日期。

5.代訂公司：代訂公司代碼名稱。

6.折扣：第一次來訪折扣數。

7.有效日期：信用卡的有效日期。

8.DM：是否寄發ＤＭ。

9.客戶來訪資料：

◇折扣：房價／標準房價。

◇客源：房客類別（一般散客、簽約公司……）。

功能說明

1.新增：新增一筆住客基本資料。

2.修改：修改住客基本資料。

3.刪除：刪除住客基本資料。

4.查詢 ：查詢單筆或多筆明細資料。

5.合併明細資料：輸入主要住客歷史編號和次要住客歷史編號，則會將原在次要住客歷史編號下的來訪資料合併到主要住客歷史編號下。

注意事項

1.歷史編號由電腦自行帶出。

2.使用「移轉」功能時，新的歷史編號不能與原來的歷史編號相同。

3.住房是否留歷史資料是依訂房卡上的客戶類別決定，並在夜間出納系統的結轉程式執行才會產生。

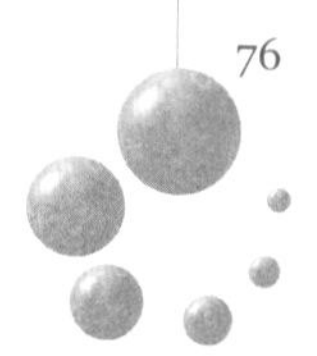

留言作業

畫面說明

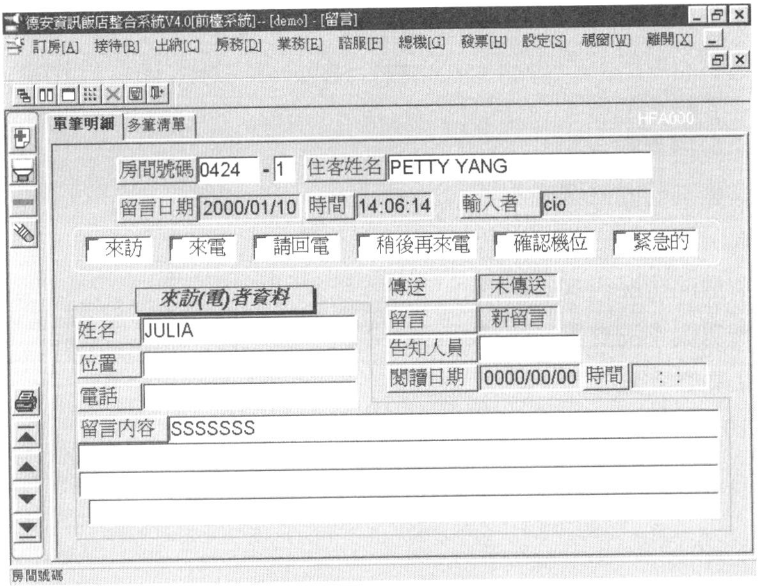

功能說明

1.新增：新增一筆留言資料。

2.查詢：可查詢到所有留言多筆明細。

3.刪除：刪除一筆原有的留言資料。

查詢作業

選項

1.住客資料查詢。
2.換房資料查詢。
3.保留帳查詢。
4.房價異動查詢。
5.樓別房間狀況查詢。
6.房間現況查詢（條列式）。
7.房間現況查詢（期間）。
8.房間現況查詢（即時）。
9.異動記錄查詢。
10.空房查詢。

住客資料查詢

畫面說明

1.顯示住房及當天C／O的住客，若住客已C／O則顯示C／O時間輸入查詢條件：住客姓名、房間號碼、團體帳號、公司名稱、國籍。

2.可選擇查詢訂房、訂房尚未C／I之旅客姓名。

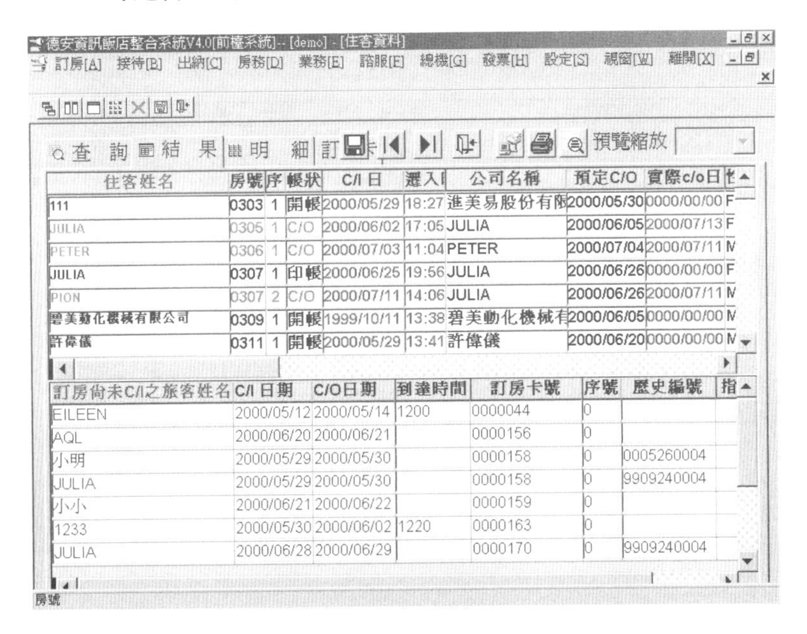

換房記錄查詢

輸入查詢條件：換房日、住客姓名、原房號、新房號、C／I 日期。

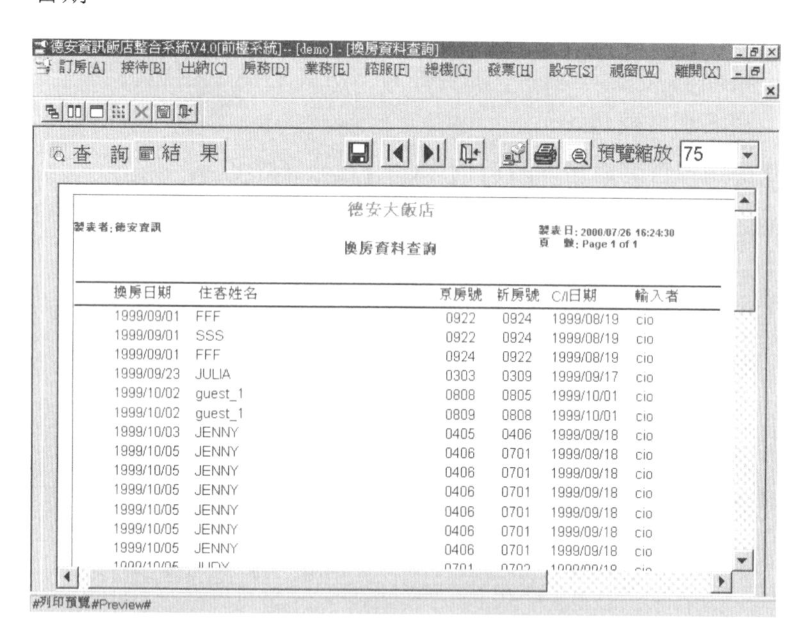

換房日期	住客姓名	原房號	新房號	C/I日期	輸入者
1999/09/01	FFF	0922	0924	1999/08/19	cio
1999/09/01	SSS	0922	0924	1999/08/19	cio
1999/09/01	FFF	0924	0922	1999/08/19	cio
1999/09/23	JULIA	0303	0309	1999/09/17	cio
1999/10/02	guest_1	0808	0805	1999/10/01	cio
1999/10/02	guest_1	0809	0808	1999/10/01	cio
1999/10/03	JENNY	0405	0406	1999/09/18	cio
1999/10/05	JENNY	0406	0701	1999/09/18	cio
1999/10/05	JENNY	0406	0701	1999/09/18	cio
1999/10/05	JENNY	0406	0701	1999/09/18	cio
1999/10/05	JENNY	0406	0701	1999/09/18	cio
1999/10/05	JENNY	0406	0701	1999/09/18	cio
1999/10/05	JENNY	0406	0701	1999/09/18	cio

房價異動查詢

輸入查詢條件：房價異動日期、房間號碼。

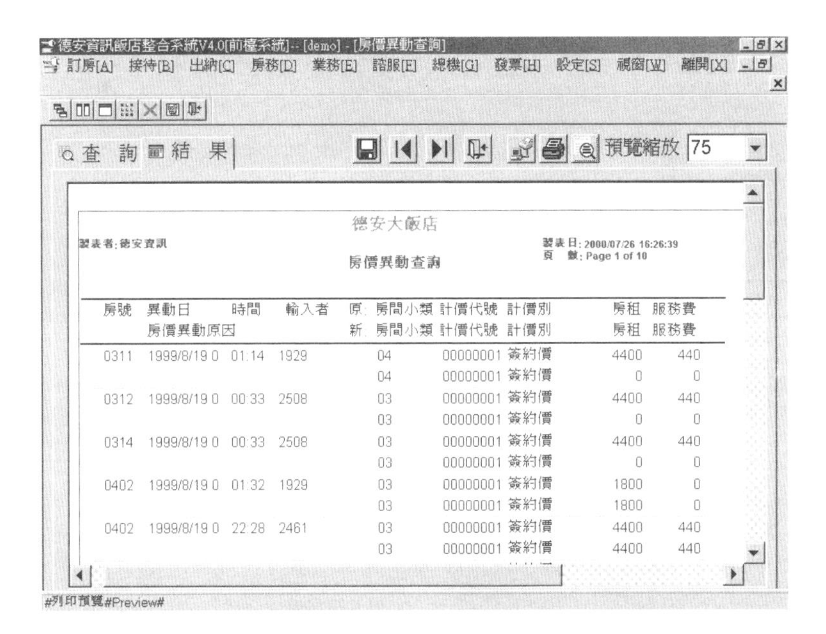

德安大飯店

製表者：德安資訊

房價異動查詢

製表日：2000/07/26 16:26:39
頁 數：Page 1 of 10

房號	異動日 房價異動原因	時間	輸入者	原： 新：	房間小類	計價代號	計價別	房租	服務費
0311	1999/8/19 0	01:14	1929		04	00000001	簽約價	4400	440
					04	00000001	簽約價	0	0
0312	1999/8/19 0	00:33	2508		03	00000001	簽約價	4400	440
					03	00000001	簽約價	0	0
0314	1999/8/19 0	00:33	2508		03	00000001	簽約價	4400	440
					03	00000001	簽約價	0	0
0402	1999/8/19 0	01:32	1929		03	00000001	簽約價	1800	0
					03	00000001	簽約價	1800	0
0402	1999/8/19 0	22:28	2461		03	00000001	簽約價	4400	440
					03	00000001	簽約價	4400	440

樓別房間狀況查詢

輸入欲查詢之樓別，系統將會顯示此樓層之所有房間狀況。

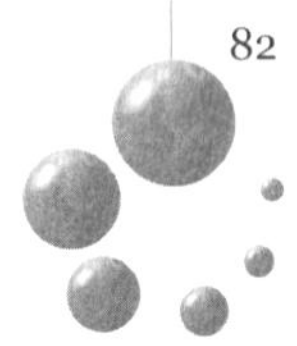

房間現況查詢（條列式）

依據房間狀況及房間類別統計房間總數。

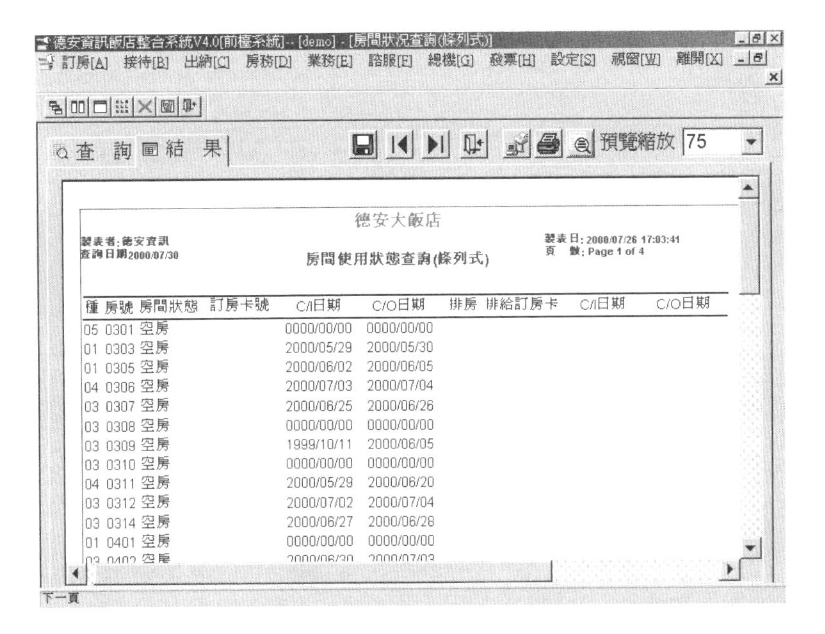

異動記錄查詢

1. 查詢異動檔中之修改記錄。
2. 輸入查詢條件：系統代碼、更動原因、異動日期、異 動者。

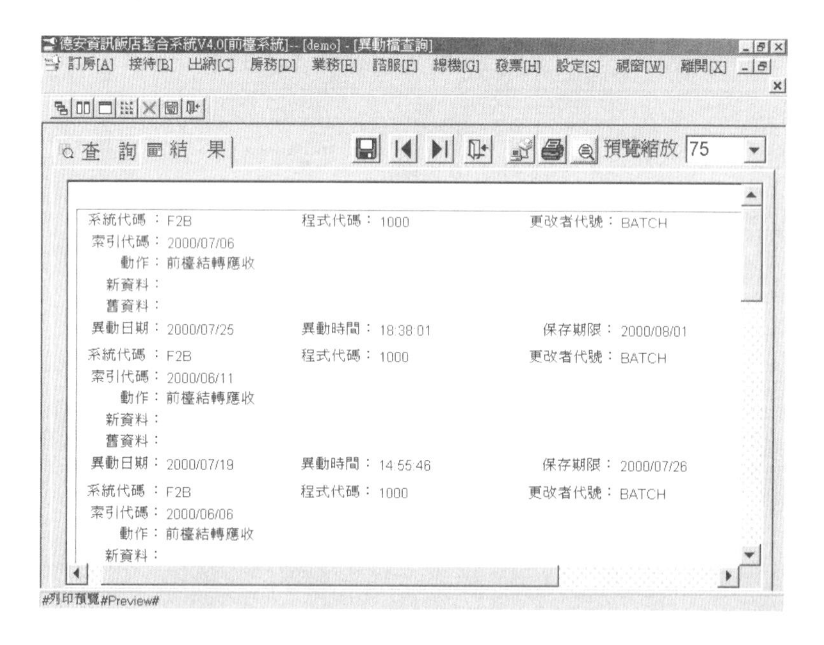

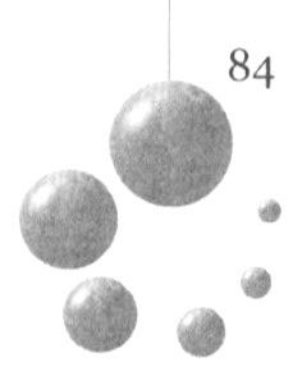

空房查詢

輸入樓層及房間種類即可查詢出空房。

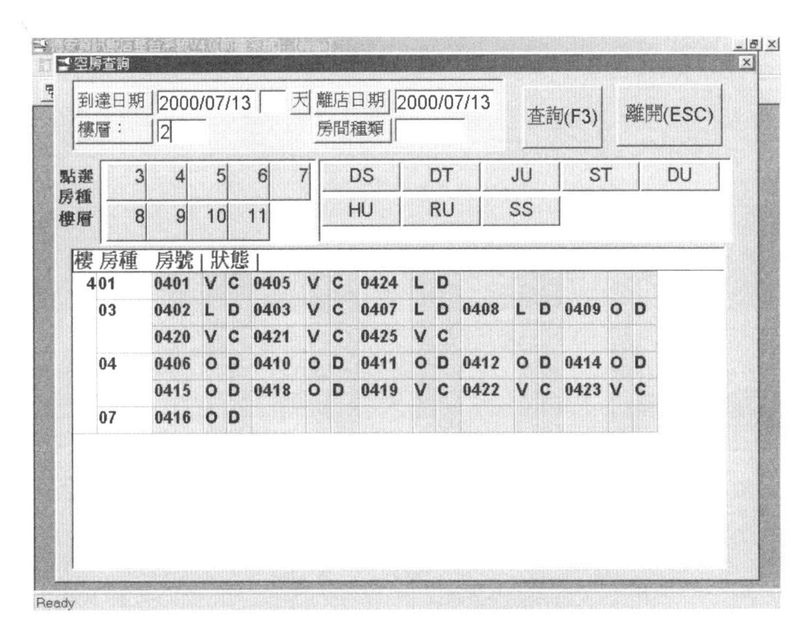

Chapter 6
服務中心管理系統

服務中心不僅對來旅館的住宿客人提供服務，只要是旅館的客人不論用餐或開會都是服務的對象，所以服務中心非僅與房客有直接關係，對來旅館使用公共設施的消費顧客關係密切。

服務中心的業務範圍：

1.到機場車站迎接客人。

2.爲客人提供行李運送及保管業務。

3.在大門迎接客人，引導客人至櫃檯登記，並帶領客人至客房作設備解說。

4.傳送訪客流言單給房客。

5.負責旅客交通工具的安排。

6.注意大廳的安全及秩序的維護。

服務中心管理系統簡介

1.本系統爲諮詢服務系統之作業。

2.本系統採用西元年度。

畫面說明

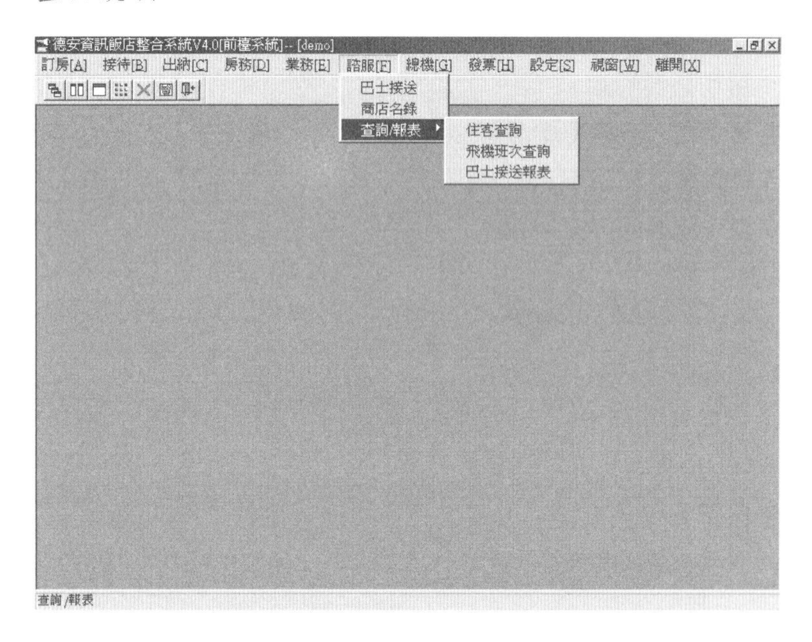

服務中心管理系統功能簡介

1. 巴士接送：可做巴士接送資料之「新增」、「刪除」、「修改」、「查詢」之輸入，例如，接送日期，發車時間，目的地……等。
2. 商店名錄：可做觀光資料之「新增」、「刪除」、「修改」、「查詢」之輸入，例如，商店名稱、住址、營業時間……等。
3. 查詢／報表：可列印所需日期之資料，例如，住客查詢、飛機班次查詢、巴士接送報表。
4. 特殊功能說明：

◇查詢時可用like__%，後按 <S> 儲存鍵，即可查詢想要之資料。

◇橫列爲和（and）之資料，縱列爲或（or）之資料。

◇Shift＋Tab：可回上一個欄位。

服務中心管理系統操作說明

巴士接送

巴士接送增加、刪除、修改畫面說明

德安資訊飯店整合系統V4.0[前檯系統]-- [demo] - [服務中心巴士接送]

訂房[A] 接待[B] 出納[C] 房務[D] 業務[E] 諮服[F] 總機[G] 發票[H] 設定[S] 視窗[W] 離開[X]

單筆明細 多筆清單 HS1000

接送日期 2000/04/20 四 發車時間 16:00

目的地 中正機場

房間號碼 0303 0 姓名 JULIA

搭車人數 1 收費狀態 收費

備註

輸入日期 2000/04/20 輸入時間 10:35 輸入者 cio

最後修改日期 2000/04/20 最後修改者 cio 序號 3

接送日期

欄位說明

1.星期 ：接送日期哪天的星期，自動帶出。

2.目的地：依巴士接送目的地對照檔。

3.搭車人數：此處登記的搭車人數。

4.收費狀態：此筆資料的狀態；收費與不收費。

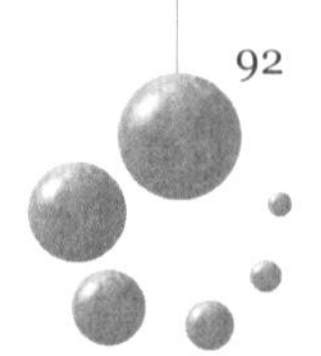

商店名錄

商店名錄增加、刪除、修改畫面說明

德安資訊飯店整合系統V4.0[前檯系統]-- [demo] - [商店名錄--觀光資料]
訂房[A] 接待[B] 出納[C] 房務[D] 業務[E] 諮服[F] 總機[G] 發票[H] 設定[S] 視窗[W] 離開[X]
單筆明細 多筆清單 HS2000
類別代號 03 百貨公司 分類序號 00001
中文店名 KK百貨公司
英文店名
電話1 0225176066
電話2 傳真 0225170886
住址 北市松江路309號9樓
第一階段開始營業時間 10:00 第一階段結束營業時間 22:00
第二階段開始營業時間 : 第二階段結束營業時間 :
網頁
備註 輸入日期 2000/04/20
2000/7/26 Page 1 of 1
類別代號; ref.visit_rf

欄位說明

1.類別代號：依商店名錄的對照檔。

2.分類序號：類別之流水序號。

Chapter 7
房務管理作業系統

客房是旅館最直接的產品，屬硬體設施，惟有再加上服務人員的高品質服務，即所謂軟體的功能，才會產生它的商品價值，從顧客抵達旅館開始一直到離店的整個服務過程，由房務部的服務人員擔任，服務質量的水準對顧客的滿意度有直接的影響，所以有效率的服務必須要有合理的科學工作方法，才能收到預期的效果，對所有房務工作人員而言，除了熟悉和掌握客房服務的具體工作內容之外，必須配合一套適合的電腦資訊系統，相輔相成，提高服務的品質和效率。

房務管理系統的功能：

1. 協助記錄房務部的日常操作程序，連接其他部門，如訂房部、前檯等，協助每個房間的資料狀態，以減少房務部工作人員的操作時間。
2. 客房部管理接口：透過播動電話鍵盤或一個安裝方便的電腦終端上的輸入，客房管理部門可以得到絕對準確的客房狀態訊息。
3. 可即時查詢客人入住情況和記錄。
4. 第一時間更新客房狀態，包括：待離房間、待潔或已清理好的房間。
5. 處理房間的修復後的記錄。
6. 布巾管理（Linen Management）能把布巾開支縮減到最小程度，使用Chase系統的旅館在這方面的開支能節省約15%，甚至更多。本系統能詳細記錄每層樓及每個房間的布巾數量，及房內的額外設備等。

房務管理作業系統簡介

1.本系統為房務系統之作業。

2.本系統採用西元年度。

畫面說明

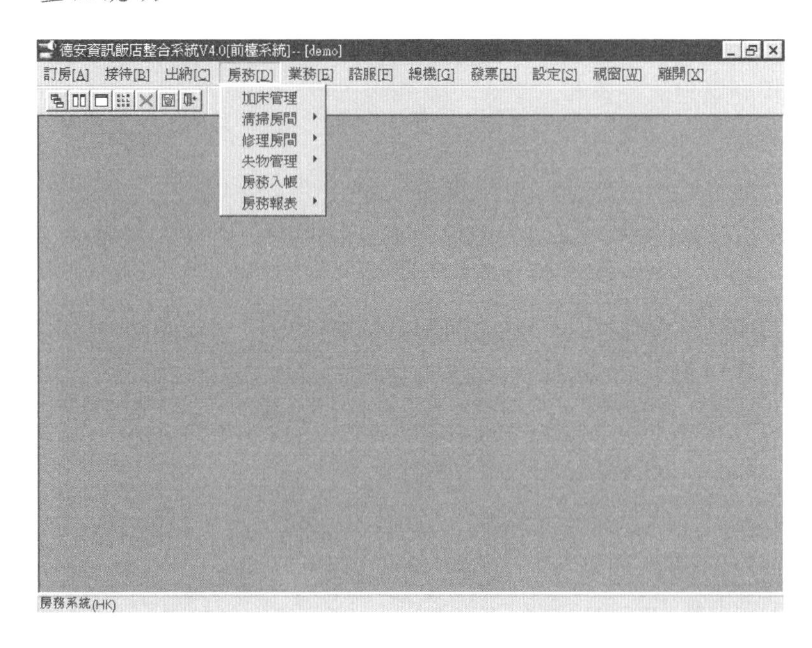

房務管理作業系統功能簡介

進入房務系統即可逐次進入各項功能：

1. 加床管理：爲房間加床或刪除此房間之加床。
2. 清掃房間：有清掃某一房間、整層房間、依清掃人員清掃等功能。
3. 修理房間：設定、刪除此房間的修理狀態。
4. 失物管理：新增、查詢、修改拾獲物品或有旅客遺失物品時使用及記錄。
5. 房務入帳：新增、查詢、修改房務入帳等功能。
6. 房務報表：

◇失物逾時未領報表。

◇入住客帳明細表。

◇房務銷售明細表。

◇房務修理報表。

◇客房日記。

房務管理作業系統操作說明

加床管理

功能說明

客房加床服務。

畫面說明

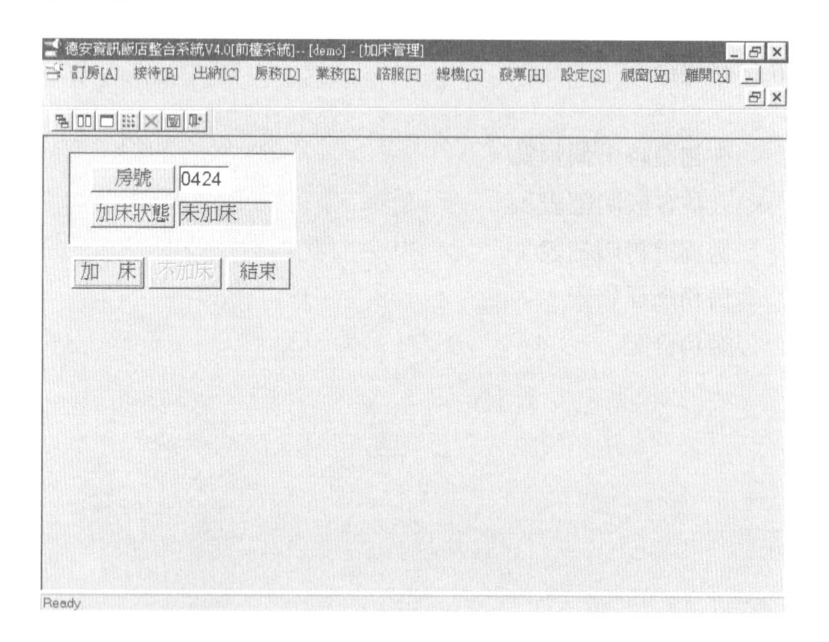

加床管理說明

1. 為此房間加床或刪除此房間之加床。
2. 房間狀態必須為「O」、「L」才可執行。
3. 加床費於夜間滾房租時滾入房帳。
4. 如須刪除加床記得通知前檯刪除加床項目。

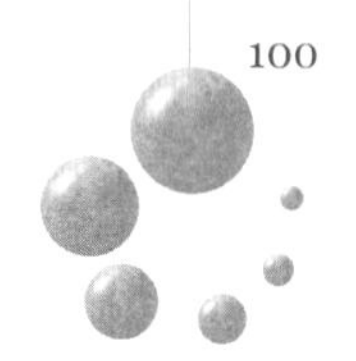

打掃房間

功能說明

清掃房間可分為：（1）清掃某一房間；（2）清掃整層房間；（3）依清掃人員清潔房間等三個畫面來加以說明。

畫面說明

1.清掃某一房間：

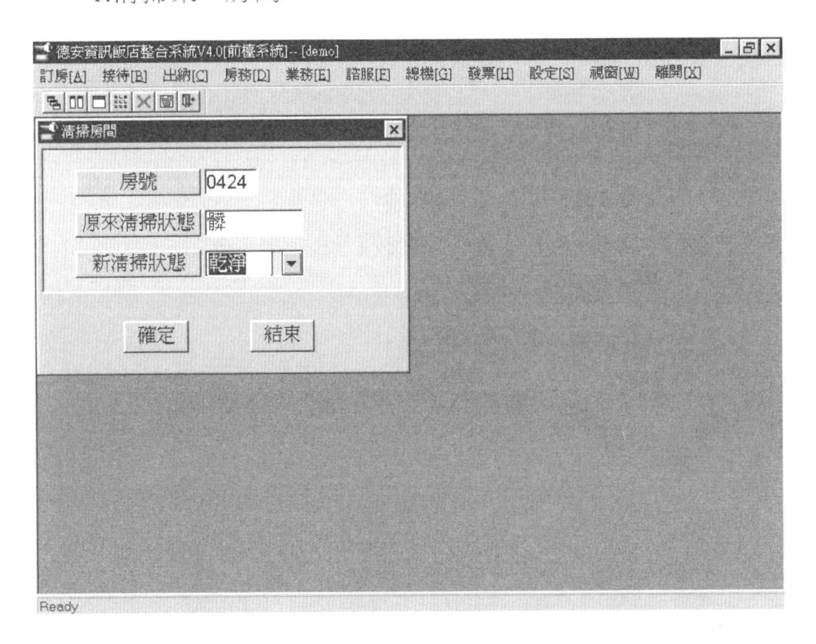

可將房間狀態改為：髒、乾淨、無行李狀態。

2.清掃整層房間畫面說明：

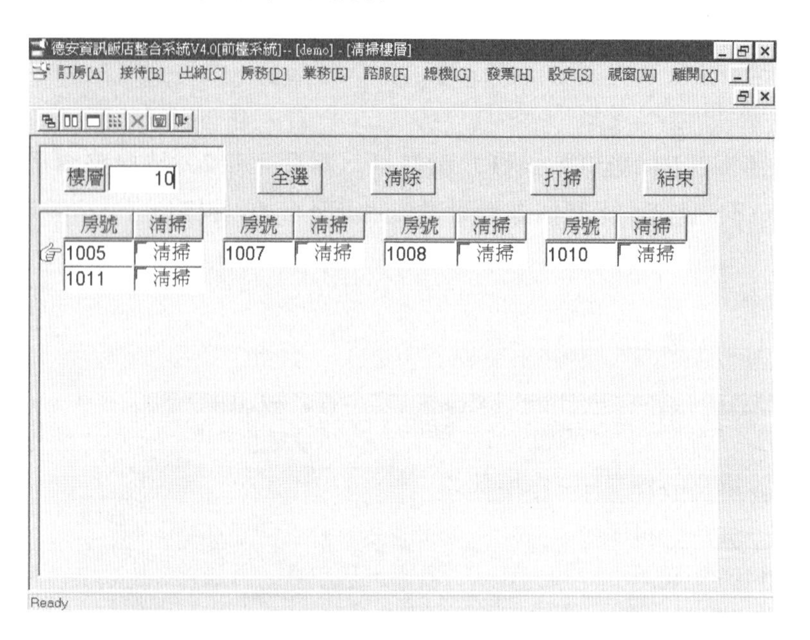

3.依清掃人員清掃畫面說明：

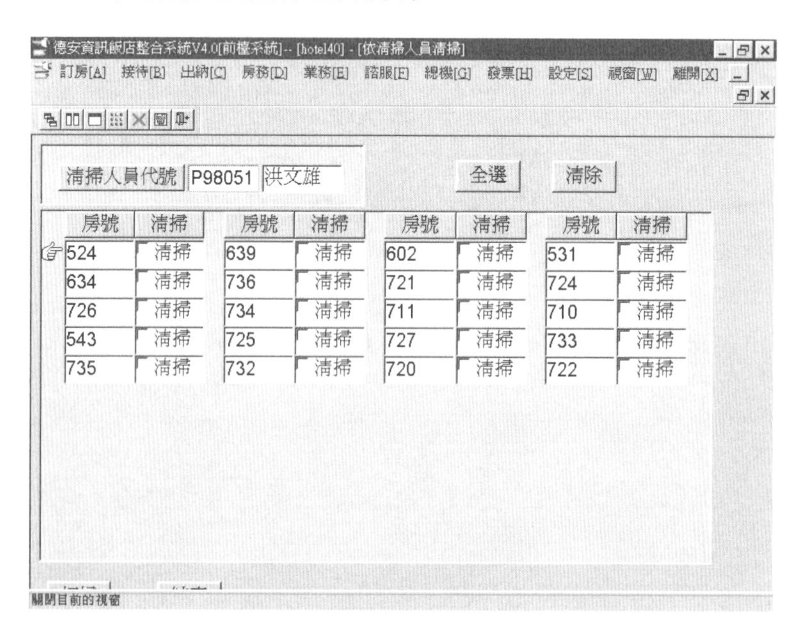

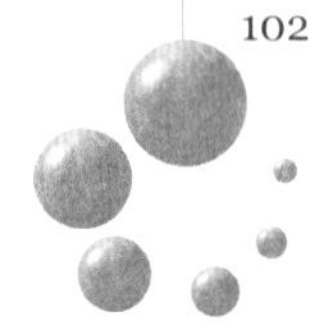

功能及欄位說明

1.清掃：清掃單一房間、清掃整層房間、依清掃人員清掃。

2.清掃房間：更改此房間清掃狀態爲「乾淨」、「骯髒」、「無行李」。

3.房號：可顯示所有需清掃房間號碼。

4.清掃：勾選是否清掃或使用全選。

5.清掃人員代號：輸入員工代號或用「%」做查詢。

房間修理

畫面說明

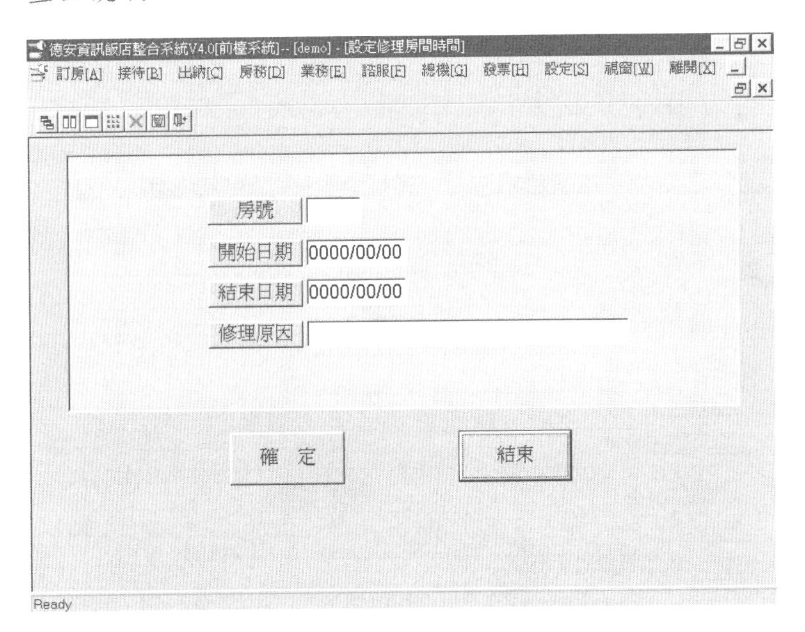

功能及欄位說明

1. 設定此一房間之修理日期或結束此房間之修理狀態。
2. 設定修理時間：輸入起始日期、結束日期來加以設定。
3. 刪除修理時間：輸入會顯示所輸房號之所有修理時段，並選擇刪除時段。
4. 設定整層樓房間之修理日期或結束整層樓之修理狀態。
5. 設定修理整層樓時該樓層之所有房間皆須爲沒有排房及住房等其他用途。
6. 如果當天爲整修日期，則房間狀態將自動改爲「維修」狀態。

失物管理

畫面說明

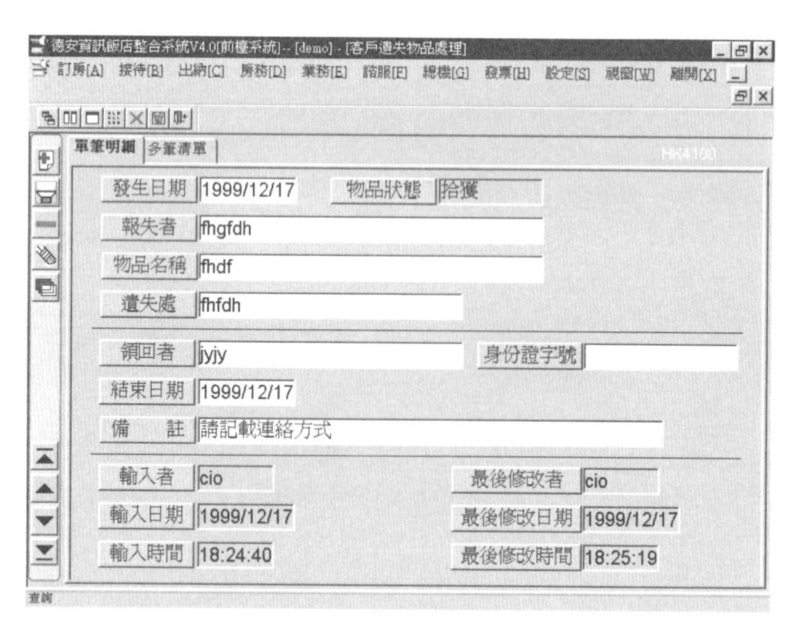

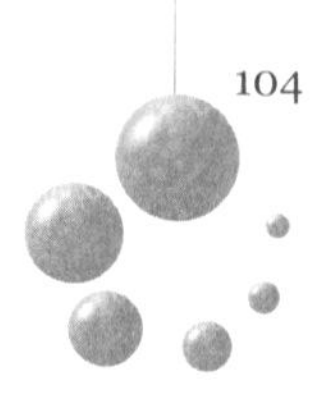

欄位及功能說明

1. 當拾獲物品或有旅客遺失物品時之使用及紀錄。
2. 發生日期、報失者、拾獲者、物品名稱、遺失處等欄位為必要欄位。
3. 有新增、查詢、刪除、修改、物品尋回等功能。

房務入帳

畫面說明

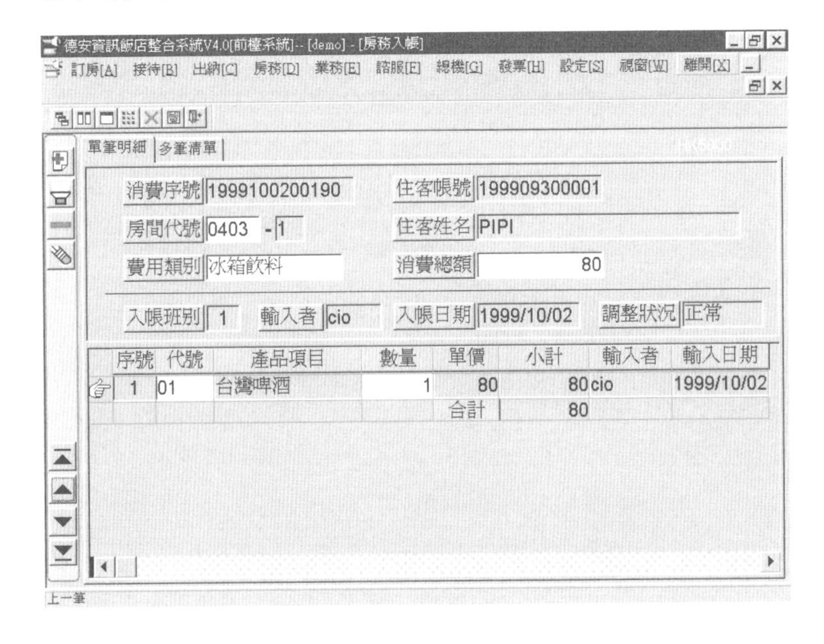

欄位及功能說明

1. 有新增、查詢、修改房務入帳等功能。
2. 輸入房間代號及序號。
3. 費用類別對照檔自設。

Chapter 8
總機管理作業系統

電話總機爲旅館對內、對外的交通樞紐，所以總餞人員的服務態度、語言藝術和操作效率等決定整個話務的工作品質，深深影響旅館的形象和聲譽，它是一個不可忽視的關鍵部門。HCS系統可透過電話與總機交換系統或監視設備連接起，接收各總機信號，產生詳細的電話記錄和分析報告。

總機管理系統的功能：

1.計算直撥自動電話費及非直撥電話費用。

2.可直接找客房或住客資料。

3.提供各地方主要城市的電話費價格表。

4.查詢旅館各部門及其他旅館公共設施的電話資料。

5.可將電話費用即時過帳，打印電話費帳單總數和金額表。

總機管理系統簡介

畫面說明

1. 本系統為總機系統之作業。
2. 本系統採用西元年度。
3. 進入主畫面後，進入「總機系統」將出現以下的畫面：

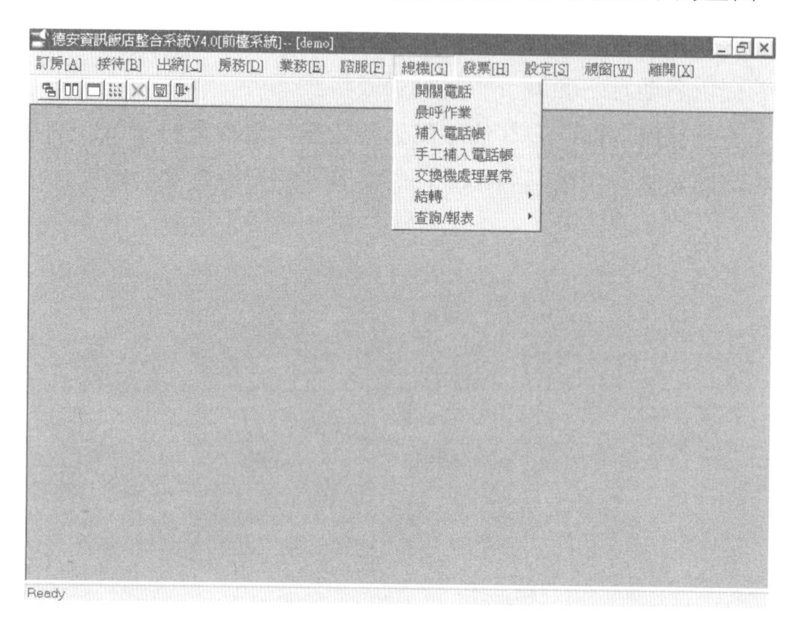

總機管理作業系統功能簡介

進入總機系統畫面後，使用滑鼠即可逐次進入各項功能：

1. 開關電話：電話開放、關閉功能。

2.晨呼作業：晨呼設定。

3.補入電話帳：房客請總機幫忙撥外線電話須入帳。

4.手工補入電話帳：交換機出現異常狀態，電腦無法自動入帳的狀態入帳。

5.交換機處理異常。

6.查詢／報表：住客查詢、電話帳查詢。

總機管理作業系統操作說明

畫面說明

選擇開放、關閉電話，將出現以下畫面：

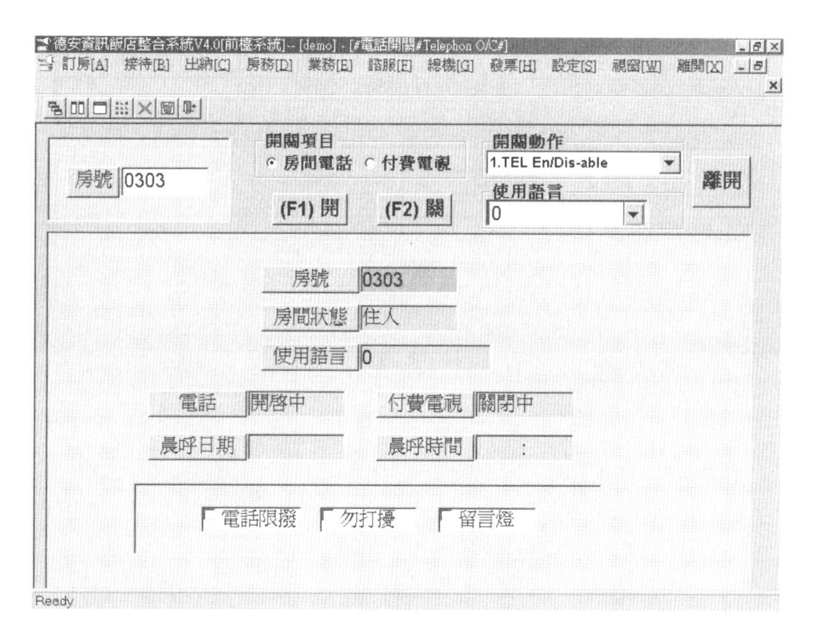

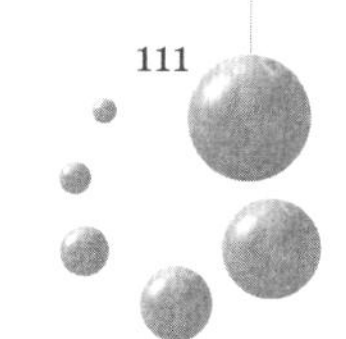

欄位說明

房號／團體帳號：房間號碼或團體帳號。

功能說明

1.開啓、關閉電話。

2.可輸入公帳號一次對全團做開關電話。

注意事項

開關電話設定方式會依PBX廠商作些許修改。

晨呼作業

選項

1.設定房間之晨呼、下行李與預定 C / O 時間。

2.刪除房間之晨呼、下行李與預定 C / O 時間。

畫面說明

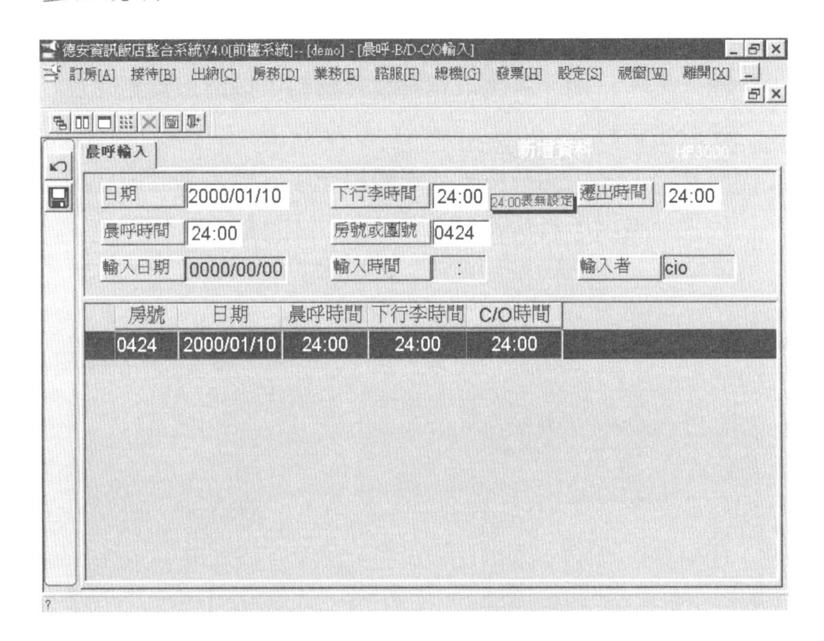

設定房間之晨呼、下行李與預定C/O 時間：

1.房號：可以輸入某一房號或團體帳號。若輸入團體帳號即代表此團之所有房號。

2.注意事項：

◇每一房號一天只能設定一次晨呼，若設定兩次則晨呼時間會被更新為後來設定的時間。

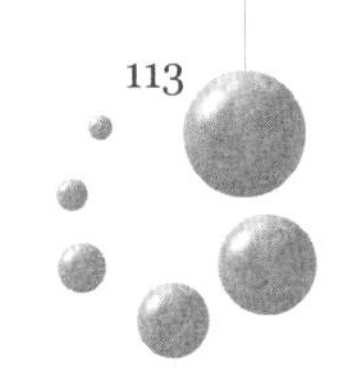

◇若某一團中有一間房號要設定不同的晨呼時間，則先輸入團體帳號來設定全團的晨呼時間，再重新設定那一房號的晨呼時間。

◇晨呼只能設定從現在起24小時內之時間。如果小於現在的時間，則日期爲隔天。如果大於現在的時間，則日期爲今天。

3.刪除晨呼、下行李、Check－Out 時間：

◇輸入晨呼日期、房號可查得設定資料，按滑鼠鍵刪除晨呼設定資料。

◇房號：可輸入某一房號或團體帳號。若輸入團體帳號即代表此團之所有房號。

補入電話帳

畫面說明

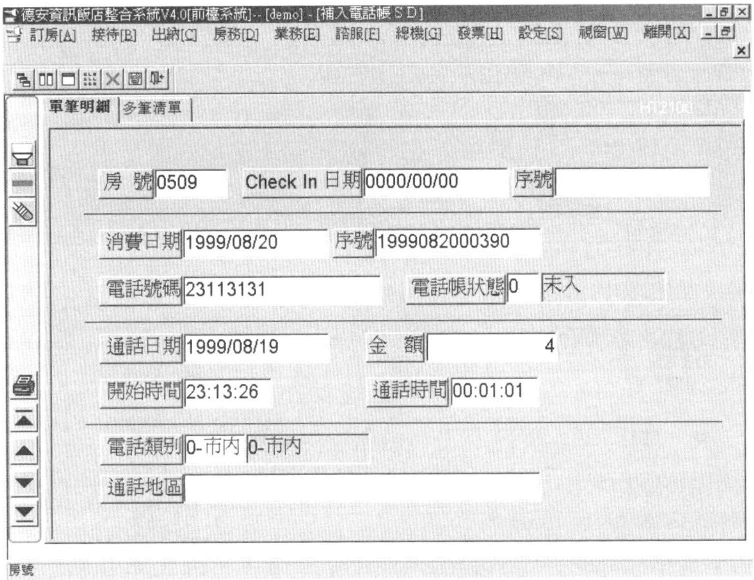

德安資訊飯店整合系統V4.0[前檯系統] -- [demo] - [補入電話帳 S D]
訂房[A] 接待[B] 出納[C] 房務[D] 業務[E] 諮服[F] 總機[G] 發票[H] 設定[S] 視窗[W] 離開[X]
單筆明細 多筆清單
房 號 0509 Check In 日期 0000/00/00 序號
消費日期 1999/08/20 序號 1999082000390
電話號碼 23113131 電話帳狀態 0 未入
通話日期 1999/08/19 金 額 4
開始時間 23:13:26 通話時間 00:01:01
電話類別 0-市內 0-市內
通話地區
房號

輸入房號、電話號碼、日期、金額、開始時間、通話時間、電話類別。

手工補入電話帳

畫面說明

輸入房號、電話號碼、日期、金額、開始時間、通話時間、電話類別。

操作方式與補入電話帳相同。

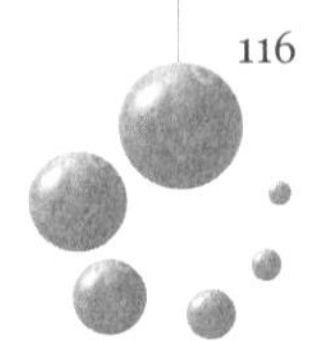

交換機處理異常

畫面說明

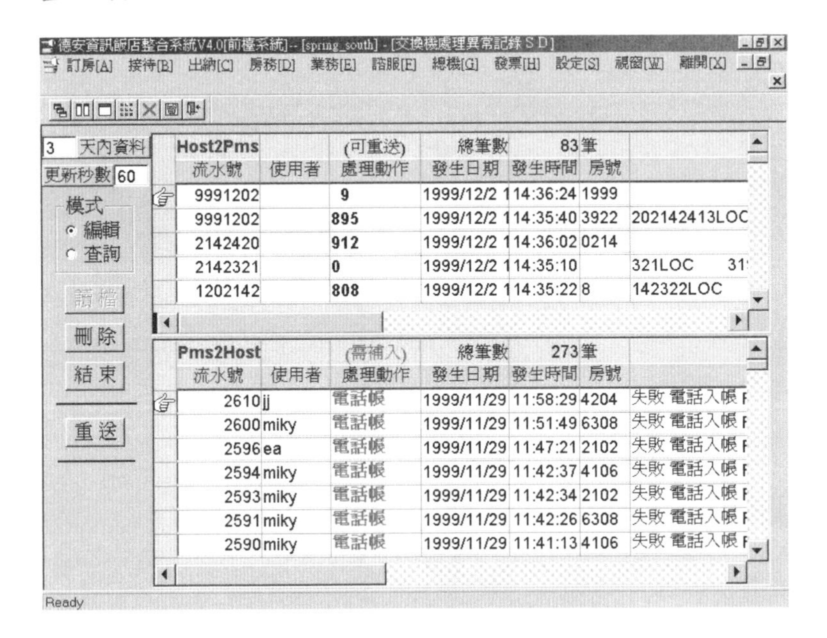

Chapter 9
櫃台出納管理作業系統

旅館必須具備一套精確的櫃檯帳務系統制度，使房客在住宿當中產生的交易紀錄，保持最新和最完整的狀態，如此旅館才能有系統地實現利潤的獲得。

櫃檯帳務系統的功能：

1.查詢住店客人（包括個人及團體）的消費帳務記錄。

2.可由系統自動過帳或人工過帳。

3.零散客人或團體結帳，分爲現金付款、記帳付款、部分記帳或部分付款等各種方式，程序簡單快速。

4.結算合同單位帳務，長期住戶及寓所、辦公室或商店租務等帳項。

5.處理零散客人或團體的預付款業務。

6.清楚結算每個帳務操作員每天的帳務交易總數，並加以記錄及轉存至後檯。

7.統計每日所收的各種款項（包括前檯及各餐廳的帳務）。

8.外匯自動計算、兌換各種外幣，並簡單地加以修改兌換排價程序。

9.清楚記錄自電話轉至的直播電話費用。

櫃台出納管理作業系統

1. 本系統為出納系統之作業。
2. 本系統採用西元年度。

畫面說明

進入主畫面，利用「ALT」+「C」，進入「出納系統」時將出現以下的畫面：

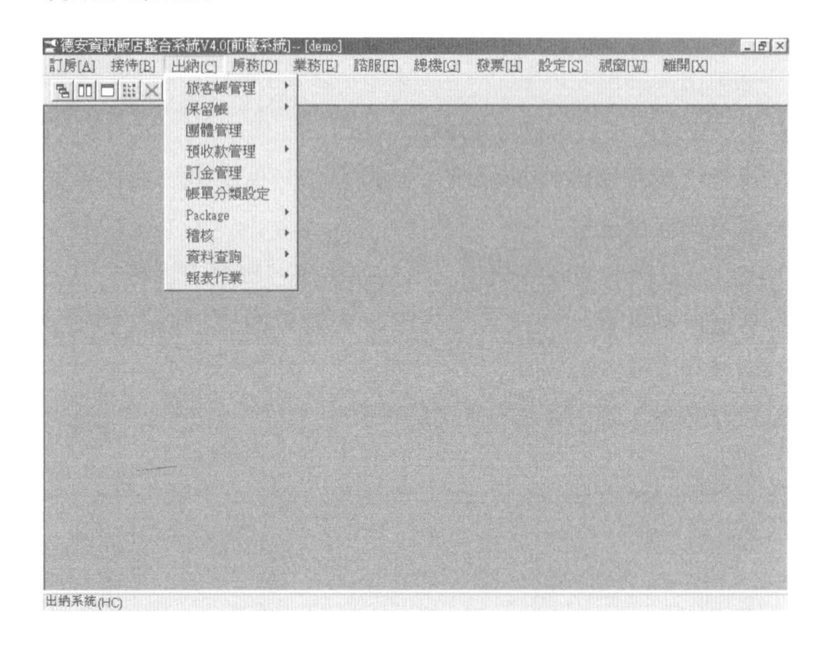

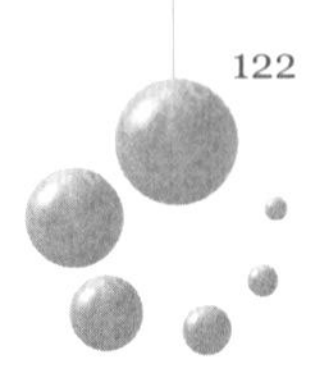

櫃台出納管理作業系統功能簡介

進入出納系統畫面後，按「↑」、「↓」、「←」、「→」鍵或 直接按數字代號，可進入各項功能。

旅客帳管理

1. 旅客帳維護：旅客帳之入帳、轉帳、調整、結帳、分帳、未結帳查詢、發票更正、預收等作業。
2. 開立現金帳：帳款管理及電話帳查詢補入列印等作業。
3. 已結帳處理：可針對已結帳之帳單做變更金額、發票重開、更改付款方式、重新結帳等作業。

團體管理

團體帳之明細查詢列印、清理房間、列印帳單、分團、所屬房間查詢及房價總額查詢……等作業。

預收款管理

旅客預收金額之新增、查詢、修改、刪除。

訂金管理

新增、查詢（刪除、退訂金、沒收、移轉）及列印等作業。

帳單分類設定

可依旅客及簽約公司需求設定各種入帳科目分別放置在不同的帳單內。

稽核

處理資料統計、歷史資料、自動新增房租、服務費及系統換日。

資料查詢

1. 房間明細帳查詢：查詢條件——房號、旅客姓名、公帳號、訂房卡號、結帳狀態、結帳者、C / I日期區間、C / O日期區間、未結帳、已結帳、部分結帳、歷史旅客等，可混合條件查詢。
2. 收款記錄查詢：查詢條件——查詢日期、班別、公號，將顯示查詢日期當天所有收款明細。
3. 應結未結查詢：直接出現目前所有客房住客帳務狀況。

報表作業：

1. 交班報表：

◇交班明細表。
◇交班明細表（收入小分類）。
◇交班明細表（付款方式——細項）。

2. 交班日報表。

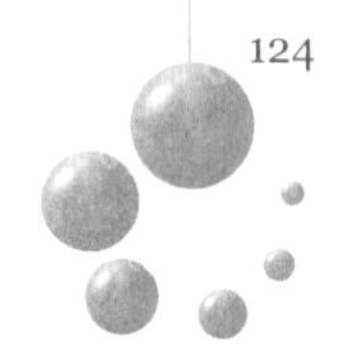

3.調整明細報表。

4.轉帳明細報表。

5.住掛消費明細表（項目別）：

◇住掛消費明細表（調整後）。

◇住掛消費明細表（調整前＋調整報表）。

6.住掛沖銷明細表。

7.住掛未沖銷明細表。

8.住掛彙總表。

9.催款單：

◇GIT催帳單。

◇FIT催帳單。

10.信用卡對帳表。

11.發票開立狀況表。

12.客房應收帳餘額明細表。

13.訂金狀態明細表。

14.預收狀況明細表。

15.年結報表：

◇年結報表（不含結帳資料）。

◇年結報表（含結帳資料）。

櫃台出納管理作業系統操作說明

旅客帳與住客帳維護

旅客帳管理

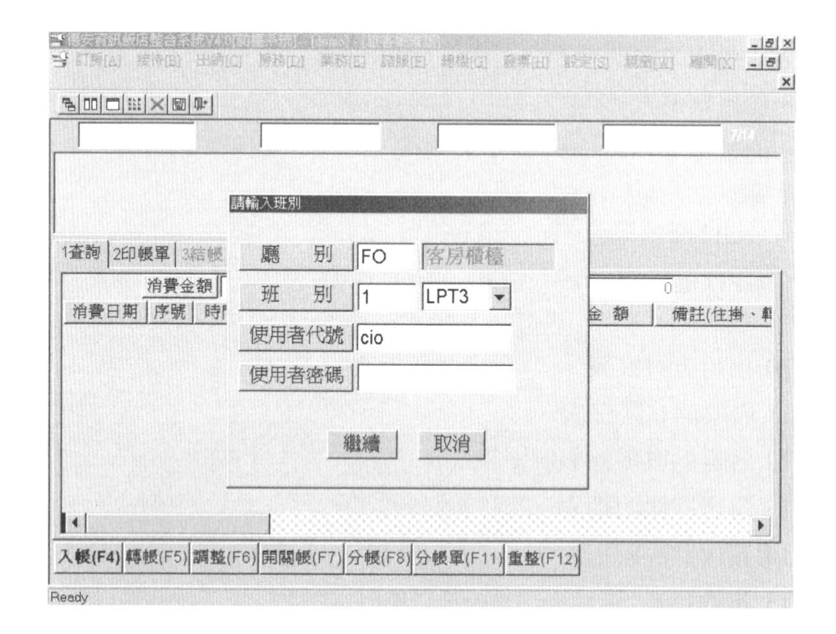

開班畫面：開班畫面輸入使用者代號及使用者密碼。

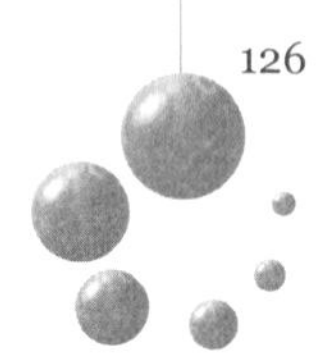

住客帳維護

旅客帳查詢畫面

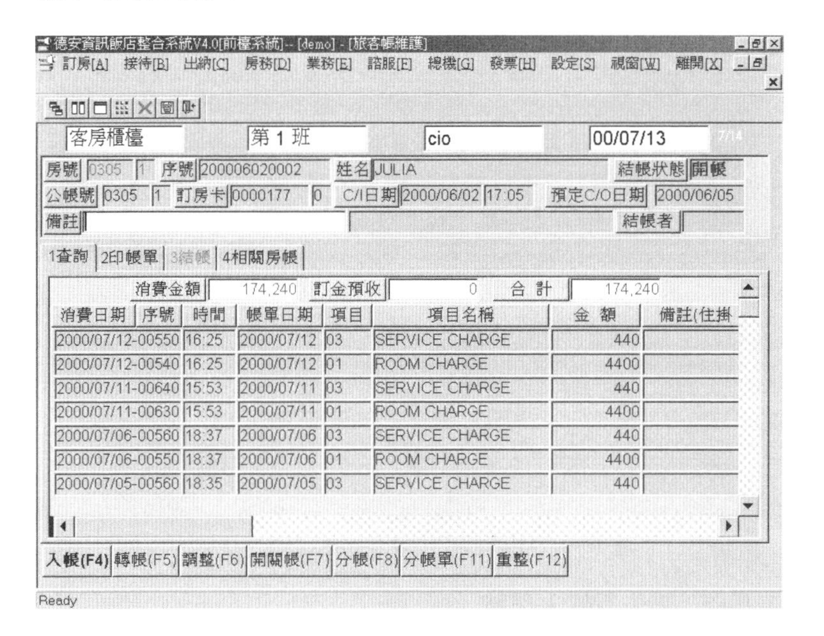

旅客帳入帳畫面

客房櫃檯 第 1 班 cio 99/10/11

房號 0424 1 序號 199910030005 姓名 PETTY YANG 結帳狀態 開帳

公帳號 0424 1 訂房卡 9900273 0 C/I日期 1999/10/03 11:53 預定C/O日期 1999/10/05

入帳 [帳號:0424-1]

房號 序號 小分類 帳單

項目	項目名稱	數量	金 額	備註(自行看用)
		1		

消費金額 13,650 訂金預收 0 合 計 13,650

消費日期-序號	系統日期	時間	項目	項目名稱	金 額
1999/10/11-00080	2000/01/10	14:30	04	CITY CALL	50
1999/10/03-00490	1999/12/03	11:54	B3	三天二夜-1	13,600

結束(ESC)

Ready

欄位說明

1. 房號：需先行輸入房號。
2. 序號：輸入房號後由電腦自動帶出（如果同一房間有兩位以上住客）。
3. 項目：消費項目，可用%選擇。
4. 數量：數量不可小於1或爲負數。
5. 金額：不可爲負數。
6. 備註（自用）：不會列印在帳單上。
7. 備註（帳單用）：會列印在帳單上。

注意事項

1. 必須是開帳狀態的帳號才可入帳。

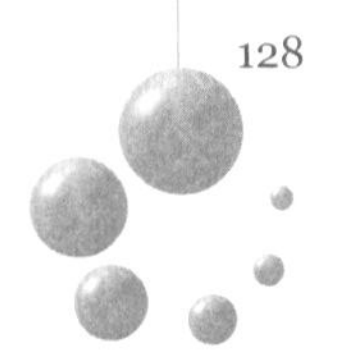

2.消費項目是否可在入帳時使用，取決於項目對照檔中是否可以入帳的欄位設定值。

3.每一筆消費帳都會依「日期」+「序號」（當天第幾筆消費帳）形成一個唯一值。

旅客帳轉帳畫面

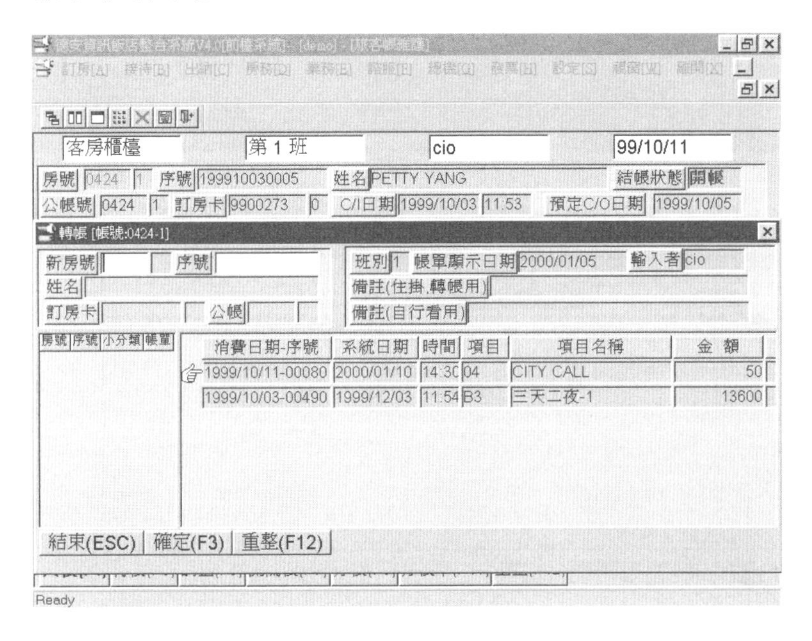

欄位說明

1.房號：需先行輸入房號。

2.序號：輸入房號後由電腦自動帶出（如果同一房間有兩位以上住客）。

3.消費項目：直接點選需轉帳之項目。

4.房號：輸入欲轉入房號。

5.序號：輸入房號後由電腦自動帶出（如果同一房間有兩位以上住客）。

注意事項

1. 必須是開帳狀態的帳號才可入帳。
2. 當點選欲轉帳房間消費項目後，該筆項目將會反白，再鍵入F3後轉帳。

旅客帳開關帳畫面

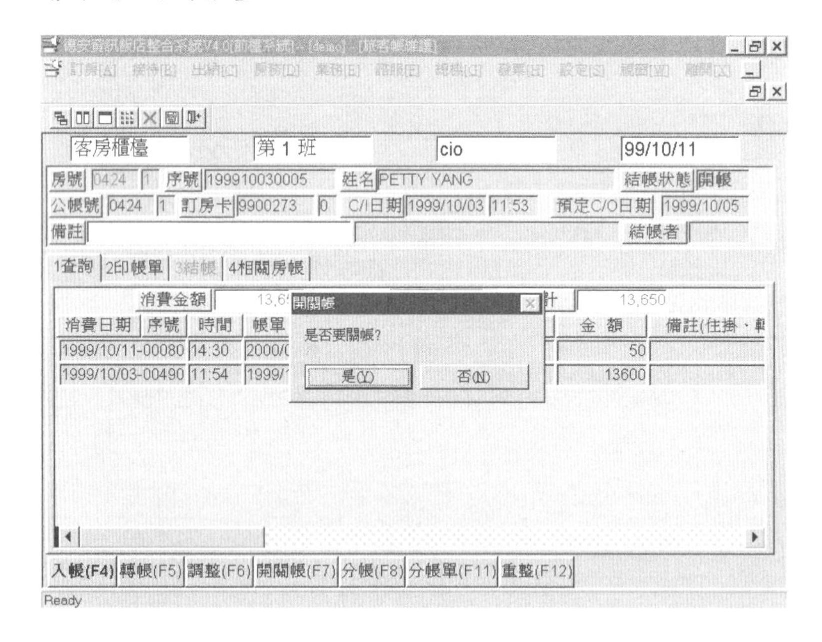

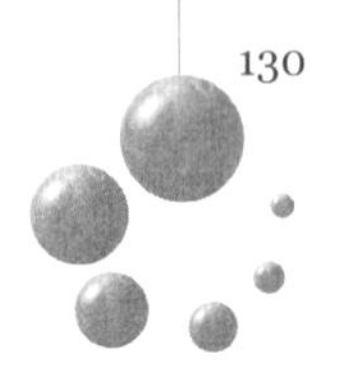

旅客帳分帳畫面

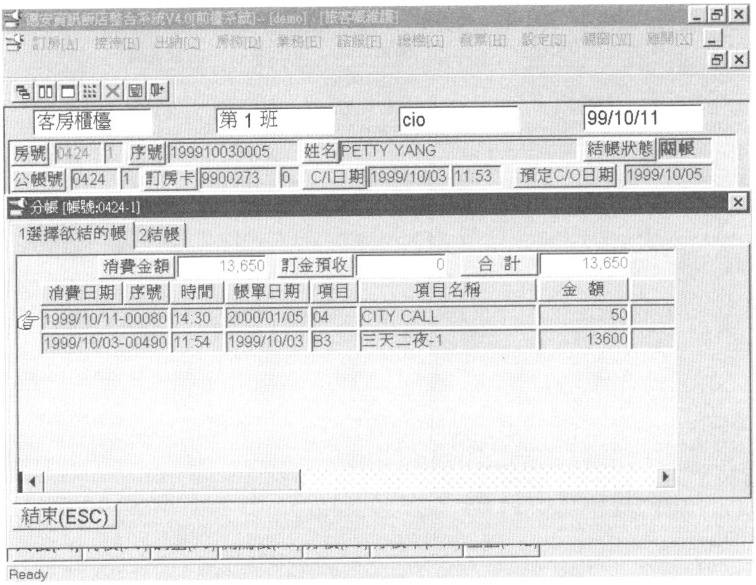

客房櫃檯　第 1 班　cio　99/10/11

房號 0424 1　序號 199910030005　姓名 PETTY YANG　結帳狀態 關帳

公帳號 0424 1　訂房卡 9900273 0　C/I日期 1999/10/03 11:53　預定C/O日期 1999/10/05

分帳 [帳號:0424-1]

1選擇欲結的帳　2結帳

消費金額 13,650　訂金預收 0　合 計 13,650

消費日期	序號	時間	帳單日期	項目	項目名稱	金 額
1999/10/11-00080		14:30	2000/01/05	04	CITY CALL	50
1999/10/03-00490		11:54	1999/10/03	B3	三天二夜-1	13600

結束(ESC)

Ready

欄位說明

1.房號：需先行輸入房號。

2.序號：輸入房號後由電腦自動帶出（如果同一房間有兩位以上住客）。

3.消費項目：直接點選需分帳之項目。

4.序號：輸入房號後由電腦自動帶出（如果同一房間有兩位以上住客）。

注意事項

必須是關帳狀態的帳號才可分帳。

旅客帳分帳單畫面

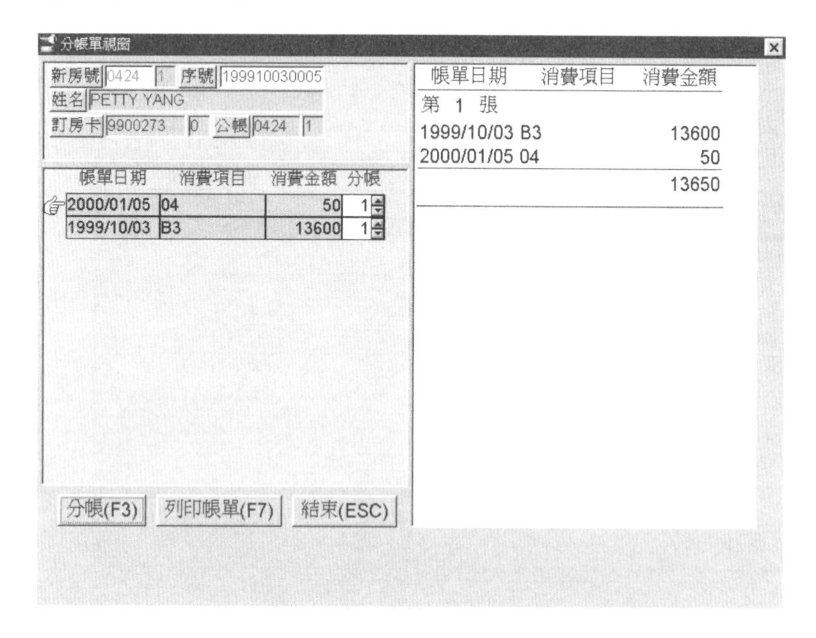

注意事項

需爲開帳狀態才可分帳單。

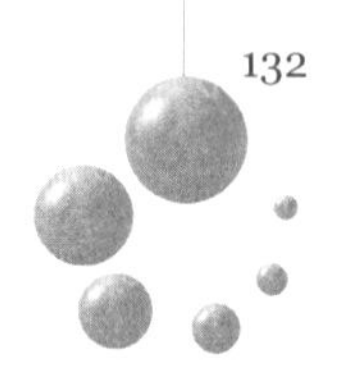

旅客帳單列印畫面

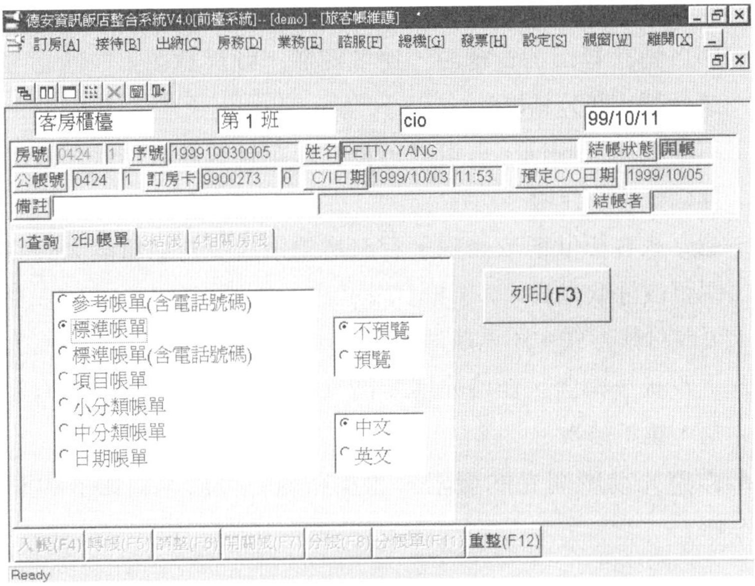

德安資訊飯店整合系統V4.0[前檯系統]-- [demo] - [旅客帳維護]
訂房[A] 接待[B] 出納[C] 房務[D] 業務[E] 諮服[F] 總機[G] 發票[H] 設定[S] 視窗[W] 離開[X]
客房櫃檯
第 1 班
cio
99/10/11
房號 0424 1 序號 199910030005 姓名 PETTY YANG 結帳狀態 開帳
公帳號 0424 1 訂房卡 9900273 0 C/I日期 1999/10/03 11:53 預定C/O日期 1999/10/05
備註
結帳者
1查詢 2印帳單 3結帳 4相關房帳
參考帳單(含電話號碼)
標準帳單
標準帳單(含電話號碼)
項目帳單
小分類帳單
中分類帳單
日期帳單
不預覽
預覽
中文
英文
列印(F3)
入帳(F4) 轉帳(F5) 調整(F6) 開關帳(F7) 分帳(F8) 分帳單(F11) 重整(F12)
Ready

旅客結帳畫面

德安資訊飯店整合系統V4.0[前檯系統]-- [demo] - [旅客帳維護]
訂房[A] 接待[B] 出納[C] 房務[D] 業務[E] 諮服[F] 總機[G] 發票[H] 設定[S] 視窗[W] 離開[X]
客房櫃檯
第 1 班
cio
99/10/11
房號 0424 1 序號 199910030005 姓名 PETTY YANG 結帳狀態 開帳
公帳號 0424 1 訂房卡 9900273 0 C/I日期 1999/10/03 11:53 預定C/O日期 1999/10/05
備註
結帳者
1查詢 2印帳單 3結帳 4相關房帳
發票號碼
營業總額 13,650
+代支金額 0
+代收代支 0 =
-訂 金 0
-預 收 0
應收總額 13,650
代收保險費 0
+娛樂稅 0
+教育捐 0
代收代支 0
銷售額 13,000
+稅額 650
發票金額 13,650
客戶類別
統一編號
5 住 客
2聯
客戶代號
客戶名稱
付款方式 10 金額 13650
付款方式 金額 餘額
入帳(F4) 轉帳(F5) 調整(F6) 開關帳(F7) 分帳(F8) 分帳單(F11) 重整(F12)
Ready

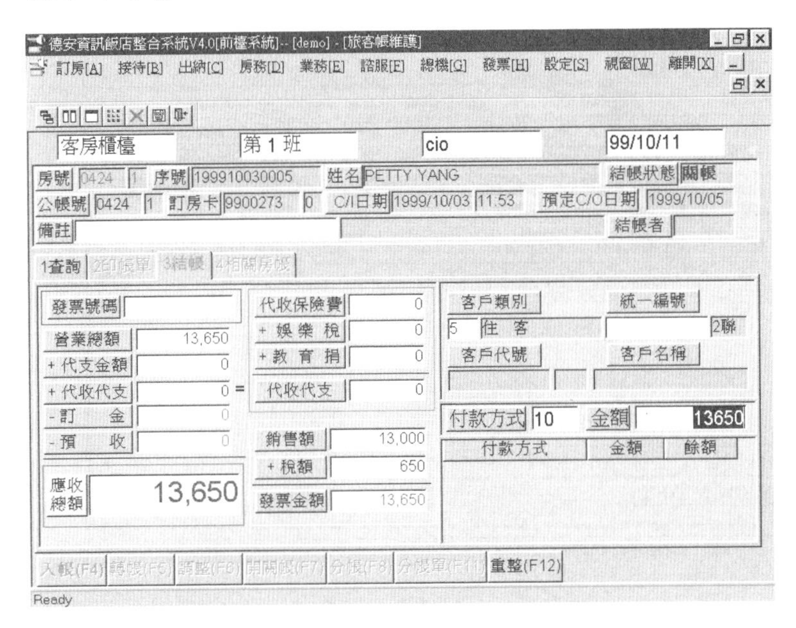

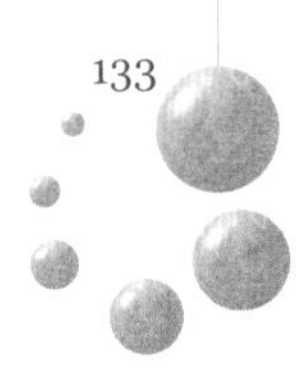

功能說明

1. 輸入房號、序號、客戶類別、客戶代號、聯數、付款方式即自動計算出消費總額、應收總額、發票總額，並開立發票分帳（部分結帳）。
2. 與結帳功能相同，但可以選擇結帳項目做多次結帳，或部分結帳發票作廢。
3. 還原旅客帳狀態成關帳，若有發票則作廢先前所開立的發票更改付款方式。
4. 更改付款方式，不重新開立發票，更改統一編號。
5. 更改統一編號，作廢先前所開立的發票，重新開立新的發票，重新結帳。
6. 作廢先前所開立的發票，並重新執行「旅客結帳」的動作。

帳單調整畫面

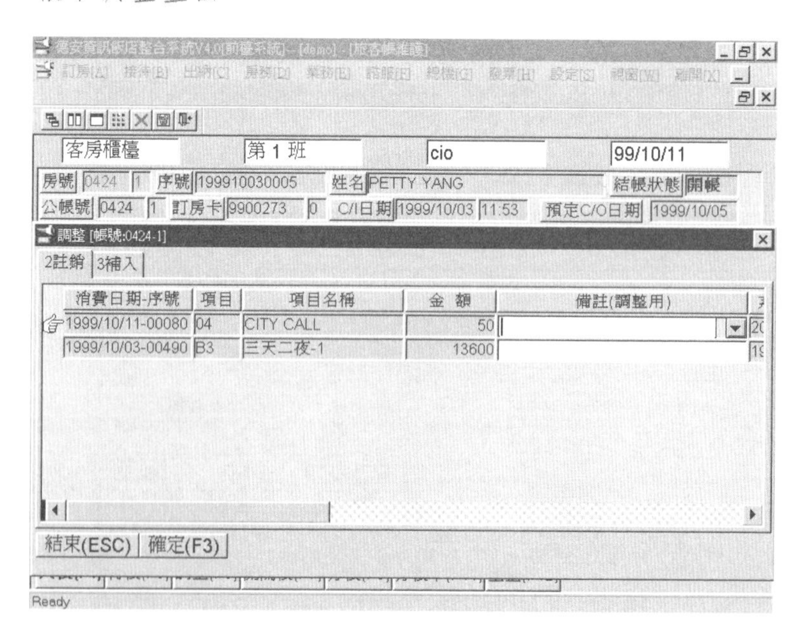

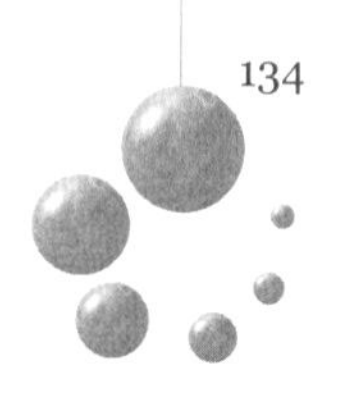

功能說明

1.註銷輸入：

◇輸入欲修改的消費帳之消費日期和消費序號。

◇註銷該筆消費帳。

2.補入：

◇輸入欲入消費帳的房號和序號。

◇輸入欲補入的消費帳的項目與金額即會補入一筆新的消費帳。

開立現金帳畫面

德安資訊飯店整合系統V4.0[前檯系統]-- [demo] - [開現金帳]

訂房[A] 接待[B] 出納[C] 房務[D] 業務[E] 諮服[F] 總機[G] 發票[H] 設定[S] 視窗[W] 離開[X]

客房櫃檯 第 1 班 cio 99/10/11

房號 - 姓名

備註(出納用)

房號		姓名	備註(出納用)	房號		姓名	備註(出納用)
CM0	0	JULIA		C001	1	iokuyyut	
C003	1	楊士賢	k k	C002	0	hhjh	

新增(F3) 重整(F12)

Ready

開立一個虛設的房號，再來執行結帳。

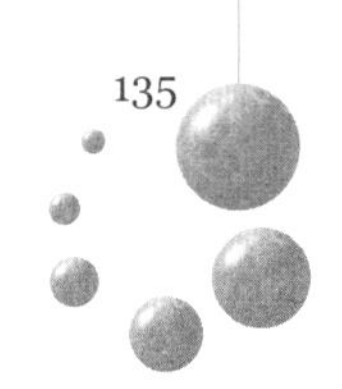

已結帳處理畫面

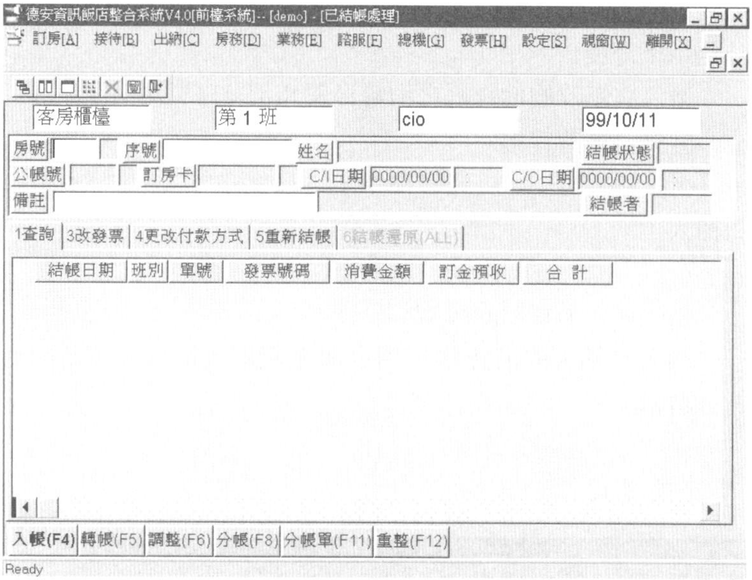

德安資訊飯店整合系統V4.0[前檯系統] -- [demo] - [已結帳處理]

訂房[A] 接待[B] 出納[C] 房務[D] 業務[E] 諮服[F] 總機[G] 發票[H] 設定[S] 視窗[W] 離開[X]

客房櫃檯 第 1 班 cio 99/10/11

房號 序號 姓名 結帳狀態

公帳號 訂房卡 C/I日期 0000/00/00 C/O日期 0000/00/00

備註 結帳者

1查詢 | 3改發票 | 4更改付款方式 | 5重新結帳 | 6結帳還原(ALL)

結帳日期	班別	單號	發票號碼	消費金額	訂金預收	合 計

入帳(F4) | 轉帳(F5) | 調整(F6) | 分帳(F8) | 分帳單(F11) | 重整(F12)

Ready

功能說明

1. 與結帳功能相同，但可以選擇結帳項目做多次結帳，或部分結帳發票作廢。
2. 還原旅客帳狀態成關帳。若有發票則作廢先前所開立的發票，更改付款方式。
3. 更改付款方式。不重新開立發票，更改統一編號。
4. 更改統一編號。作廢先前所開立的發票，重新開立新的發票，重新結帳。
5. 作廢先前所開立的發票，並重新執行「旅客結帳」的動作。

團體管理

畫面說明

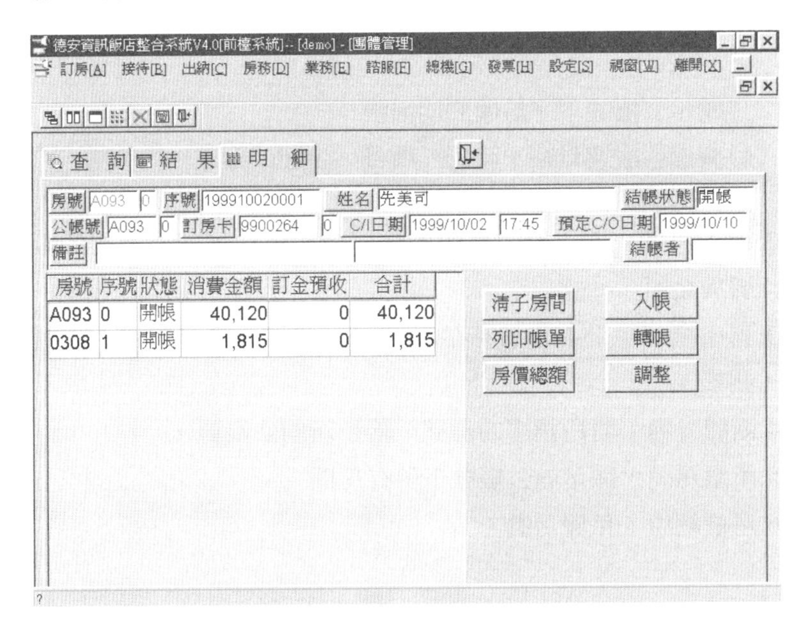

1.輸入查詢條件：公帳號、訂房卡號、團號、check in 日期，按＜F3＞鍵，將列出符合查詢條件之客房資料。

2.當查詢條件都沒有資料時將顯示所有資料。

欄位說明

1.旅客姓名：住客姓名。

2.公帳房號：公帳號，散客為私帳號。

3.訂房卡號：只要輸入團體團員其中一人即可顯示整團資料。

4.狀態：可以此條件查詢已結帳及未結帳之團體。

5.CHECK－IN：check in日期。

功能說明

1.明細：

◇顯示公帳號下子房間的明細帳。

◇欄位：消費日期、時間、項目、金額、備註。

2.清子房間：將沒有消費帳的帳號結帳，並列印出有帳的帳號與金額。

3.列印帳單：將有消費帳的帳號列出帳單，並且將所有帳號關帳。

4.團體分團：將所選擇的房號，給予新的公帳號。

5.所屬房間：顯示該公帳號下所有房間。

6.房價總額：預覽房價。

注意事項

1.房價總額功能只供預覽，不會真正入房租。

2.團體分團新舊公帳號要同一訂房卡號且新公帳號要是開帳狀態。

預收款管理

畫面說明

德安資訊飯店整合系統V4.0[前檯系統]-- [demo] - [預收款管理(非歷史)]

訂房[A] 接待[B] 出納[C] 房務[D] 業務[E] 諮服[F] 總機[G] 發票[H] 設定[S] 視窗[W] 離開[X]

單筆明細 | 多筆清單

輸入日期	1999/10/05	班別	1	狀態	N	未沖
房號	0702	2	199909180006			
姓名	JENNY					
付款方式	31	VISA信用卡				
預付金額	30					
備註(程式用)						
備註(user用)						
輸入者	cio					
調整日期	0000/00/00	調整者				

欄位說明

1. 房號：住客房號。
2. 序號：輸入房號後由電腦自動帶出（如果同一房間有兩位以上住客）。
3. 付款方式：付款類別代號 。
4. 狀態： N：Normal
   D：刪除
   B：退回
5. 備註（USER用）：預付單備註。

注意事項

1.客人欲退回的預收款若為當班才新增，請改用「刪除預收」功能。

2.退預收必須整筆退，不可部分退回。

功能說明

1.增加預收款：新增一筆預收款。

2.查詢預收款：

◇輸入查詢條件：輸入日期、房號、姓名、金額、付款方式、輸入者、狀態、異動日期。

◇查詢後的次功能選項：

〔1.下一筆〕

〔2.上一筆〕

〔3.刪除預收〕刪除當班的預收款

〔4.退預收〕退回非當班的預收款

訂金管理

畫面說明

德安資訊飯店整合系統V4.0[前檯系統]-- [demo] - [訂金管理]

訂房[A] 接待[B] 出納[C] 房務[D] 業務[E] 諮服[F] 總機[G] 發票[H] 設定[S] 視窗[W] 離開[X]

單筆明細 | 多筆清單

輸入日期	1999/09/27	班別	1　狀態　N　未沖
訂房卡號	9900245 - 0	入帳房號	
訂房客戶姓名	SANDY		
團號			
訂房卡餘額	0	訂房卡累計	3300
訂金原付金額	5000		
訂金有效金額	3,000	付款方式	10　現 金
備註(程式用)	To:9900241-0		
備註(user用)			
結帳日期	0000/00/00	輸入者	cio
調整日期	1999/09/27	調整者	cio

訂房卡號

輸入作業班別後，進入訂金畫面。

欄位說明

1. 該訂房卡應付金額：在產生該訂房卡時，輸入的應付金額。
2. 此筆訂金原付款金額：此筆訂金新增時所輸入之付款金額，此欄不會隨著「退回」、「沒收」、「移轉」而改變。
3. 該訂房卡已付金額 ：該訂房卡已付款之全額， 此欄會隨著「退回」、「沒收」、「移轉」而改變。
4. 付款金額：目前此筆訂金眞正金額，此欄會隨著「退回」、

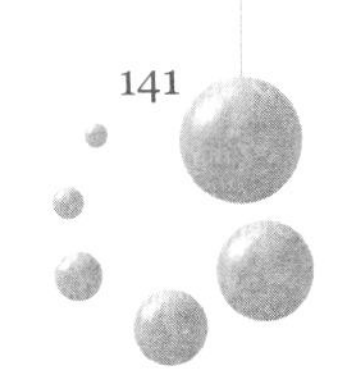

「沒收」、「移轉」而改變。

5.付款方式：可輸入現金、信用卡、支票、可用％查詢。

功能說明

1.訂金輸入：輸入客人所入的訂金，並自動開立收據。

2.查詢：

◇輸入查詢條件：輸入日期、訂房卡號、序號、客戶姓名、異動日期、結帳日期、狀態。

◇功能選項說明：

〔1.下一筆〕

〔2.上一筆〕

〔3.刪除〕刪除訂金

〔4.退回〕退回訂金，金額可自行輸入

〔5.沒收〕沒收訂金，金額可自行輸入

〔6.移轉〕將訂金由一張訂房卡分成二張訂房卡，皆有訂金，金額可自行輸入

帳單分類設定管理

畫面說明

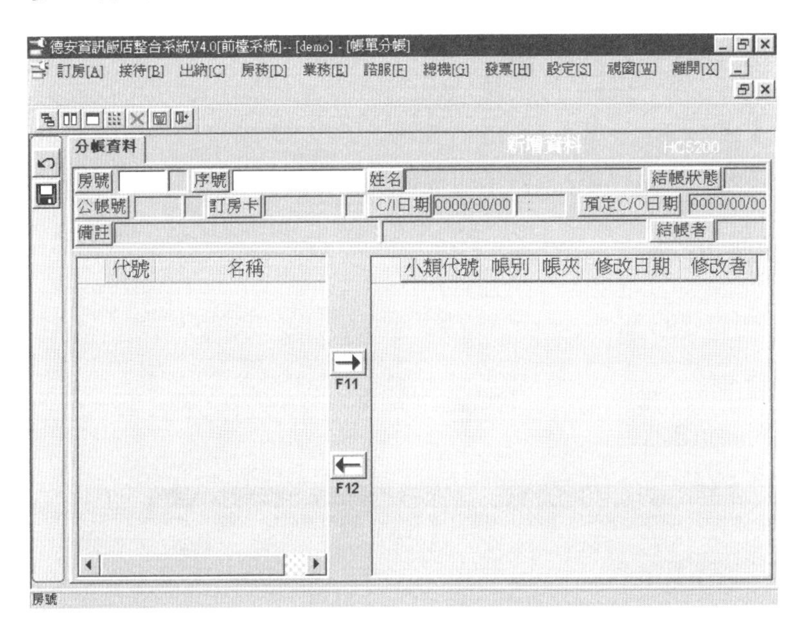

欄位說明

1.房號 ：輸入需修改帳單分帳設定。

2.代號 ：入帳科目小分類代號。

3.名稱 ：入帳科目小分類名稱。

4.帳別：分為公帳、私帳。可將部分科目指定轉入公帳房號。

5.帳夾：預設值為1，每一位房客最多可使用9個帳夾。

功能說明

1.輸入房號：輸入住客需修改帳單分類設定。

2.選擇需分帳之小分類科目代號：指定需分帳之科目代號。

3.指定入帳帳夾：直接輸入欲將轉入其他帳夾之帳號或使用滑鼠點選上下來調整。

注意事項

只需設定轉往第2張帳卡的科目代號即可。

稽核作業

畫面說明

開關班畫面

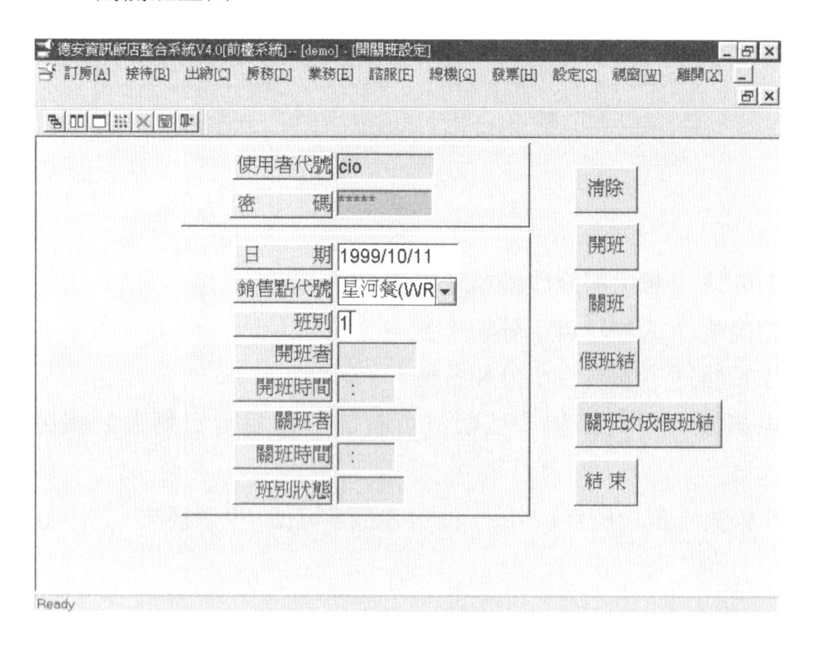

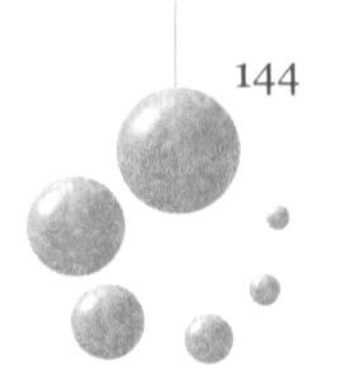

欄位說明

銷售點代號：欲開班之銷售點。

功能說明

1.開班作業：開啓一個作業班別。

2.關班作業：關畢一個作業班別。

3.假班結作業：方便換班時，新班別可開班，舊班別可繼續核對收款金額是否正確。

日結作業畫面

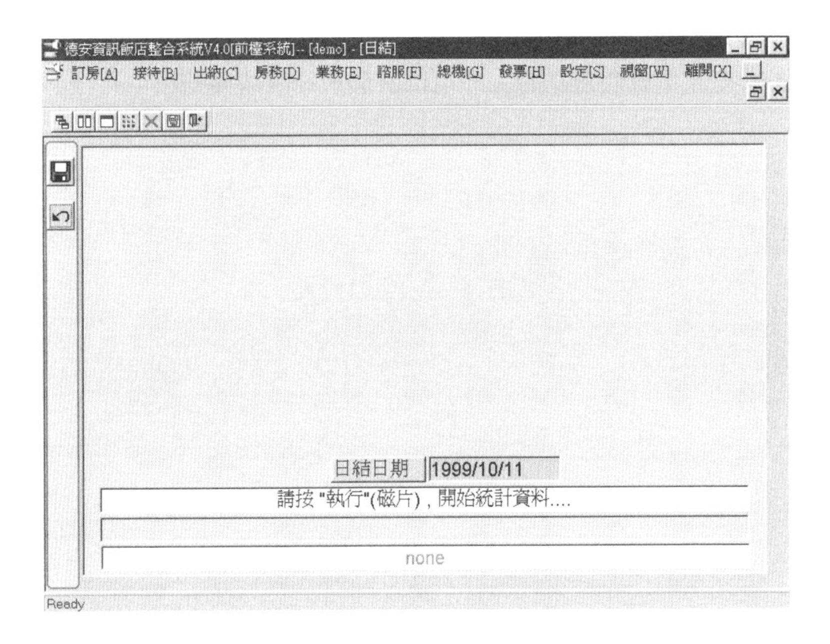

欄位說明

日結日期：飯店日期更換。

功能說明

計算房租：夜間計算房租並入旅客，且統計資料並將資料轉至後檯。

注意事項

1.一個銷售點只能有一班的狀態是開班。
2.一個銷售點要再開新的班別前，必須先將前一班做關班或假班結。
3.只有原本做假班結的人才可以將假班結變成關班。

資料查詢

選項

1.房間明細帳查詢。

2.收款記錄查詢。

3.應結未結查詢。

畫面說明

房間明細帳查詢畫面

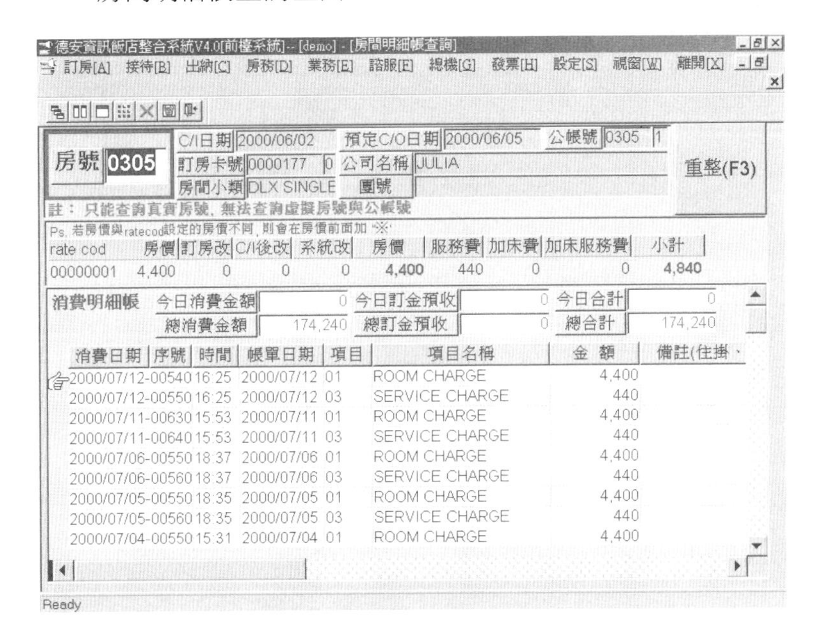

收款紀錄查詢畫面

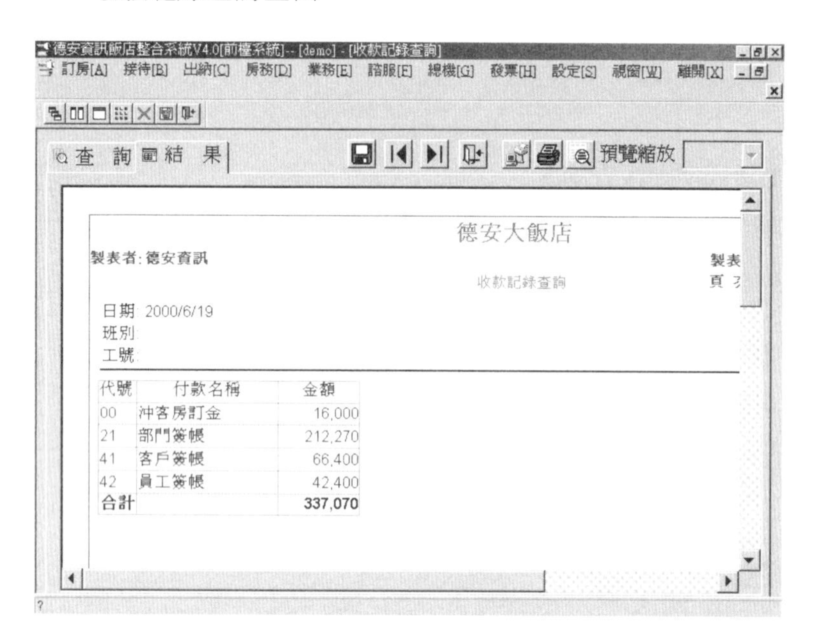
德安資訊飯店整合系統V4.0[前檯系統]-- [demo] - [收款記錄查詢]
訂房[A] 接待[B] 出納[C] 房務[D] 業務[E] 諮服[F] 總機[G] 發票[H] 設定[S] 視窗[W] 離開[X]
查 詢
結 果
預覽縮放
德安大飯店
製表者:德安資訊
收款記錄查詢
日期 2000/6/19
班別
工號
代號
付款名稱
金額
00
沖客房訂金
16,000
21
部門簽帳
212,270
41
客戶簽帳
66,400
42
員工簽帳
42,400
合計
337,070

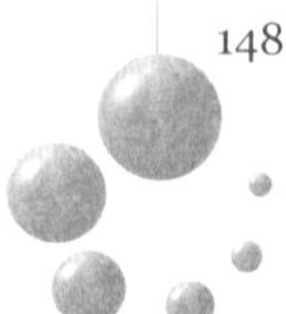

應結未結查詢畫面

德安資訊飯店整合系統V4.0[前檯系統]-- [demo] - [應結未結查詢]

訂房[A] 接待[B] 出納[C] 房務[D] 業務[E] 諮服[F] 總機[G] 發票[H] 設定[S] 視窗[W] 離開[X]

房號		狀態	消費金額	訂金預收	合計	房號		狀態	消費金額	訂金預收	合
0303	1	O				0305	1	O	174240	0	1
0307	1	O	7000	0	7000	0309	1	O			
0311	1	O				0312	1	O	33880	0	
0314	1	O	58080	0	58080	0402	1	O	43560	0	
0403	1	A				0406	1	O	350	0	
0407	1	O	43560	0	43560	0408	1	K			
0409	1	O				0410	1	O			
0411	1	O				0412	1	O			
0414	1	O	150	0	150	0415	1	O	39133	0	
0416	1	O				0418	1	O			
0424	1	O				0502	1	O	179080	0	1
0506	1	O				0511	1	O			
0512	1	O				0521	1	O	179080	0	1
0610	1	O				0615	1	O	202500	0	2
0624	1	O	11400	0	11400	0625	1	O	48400	0	

Ready

功能說明

1.房間明細帳查詢（參見第147頁）：

◇未結帳資料查詢：

〔輸入查詢條件〕：房號、序號、訂房卡號、結帳狀態、CHECK IN 日期、CHECK—IN 序號。

〔功能選項說明〕：PgUp：上一頁消費明細。
PgDn：下一頁消費明細。
「F6」：上一頁消費類別。
「F7」：下一頁消費類別。
「F8」：上一頁付款方式。
「F9」：下一頁付款方式。

〔1.下一筆〕。

〔2.上一筆〕。

〔3.預收款明細〕：查詢該帳號下的預收款（參見第139頁）。

◇已結帳資料查詢：

〔輸入查詢條件〕：房號、序號、訂房卡號、結帳狀態、CHECK IN 日期、CHECK IN 序號、CHECK OUT日期、結帳日期。

〔功能選項說明〕：PgUp：上一頁消費明細。
PgDn：下一頁消費明細。
「F6」：上一頁消費類別。
「F7」：下一頁消費類別。
「F8」：上一頁付款方式。
「F9」：下一頁付款方式。

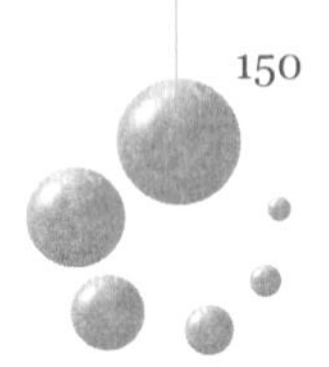

〔1.下一筆〕。

〔2.上一筆〕。

〔3.預收款明細〕：查詢該帳號下的預收款（參見第139頁）。

◇歷史資料查詢：

〔輸入查詢條件〕：房號、序號、訂房卡號、CHECK IN 日期、CHECK IN 序號、CHECK OUT 日期。

〔功能選項說明〕：PgUp：上一頁消費明細。
PgDn：下一頁消費明細。
「F6」：上一頁消費類別。
「F7」：下一頁消費類別。
「F8」：上一頁付款方式。
「F9」：下一頁付款方式。

〔1.下一筆〕。

〔2.上一筆〕。

〔3.預收款明細〕：查詢該帳號下的預收款（參見第139頁）。

2.收款記錄查詢：查詢當班收款情形。

3.應結未結查詢：顯示預定check out 是今天或今天以前的客人（參見第149頁）。

Chapter 10
會員管理作業系統

國際觀光旅館的營運，除了客房的銷售、高品質餐飲以及相關設施提供顧客賞心悅目的服務外，大部分旅館爲增加營收，成立會員俱樂部，提供休閒運動設施、三溫暖、特殊的餐飲服務，依不同的等級收取入會費、年費、月費，增加旅館資金的調度，會員有長期、短期之不同，權益亦有所差別。

接待管理系統簡介

1.本系統爲會員管理系統之作業。

2.本系統採用西元年度。

畫面說明

會員管理系統架構圖

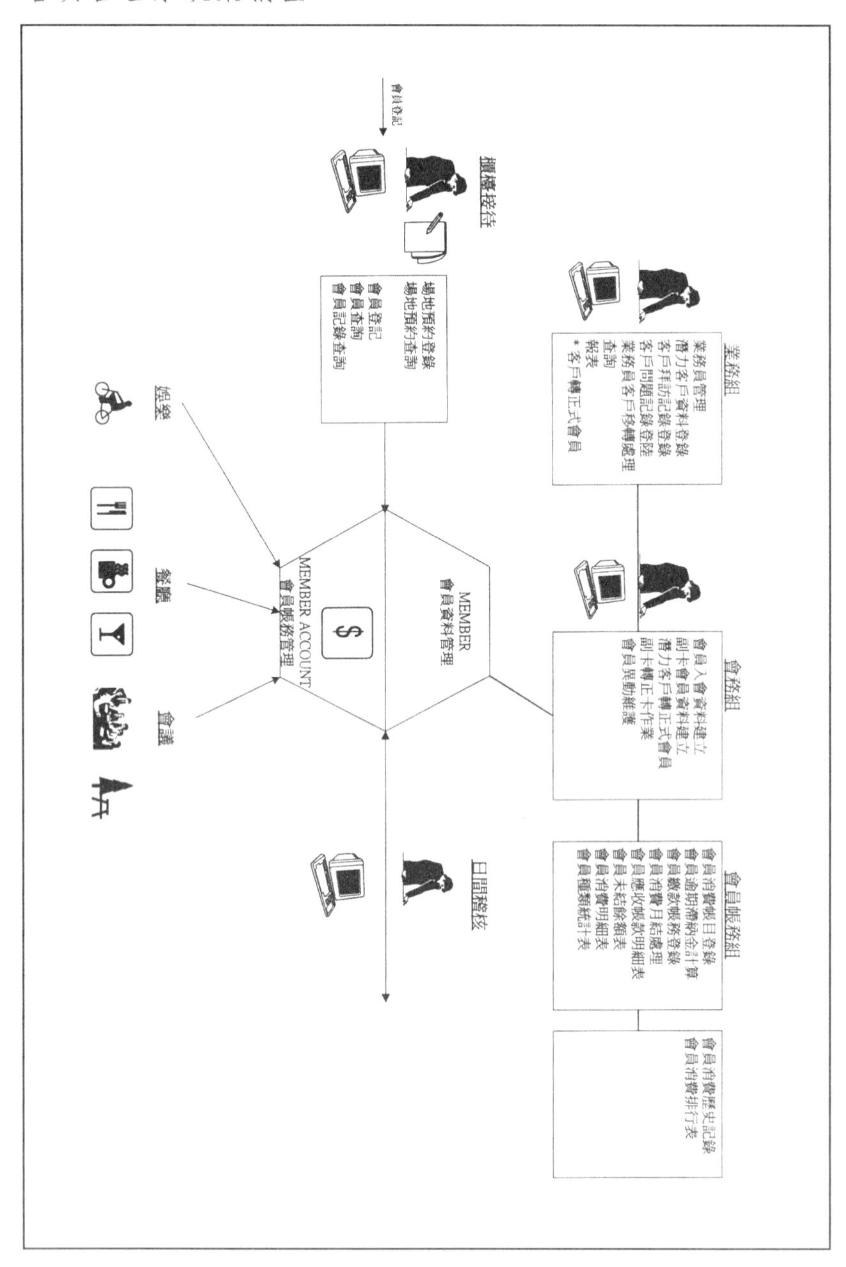

櫃檯接待
會員登記
場地預約登錄
場地預約查詢
會員登記
會員查詢
會員記錄查詢
業務組
業務員管理
潛力客戶資料登錄
客戶拜訪記錄登錄
客戶問題記錄登陸
業務員客戶移轉處理
查詢
報表
*客戶轉正式會員
會務組
會員入會資料建立
副卡會員資料建立
潛力客戶轉正式會員
副卡轉正卡作業
會員異動維護
會員帳務組
會員消費帳目登錄
會員逾期滯納金計算
會員繳款帳務登錄
會員消費月結處理
會員應收帳款明細表
會員未結餘額表
會員消費明細表
會員種類統計表
會員消費歷史記錄
會員消費排行表
MEMBER
會員資料管理
MEMBER ACCOUNT
會員帳務管理
日間稽核
娛樂
餐廳
會議

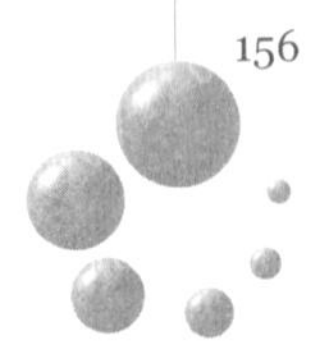

接待管理系統功能簡介

1. 會員管理維護：爲會員基本資料之作業，可做新增、刪除、修改、查詢……等動作。
2. 會員狀態異動：爲會員異動資料之作業，可作請假、恢復、遺失、查詢……等動作。
3. 會員抱怨處理：可記錄會員的抱怨並處理抱怨。
4. 會員卡處理：可對會員卡做換卡、暫停、權益移轉之動作。
5. 會員收款：會員消費收入、月會費、最低消費入帳。
6. 結轉：可計算會員月費、不足最低消費金額、列印不足最低消費及月費發票。
7. 查詢／報表：可查詢所需要之報表，並列印出來：

◇會員基本資料。
◇會員生日查詢、郵遞標籤。
◇簽帳查詢。
◇久未消費查詢。
◇會員消費金額排行榜。
◇交易紀錄查詢。
◇會員現況統計表。
◇會員暫停明細表。
◇會員異動表。
◇Vouchar 報表。
◇Vouchar 各級人數報表。

8.特殊功能說明：

◇查詢時可用like-%，後按<S>儲存鍵，即可查詢想要之資料。

◇橫列為和（and）之資料，縱列為或（or）之資料。

◇Shift＋Tab：可回上一個欄位。

接待管理系統操作說明

操作方法

進入客戶基本資料維護後，點選左方的圖示 新增一筆客戶基本資料，或點選圖示 可查詢客戶的基本資料。

1.新增：新增一筆客戶資料（依序輸入白色欄位），輸入完畢後，點選儲存 圖示存檔。

2.查詢：

◇在「多筆清單」狀態下可選擇輸入查詢條件或不輸入條件直接點選開始查詢 圖。

◇查詢條件：客戶代號、客戶類別、狀態、客戶名稱、統一編號、負責人、連絡人、電話1、區域代號、郵遞區號、入會日期、截止日期、最近消費日、首次交易日、本月消費總額、建檔日、修改日。

◇查詢結果出現後，可選擇多筆清單或點選單筆明細顯示，執行次功能選項。

◇查詢後的次功能選項：

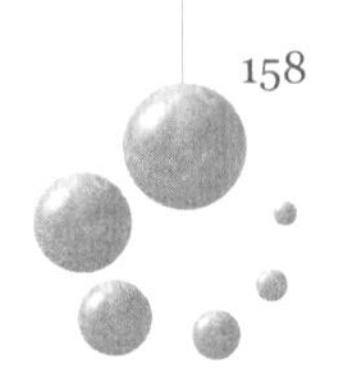

- 新增：新增客戶基本資料。
- 查詢：查詢客戶基本資料。
- 修改：修改客戶基本資料。
- 存檔：儲存客戶基本資料。
- 刪除：刪除客戶基本資料。
- 黑名單：可將客戶列入黑名單中。
- 清除：清除查詢資料，重新查詢。
- ：回上一層畫面。
- 刪除還原：若不小心將資料刪除時，可用刪除還原把資料救回。

注意事項

1.附卡編號「00」者爲主卡，且主卡一定要輸入，不得刪除。

2.附卡編號自動跳號。

3.附卡會員卡卡號，卡狀態修改請用「換卡管理系統」。

4.卡別、興趣、職稱、折扣、類別、區域代號需先到對照檔建資料。

5.此畫面亦可至單筆明細做刪除、修改。也可將單筆資料轉爲黑名單。

會員基本資料維護

會員基本資料維護畫面說明

德安資訊飯店整合系統V4.0[會員系統]-- [demo] - [會員基本資料維護]

會員管理[A] 卡處理[B] 收款[C] 結轉[D] 查詢/報表[E] 門禁[F] 設定S 視窗W 離開X

單筆明細 | 多筆清單(共382筆) | 興趣 | 注意事項 | 附卡 | 子女 | 照片 | 瀏覽 MB1000

會員代號 A98018M 會員類別 一年制會員1 卡別 一般普通卡 狀態 正常

會員卡號 A98018M 會員號碼 生日 0000/00/00 卡狀態 正常

中文姓名 劉儀儀雅寧 英文姓名

身份證/護照號碼 國籍 性別 ○男 ○女 血型 ○O ○A ○B ○AB

職稱 行業

公司中文名稱

公司英文名稱

公司地址

郵遞區號 e-mail

公司電話 公司傳真機

照片路徑

負責人 負責人 連絡人 關係人 ○關係 ●非關係 區域代號

統一編號 22870585 帳單郵遞區號 會訊郵遞區號 寓所郵遞區號

帳單地址 內湖區中正一路段294巷21

會訊地址 內湖區中正一路段294巷21

寓所地址 內湖區中正一路段294巷21

寓所電話 27929888 行動電話 0938088898 總公司代號 A98018M

婚姻狀況 ●已婚 ○未婚 結婚紀念日 1992/01/18 業務推廣人員 會員簡稱 劉儀儀雅

欄位說明

1. 會員類別：依會員類別對照檔，例如：員工、榮譽會員。
2. 卡別：依卡別對照檔，例如：金卡、普卡。
3. 狀態：N：正常
   D：無往來
   B：黑名單
   T：已移轉
   L：遺失
   P：暫停
4. 區域代號：依業務系統的區域對照檔，例如：北區、南區。

5.客戶關係別：

◇關係。
◇非關係。

6.暫收款：客戶償還簽帳金額時，多付之金額。
7.附卡編號。
8.會員卡卡號。
9.卡別：依卡別對照檔，例如：金卡、普卡。
10.卡狀態：N：正常
　　　　　D：作廢
11.職稱：依會員工作職稱對照檔。
12.照片路徑。

客戶抱怨處理畫面說明

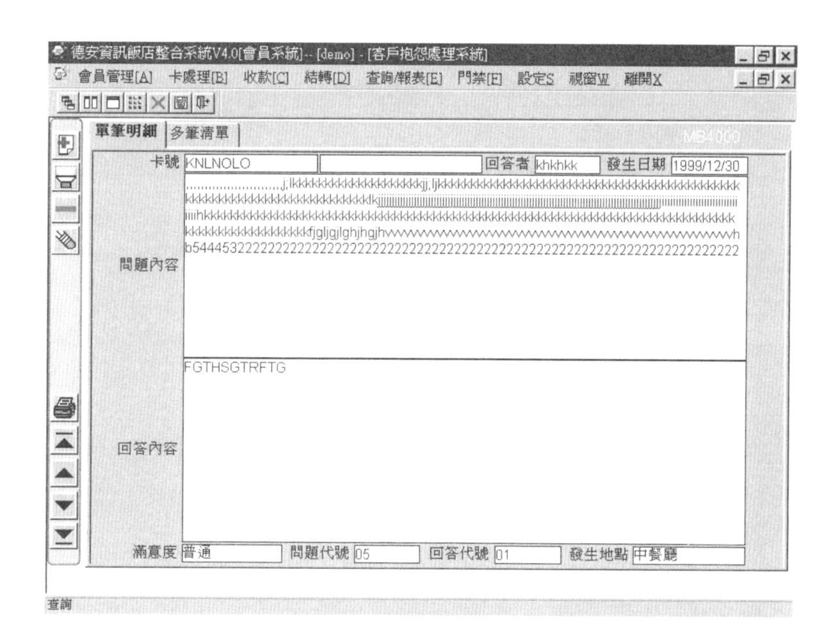

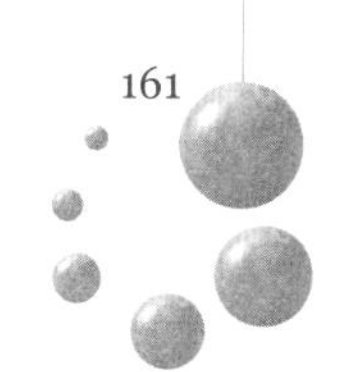

欄位說明

1.卡號：爲會員卡卡號，第一欄爲卡號自行輸入，第二欄爲持卡人姓名電腦自動帶出。

2.問題代號：用於將客戶問題分類，依問題代號對照檔。

3.回答代號：用於將回答方式分類，依回答代號對照檔。

4.發生地點：依銷售點對照檔。

查詢條件

依所示之條件輸入條件查詢。

會員卡處理

換卡管理畫面說明

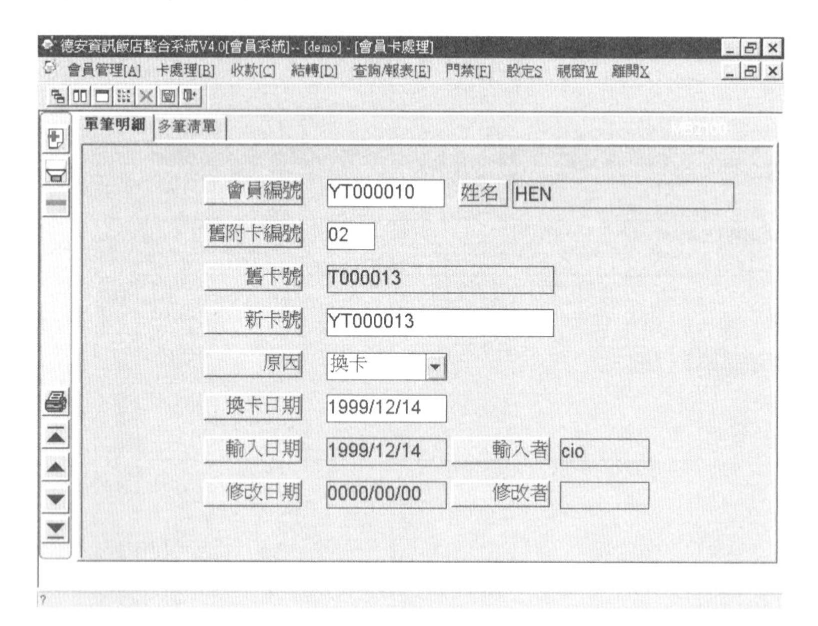

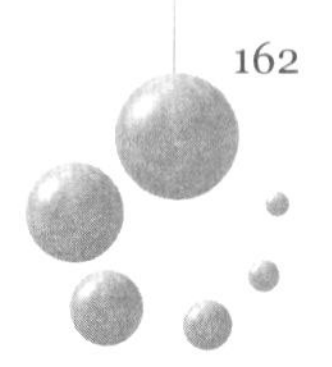

欄位說明

1. 會員編號：由輸入者自行輸入。
2. 舊附卡編號：輸入後，電腦會自動帶出姓名、舊卡號資料。
3. 原因：

◇換卡。

◇掛失。

注意事項

主卡遺失則附卡皆不能使用。

查詢條件

1. 會員編號：舊卡號。
2. 舊附卡編號：新卡號。
3. 原因：換卡日期。

會員暫停使用管理畫面說明

德安資訊飯店整合系統V4.0[會員系統]-- [demo] - [會員暫停使用管理]

會員管理[A] 卡處理[B] 收款[C] 結轉[D] 查詢/報表[E] 門禁[F] 設定S 視窗W 離開X

單筆明細 | 多筆清單 MB2200

會員代號 A0000001

開始日期 1999/10/01

結束日期 1999/12/01

執行狀態 已執行

備註

輸入日期 1999/09/17 修改日期 0000/00/00

輸入者 cio 修改者

查詢

欄位說明

1.開始日期：暫停開始日期。

2.結束日期：暫停結束日期。

3.執行狀態：N：未執行

Y：已執行

C：執行完畢

D：刪除

注意事項

1.刪除暫停開始日期小於今天的資料，則會取消客戶暫停狀態。

2.同一客戶暫停時段不可重疊。

3.暫停開始日期小於今天的資料不能修改。

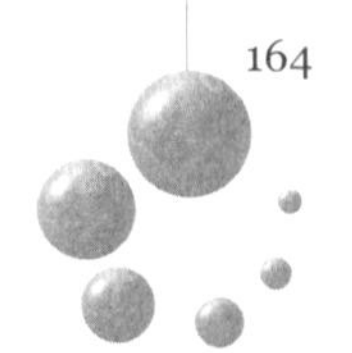

查詢條件

1.會員代號。

2.開使日期。

3.結束日期。

4.執行狀態。

會員權益移轉畫面說明

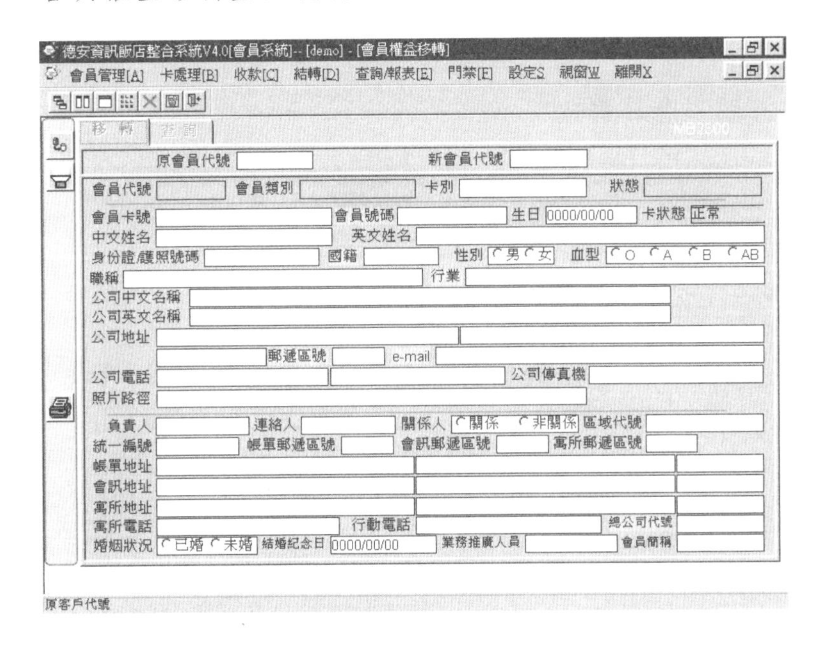

注意事項

1.移轉後原會員將無法使用。

2.新會員代號必須是原來沒有的客戶代號。

3.原會員的卡別、信用額度、入會日期、截止日期、入會費、保證金、月費，會移轉至新會員。

查詢條件

1.原會員代號。

2.新會員代號。

3.輸入日期。

4.輸入者。

會員收款處理

畫面說明：會員收款

德安資訊飯店整合系統V4.0[會員系統]-- [demo] - [訂金收款]
會員管理[A] 卡處理[B] 收款[C] 結轉[D] 查詢/報表[E] 門禁[F] 設定S 視窗W 離開X
會務部 第 1 班 cio 99/10/11
收 款
付款項目 會員代號 會員名稱
統一編號 應收合計 單據號碼
備註
付款方式 名稱 金額 餘額
付款方式 付款金額
新增付款方式
結 帳
清 畫 面
作 廢
清除付款方式
Ready

欄位說明

1.付款項目：欲入之款項，如入會費、保證金。

2.付款方式：例如：現金、信用卡……等。

3.會員代號：可以%查詢會員資料。

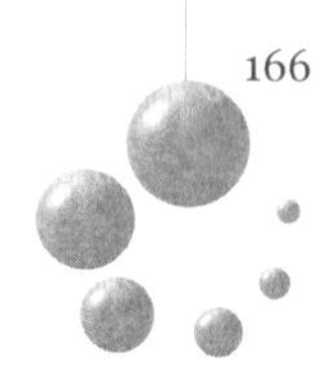

注意事項

1.依付款項目的不同，會分開發票與不開發票，如入會費開發票保證金不開發票。

2.付款方式的金額合計後必須與上面的金額相同。

功能說明

1.新增付款方式：增加一種付款方式。

2.清除付款方式：清除全部付款方式，重新輸入。

3.取消：取消收款。

4.結帳：結帳。

結轉作業

畫面說明：會員月費計算

德安資訊飯店整合系統V4.0[會員系統] - [demo] - [會員月費計算]

會員管理[A] 卡處理[B] 收款[C] 結轉[D] 查詢/報表[E] 門禁[F] 設定S 視窗W 離開X

總筆數 0 第 0 筆 發票號碼 執行者

會員代號 會員類別 月費

會員名稱

統一編號 負責人 連絡人

電話 1 電話 2 傳真機

郵遞區號 地址

入會日期 0000/00/00 截止日期 0000/00/00

備 註

Ready

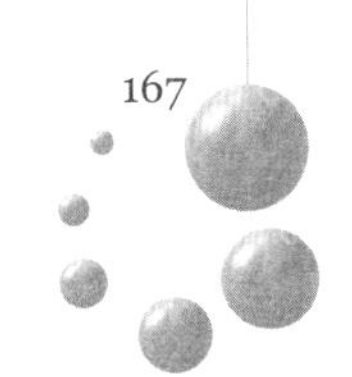

注意事項

一個月只能執行一次月費計算。

欄位說明

1.第一欄：結轉日期。

2.第二欄：目前執行功能。

3.第三欄：目前執行的會員編號。

注意事項

結轉程式必須每月執行。

功能說明

1.計算會員本月消費總額。

2.更改基本資料的首次交易日與最近消費日。

3.更改會員使用狀態，如暫停、會員到期。

查詢報表

會員基本資料、列印郵寄標籤報表畫面說明

佛羅里達開發事業股份有限公司

製表者：林宏興　　　　　　製表日1998／02／19 18：00

會員基本資料報表

會員編號 會員類別 客戶名稱 居住樓面電話1 連絡地址

副卡 會員卡卡號 附卡姓名 身分證字號 性別 血型 生日

A000000150 黃春照 2517—6066 台北市松江路309號9樓

00 5555 6666 2222 3333 黃春照 D123236985 M B 1966／5／30

01 2546 8487 9542 2586 蔡佳伶 F236585958 F B 1973／5／20

A000000251 林宏興 2213—6569 新竹市中城路525號3樓

00 7445 8599 5254 5265 林宏興 G125896325 M A 1985／3／25

A000000852 張學有 2845—5587 台北市中山北路二段432號

00 4511 2121 3323 4455 張學有 F256354896 M A 1992／1／1

查詢條件

1.會員編號。

2.卡號。

3.卡別。

4.客戶名稱。

5.客戶關係別。

6.連絡人。

7.區域代號。

8.本月消費總額。

9.入會日期。

10.截止日期。

11.最後消費日期。

12.狀態。

13.業務推廣人員。

14.居住樓面。

欄位說明

類別：依會員類別對照檔，例如榮譽會員……。

會員郵遞標籤（含公司名稱）畫面說明

323　　A0000001 黃春照　　先生／小姐收 黃春照 台北市松江路309號9樓	556　　A0000002 林宏興　　先生／小姐收 林宏興 新竹市中城路525號3樓
888　　A0000003 井田伸二　　先生／小姐收 井田伸二 宜蘭市文化路78號10樓	458　　A0000004 張玄德　　先生／小姐收 張玄德 台中市莊敬路525號6樓

查詢條件

1.會員編號。
2.卡號。
3.卡別。
4.客戶名稱。
5.客戶關係別。
6.連絡人。
7.區域代號。
8.本月消費總額。
9.入會日期。
10.截止日期。
11.最後消費日期。
12.狀態。
13.業務推廣人員。

會員郵遞標籤（不含公司名稱）畫面說明

365　　A0000005
林森青　　先生／小姐收
台北市松江路309號9樓

545　　A0000006
大同股份有限　公司先生／小姐收
台北市長春路89號5樓

545　　A0000007
陳美華　　先生／小姐收
台北市長春路89號5樓

100　　A0000008
張學有　　先生／小姐收
台北市中山北路二段432號

會員生日查詢、列印郵遞標籤畫面說明

佛羅里達開發事業股份有限公司

製表者：林宏興　　製表日1998／02／19 18：00

會員生日查詢基本資料

會員編號	附卡號	會員卡卡號	附卡姓名	性別	血型	職稱	生日
A0000001	01	2546 8487 9542 2586	蔡佳伶	F	B	05	1973／05／20
A0000001	00	5555 6666 2222 3333	黃春照	M	B	01	1966／05／30
A0000002	00	7445 8599 5254 5265	林宏興	M	A	02	1985／03／25

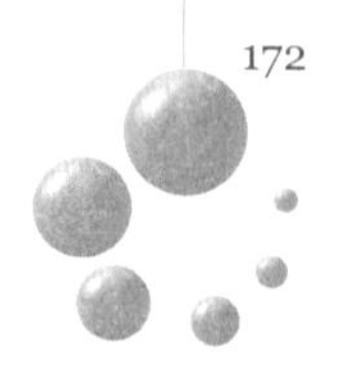

Chapter 11
發票管理系統

發票管理系統（Invoice System）爲國內專門使用之系統，因國內是以發票爲稅務之憑證，發票管理會處理 銷項發票管理與進項發票管理，國內發票稅務處理是屬於內含稅之處理，本發票系統是屬於電子發票管理作業，在銷項發票是由飯店業者本身向所屬稅捐機關提出申請，在得到稅捐機關之核准號號碼套印在所設計之電子發票格式上，稅捐機關會給業者1組發票號碼但月份會有二個月1組編號。

發票管理系統功能

1. 發票管理：前檯使用銷項發票單位使用會有客房／餐廳／會員俱樂部，如所使用之系統爲德安資訊之前檯系統，則系統會自動抓取發票號碼如非使用本公司之前檯系統則必須透過前檯轉後檯之界面才能將前檯發票資料轉入後檯發票系統。
2. 發票號碼對照維護檔：

◇銷項發票：輸入電腦發票起迄號碼，前檯使用單位共同使用本組之發票號碼。
◇進項發票：是由驗收輸入在進項發票輸入轉入進項發票資料檔。

3. 結轉作業：

◇產生媒體申報資料（月份）。
◇媒體申報資料還原（月份）。

4. 報表作業。

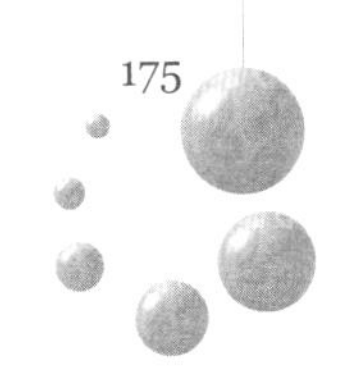

5.本系統爲發票管理系統之作業。

6.本系統採用西元年度。

畫面說明

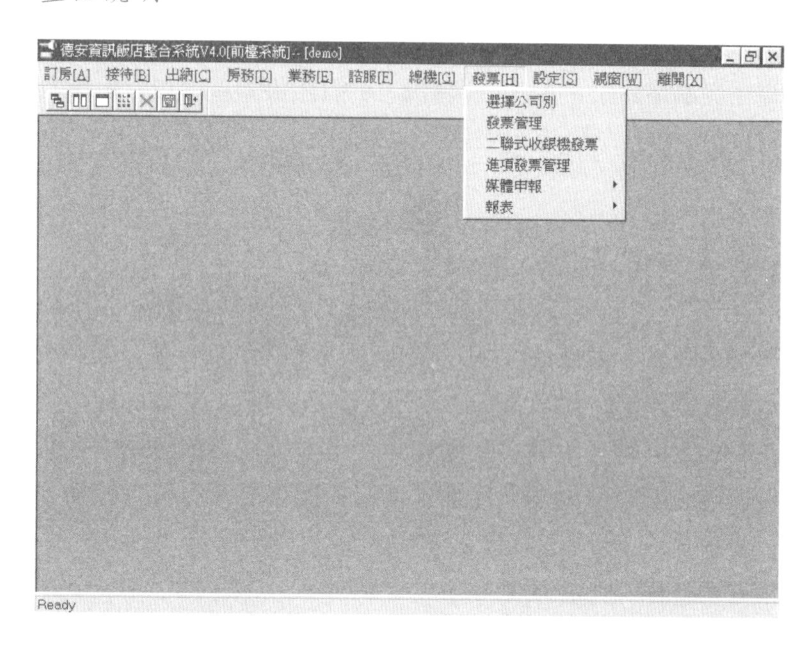

發票管理系統功能簡介

1.選擇公司別：選擇進入公司發票系統。

2.發票管理：可對發票、折讓單、收據做新增、查詢、修改、刪除、重印等作業。

3.媒體申報：做媒體申報結轉資料。

4.報表作業：401申報書

5.系統Icon說明：

◇ ：新增。
◇ ：刪除。
◇ ：返回上一層。
◇ ：插入一筆明細。
◇ ：刪除一筆明細。
◇ ：清除查詢資料。
◇ ：離開系統。
◇ ：跳至第一筆資料。
◇ ：上一筆。
◇ ：下一筆。
◇ ：跳至最後一筆。
◇ ：修改。
◇ ：預覽。
◇ ：列印。
◇ ：印表機設定。
◇ ：查詢。
◇ ：開始搜尋。
◇ ：儲存。

發票管理系統操作說明

選擇公司別

功能說明

選擇進入公司發票系統。

畫面說明

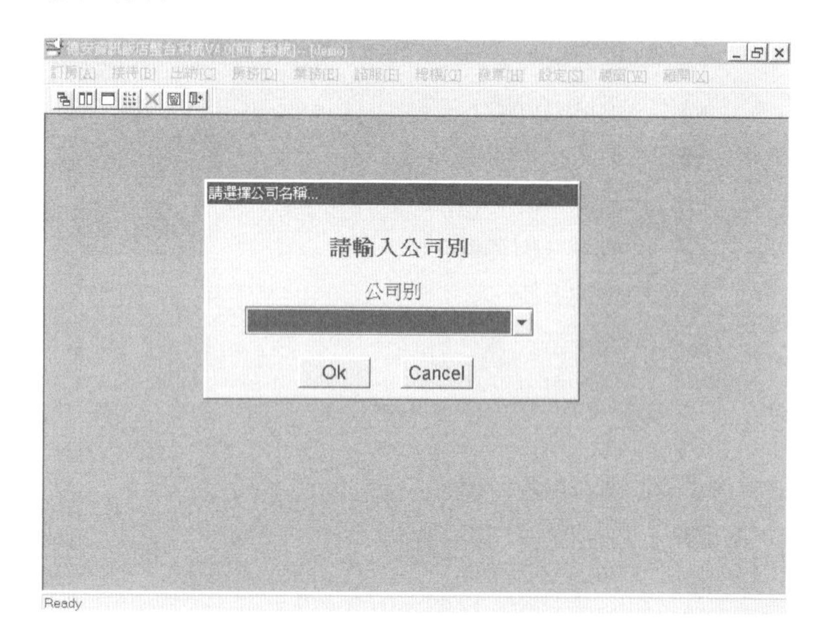

發票管理

功能説明

對發票、折讓單、收據做（新增、查詢、修改、刪除、重印）等作業。

畫面説明

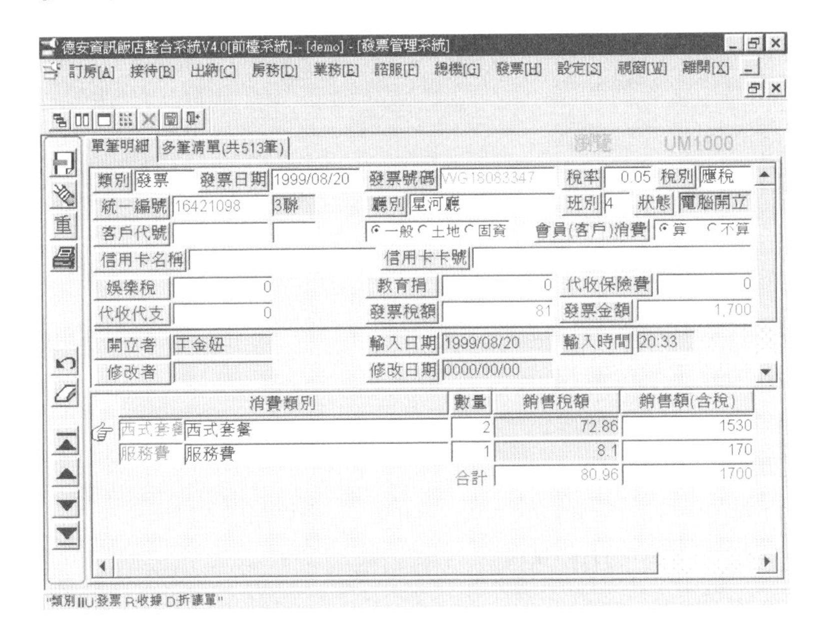

欄位説明

1.類別（1碼，顯示）：發票、收據、折讓單。

2.發票日期（YYYY／MM／DD）。

3.發票號碼（10碼）：收據、折讓單自動帶出號碼，發票則自行輸入手開發票的號碼。

4.税率（小數點5碼）。

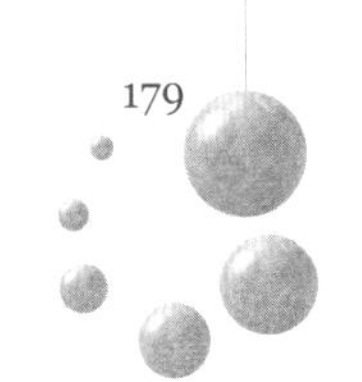

5.稅別（1碼，顯示）：應稅、免稅、零稅。

6.統一編號（8碼）。

7.廳別（2碼，顯示10碼）：開立廳別。

8.班別（1碼）：開立班別。

9.狀態（1碼，顯示）：電腦開立、手工開立、電腦作廢、手工作廢。

10.客戶代號（8碼）：一般客戶代號，會員代號（非卡號）。

11.是否算會員（客戶）消費（1碼）：計算未達最低消費用。

12.信用卡名稱20碼。

13.信用卡卡號20碼。

14.娛樂稅整數12位。

15.教育稅整數12位。

16.代收保險費整數12位。

17.代收代支整數12位。

18.發票稅額整數12位。

19.發票金額整數12位。

20.開立者（6碼）：結帳者（Key in 的人）。

21.輸入日期（YYYY／MM／DD）：資料輸入日期。

22.輸入時間（HH：MM）：資料輸入日期。

23.修 改 者（6碼）。

24.修改日期（YYYY／MM／DD）。

25.消費類別（30碼）：銷售類別名稱。

26.數量（整數5位）。

27.銷售稅額（小數點2位）。

28.銷售額（整數12位）。

操作方法

進入發票管理系統後，點選左方的圖示 新增一筆發票、折讓單或收據，或點選圖示 查詢資料。

1.新增：新增一筆資料（依序輸入白色欄位），輸入完畢後，點選執行圖示，收據、折讓單電腦會自動帶出10碼號碼，發票則依自行輸入的手開發票號碼存檔。

2.查詢：

◇在「多筆清單」狀態下可選擇輸入查詢條件或不輸入條件直接點選查詢圖示。

◇查詢條件：發票日期、發票號碼、類別、統一編號、開立部門、發票稅率、發票金額、發票稅額、發票種類、發票狀態、結帳班別、開立者、發票稅別、信用卡名稱、信用卡卡號、客戶代號、附卡編號、輸入此張發票的日期、最後修改日期、最後修改者、是否算會員（客戶）消費。

◇查詢結果出現後，可選擇多筆清單或點選單筆明細顯示，執行次功能選項。

◇查詢後的次功能選項：

- ◆ 新增：新增一筆資料（操作方式同上一層）。
- ◆ 查詢：可重新下條件查詢資料。
- ◆ 刪除：刪除一筆資料，只有未做媒體申報的資料才可刪除。
- ◆ 修改：收據或折讓單的號碼不可修改。
- ◆ 重 重印：重新列印發票、收據或折讓單。

注意事項

1. 已經媒體申報的發票不能修改。
2. 已媒體申報的日期＜發票日期＜＝今天。
3. 發票、收據的銷售額要是正值，折讓單要是負值。
4. 發票日期爲西元年。
5. 電腦開立的發票不可修改，可作廢、重開。
6. 電腦自動開立會員不足最低消費額的發票時，發票日期爲執行此功能的日期。

媒體申報

功能說明

產生、還原媒體申報資料。

畫面說明

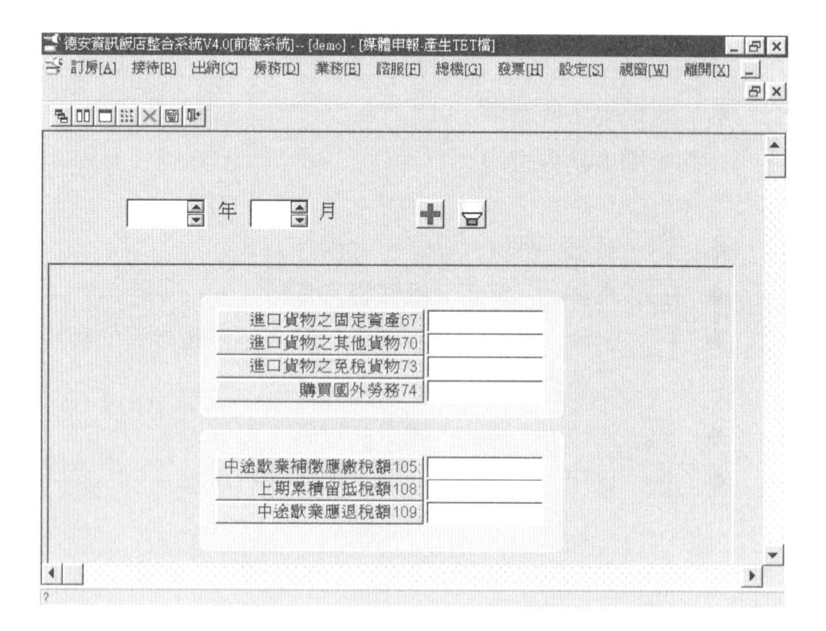

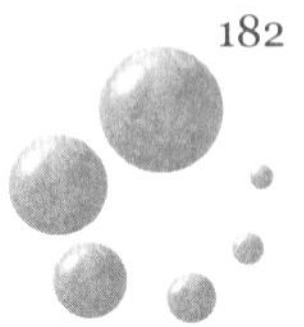

Chapter 12

總出納系統

總出納負責旅館的一般資金，並且保管保險箱內經過簽字後的所有現金收據，供應各部門會計需要和要求的改變，每日對所有現金收入提出「每日現金報告」，並且準備銀行存款報告，準備所有處理現金出納及員工的超收及短缺記錄，檢核清楚所有的出納都有保險，旅館內所有處理現金員工的平均收支款項及短缺情形建立記錄。

總出納系統的功能：

1.收款作業：收款作業輸入／刪除／修改／查詢。

2.付款作業：

◇單筆付款：付款作業輸入／刪除／修改／查詢。

◇批次付款：現金付款／支票付款。

3.票據管理：

◇收款支票管理：託收／貼現／換票／抽票／退票／兌現／異動查詢。

◇付款支票管理：兌現／換票／領出／止付／修改／異動查詢。

4.帳戶管理：帳戶設立／修改／關閉／異動查詢。

5.帳戶異動：

◇轉帳。

◇調整。

6.銀行調節作業：銀行調節資料輸入／刪除／修改／查詢。

7.資金預估作業：資金預估資料輸入／刪除／修改／查詢。

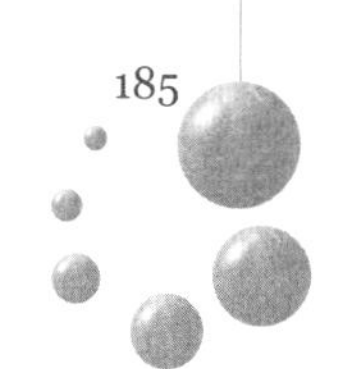

總出納系統功能

1.本系統爲財務管理系統之總出納（收款、付款、帳戶管理作業。

2.本系統採用西元年度。

畫面說明

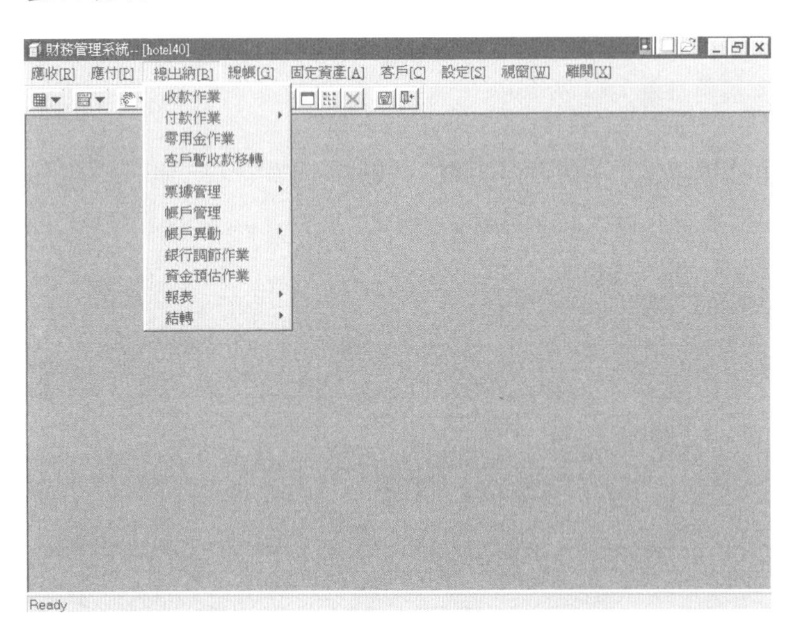

總出納系統功能簡介

功能簡介

1.收款作業：有關收款之新增、查詢、修改、刪除、確認、確認還原、修改傳票等作業。

2.付款作業 ：

◇單筆付款：付其他、付預付、付暫付，或付單筆應付帳款之新增、查詢、修改、刪除、確認、確認還原、修改傳票等作業。

◇次付款：應付帳款之付匯款及付支票的批次付款新增作業。

◇零用金付款：非應付帳款之支付款項要以零用金付款之作業。

3.票據管理 ：

◇收款支票管理：收款支票託收、貼現、換票、抽票、退票及手工兌現等作業。

◇付款支票管理：付款支票的修改、領出、換票、止付及手工兌現等作業。

4.帳戶管理：銀行帳戶新開戶、內容修改、查詢餘額，及異動明細等作業。

5.帳戶異動：

◇轉帳：兩帳戶間資金調撥之新增、刪除、查詢、確認等作業。
◇調整：單一帳戶的資金調整之新增、刪除、查詢、確認等作業。

6.銀行調節作業：帳戶月結後，與實際核對將未入帳的部分，輸入調節作業，列印出調節報表以便與銀行核兌用。
7.資金預估作業：預先估計帳戶會有某些入帳或支出，提供管理者資金調度。
8.報表：

◇銀行存款日報表。
◇銀行存款調節表。
◇應收票據明細表。
◇應付票據明細表。
◇支票列印。
◇收款報告表。
◇帳戶別資金流動預測表。
◇日期別資金流動預測表。
◇託收票據日報表。
◇未到期的應付票據彙總表。
◇付款簽收表。
◇付款日報表。
◇帳戶別資金流動預測彙總表。

9.結轉：帳戶月結或月結還原等作業。

10.QBE（Query By Example）查詢法：依照使用者的需要，輸入查詢的條件，電腦依照條件，搜尋符合的資料，顯示在螢幕上。

◇符號：

◆＝ 等於，不加等號也可以。
◆＞ 大於。
◆＞＝ 大於或等於。
◆＜ 小於。
◆＜＝ 小於或等於。
◆＜＞ 不等於。
◆like 如。

◇範例：

◆＝8301010001或8301010001 單號等於8301010001。
◆＞1000 某數字大於1000。
◆＞＝830601 某日期大於或等於民國83年6月1日。
◆＜1000 某數字小於1000。
◆＜＝830601 某日期小於或等於民國83年6月1日。
◆＜＞N 某狀態不等於N，此查詢需輸入完整資料。
◆like a％ 資料爲A開頭的所有資料。

11.系統Icon說明：

◇ ：新增。
◇ ：刪除。

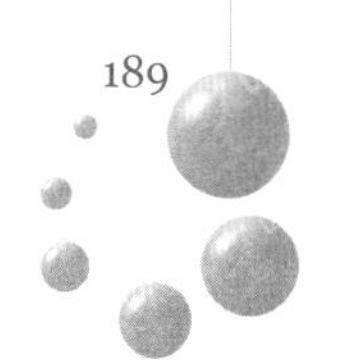

◇ ：返回上一層。
◇ ：插入一筆明細。
◇ ：刪除一筆明細。
◇ ：清除查詢資料。
◇ ：離開系統。
◇ ：跳至第一筆資料。
◇ ：上一筆。
◇ ：下一筆。
◇ ：跳至最後一筆。
◇ ：修改。
◇ ：預覽。
◇ ：列印。
◇ ：印表機設定。
◇ ：查詢。
◇ ：開始搜尋。
◇ ：儲存。

總出納系統操作說明

收款作業

功能說明

收款作業有兩種收款原因：一是收其它，新增輸入後，直接產生收款傳票；另一種收款原因是收應收，唯「收應收」才可做應收帳款沖帳，收款傳票於沖帳時才產生。

畫面說明

財務管理系統-- [hotel40] - [收款作業]

應收[R] 應付[P] 總出納[B] 總帳[G] 固定資產[A] 客戶[C] 設定[S] 視窗[W] 離開[X]

單筆明細 | 多筆清單

收款單號 991231013　狀　態 收確認
客戶編號 001　收款原因 收應收　輸入者 1
客戶名稱 德安資訊　收款日期 1999/12/31　修改者
傳票號碼　收款員 test　修改日期 2000/1/11

現　金 2,000　支　票 200　信用卡金 0
匯　款 0　手續費 0　信用卡名
銀行代號 99999999　郵電費 0　沖抵總額 2,200
帳戶號碼 555　折　讓 0　收款總額 2,200
帳戶名稱 收餐廳現金　匯兌損益 0
備　註

號	行庫簡稱	帳戶號碼	支票號碼	票面到期日	預定兌現日	支票金額
2	央行國庫局	23688	AS456789	1999/12/10	1999/12/31	2
						2

查詢

欄位說明

灰色部分由電腦產生，不可輸入，僅白色欄位可由使用者輸入。

1. 收款單號：收款單號碼，由電腦產生，前六碼爲帳款產生日期，後三碼爲流水號。
2. 狀態：收款單目前的狀態：收款、收確認、沖確認、正常、刪除。
3. 客戶名稱：輸入客戶編號或按%鍵可顯示所有可輸入的客戶編號，選擇反白按「Enter」鍵，電腦自動帶出客戶名稱。
4. 傳票號碼：收其他款時新增完畢即產生一張傳票號碼，收應收款時要執行完總帳——結轉——沖應收款結轉傳票後，才會產生一筆沖帳彙總傳票。
5. 收款原因：收其他、收前台或收應收帳款。
6. 現金：此欄位如有輸入金額，電腦會自動帶庫存現金帳號至「銀行代號」欄位。
7. 匯款：實收匯款的金額，需再輸入匯入銀行代號。
8. 銀行代號：輸入銀行代號或按%鍵選擇正確的銀行代號，電腦會自動帶出帳戶號碼及帳戶名稱（僅收匯款時須要輸入）。
9. 支票：收支票的總金額。
10. 手續費：收款時所發生之手續費用，此欄位如有輸入金額（輸入金額不可小於0）會增加收款總額。
11. 郵電費：收款時所發生之郵電費用，此欄位如有輸入金額（輸入金額不可小於0）會增加收款總額。
12. 折讓：客戶折讓之金額，此欄位如有輸入金額（輸入金額不可小於0）會增加收款總額。
13. 信用卡金：收信用卡金額需再輸入信用卡名。

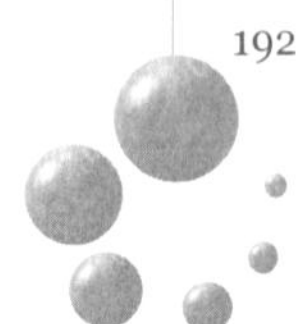

14. 信用卡名：信用卡類別（例如：VISA，MASTER，AE，JCB……）。
15. 沖抵總額 ：應收帳款沖完帳後，電腦自動帶出沖抵總額。
16. 收款總額：此欄位由電腦自動加總，使用者無法輸入或修改。

以下欄位僅收支票時須要輸入：

1. 行庫代號：支票的付款行庫，如無代號可供輸入，請先至設定—對照檔維護—總出納對照檔—行庫對照檔，新增一筆行庫代號。
2. 行庫簡稱：選擇行庫代號後，電腦自動帶出。
3. 帳戶號碼：支票上的帳號。
4. 兌現日期：支票到期日。
5. 支票金額：支票的大寫金額。

操作方法

進入收款作業後，點選左方的圖示 新增一筆收款，或點選圖示 查詢收款資料。

1. 新增：新增一筆收款資料（依序輸入白色欄位），輸入完畢後，點選執行圖示，確定後電腦會自動產生收款單號並顯示該筆資料之傳票內容，核對或修改正確後，點選執行圖示存檔。
2. 查詢：

◇在「多筆清單」狀態下可選擇輸入查詢條件，或不輸入條件直接點選查詢圖示。

◇查詢條件：收款單號、客戶代號、收 款 員、輸入者、收款原因、狀態、收款日、收款金額等。

◇查詢結果出現後，可選擇多筆清單或點選單筆明細顯示，執行次功能選項。

◇查詢後的次功能選項：

- ◆ 新增：新增一筆收款資料（操作方式同上一層）。
- ◆ 查詢：可重新下條件收款資料。
- ◆ 刪除：刪除收款資料，只有未確認的收款單號才可以刪除。
- ◆ 修改：未確認的收款單資料，才可做修改。
- ◆ 確認：未確認的收款單資料，才可做確認。
- ◆ 確認還原：確認的收款單，才可作確認還原。
- ◆ 修改傳票：傳票月結前，才可修改傳票內容。點選修改傳票圖示後，先出現單筆明細，再點選執行圖示 ，即可進行傳票修改作業。

注意事項

收款原因為「收其他」時，不能沖應收帳款。

付款作業

單筆付款

功能說明

可針對單筆付款做新增、查詢、修改、刪除、確認、確認還原、修改傳票等作業。付款原因爲付其他、付預付、付暫付或付應付等。

畫面說明

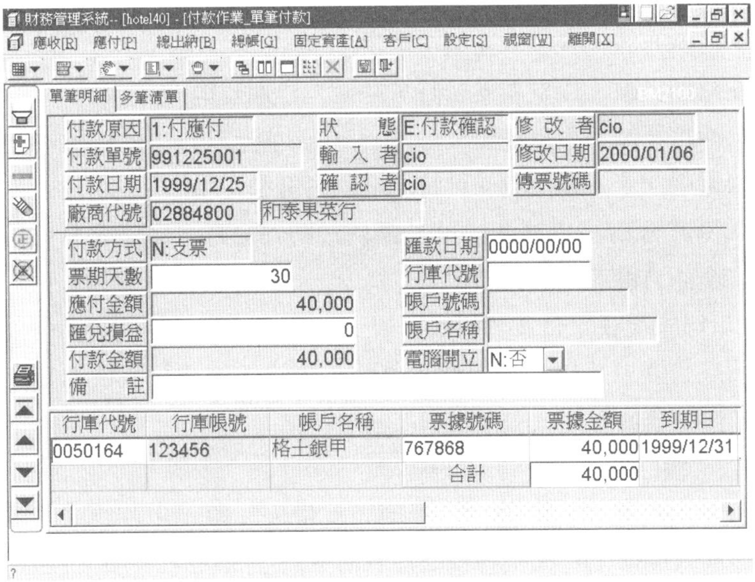

財務管理系統-- [hotel40] - [付款作業_單筆付款]
應收[R] 應付[P] 總出納[B] 總帳[G] 固定資產[A] 客戶[C] 設定[S] 視窗[W] 離開[X]
單筆明細 | 多筆清單

付款原因	1:付應付	狀　態	E:付款確認	修改者	cio
付款單號	991225001	輸入者	cio	修改日期	2000/01/06
付款日期	1999/12/25	確認者	cio	傳票號碼	
廠商代號	02884800	和泰果菜行			

付款方式	N:支票	匯款日期	0000/00/00
票期天數	30	行庫代號	
應付金額	40,000	帳戶號碼	
匯兌損益	0	帳戶名稱	
付款金額	40,000	電腦開立	N:否
備　註			

行庫代號	行庫帳號	帳戶名稱	票據號碼	票據金額	到期日
0050164	123456	格士銀甲	767868	40,000	1999/12/31
			合計	40,000	

欄位說明

灰色部分由電腦產生，不可輸入，僅內文白色欄位可由使用者輸入。

1. 付款原因：付其他、付預付、付暫付或付應付。
2. 狀態：付款單目前的狀態：付款、付確認、沖確認、正常、刪除。
3. 付款單號：付款單號碼，前六碼為付款日期，後三碼為流水號。付其他／預付／暫付時，新增後由電腦自動產生，付應付在沖完帳時自動產生。
4. 廠商代號：輸入廠商編號或按%鍵可顯示所有可輸入的廠商編號，選擇反白按「Enter」鍵，電腦並自動帶出廠商名稱。
5. 付款方式：現金、支票、匯款。
6. 票期天數：以支票支付時，需輸入票期天數。
7. 沖抵金額：付款總額。
8. 電腦開立：以支票支付時，是否由電腦列印。
9. 匯款日期：以匯款支付，匯款日期到達時，電腦會將匯出金額自帳戶餘額扣除。
10. 行庫代號：付款的行庫代號，以現金支付，電腦自動帶出現金帳戶代號。以匯款支付時，需輸入行庫代號或按%選擇正確的行庫代號及帳戶名稱。

以下欄位僅付支票時須要輸入：

1. 行庫代號：支票的付款行庫，或輸入%顯示甲存帳號，電腦自動帶出行庫帳號及帳戶名稱。
2. 票據號碼：手工開立需自行輸入支票號碼，電腦開立會自動產生。
3. 類別：選擇支票或本票。
4. 票據抬頭：支票開立時，受款人抬頭。

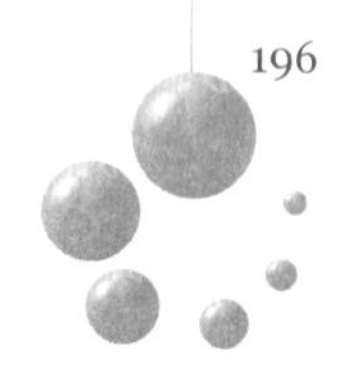

操作方法

不是應付帳款的款項（付款原因：付其他、付預付、付暫付），在進入單筆付款作業後，點選左方的圖示 新增一筆其他付款。另外，付應付的款項，請先點選查詢圖示 ，狀態為「沖帳確認」查詢應付未付的付款單號，點選圖示 新增一筆應付帳款。

1.新增：新增一筆非應付帳款的付款資料（依序輸入白色欄位），輸入完畢後，點選執行圖示，確定後電腦會自動產生付款單號，並顯示該筆資料之傳票內容核對或修改正確後，點選執行圖示存檔。

2.查詢：

◇應付帳款的單筆付款，先查詢狀態為沖帳確認的付款單號，選擇要付款的付款單號，點選付應付新增的圖示 ，輸入是否由電腦開立及支票內容後點選執行圖示，完成單筆付應付作業。在「多筆清單」狀態下可選擇輸入查詢條件或不輸入條件直接點選查詢圖示。

◇查詢條件：付款單號、狀態、廠商代號、付款日期、沖抵金額、付款輸入者、付款確認者、付款原因、付款方式。

◇查詢結果出現後，可選擇多筆清單或點選單筆明細顯示，執行次功能選項。查詢後的次功能選項：

◆ 新增：新增一筆非應付帳款付款資料（操作方式同上一層）。

◆ 查詢：可重新下條件查詢付款資料。

◆ 刪除：刪除付款單號，只有未確認的付款單號才可以刪除。

- 修改：未確認的付款單資料，才可作修改。
- 確認：未確認的付款單資料，才可作確認。
- 確認還原：付款確認的付款單號，才可作確認還原。
- 修改傳票：傳票月結前，才可修改傳票內容，點選修改傳票圖示後，先出現單筆明細，再點選執行圖示 ，即可進行傳票修改作業。

注意事項

非應付帳款的付款單號，新增一筆後就會產生一張傳票。應付帳款的付款傳票則是每天結轉一張傳票（單筆＋批次付款），執行總帳——結轉——沖應付帳結轉傳票。

批次付款

功能說明

批次付款只可做應付帳款付匯款或付支票的作業，依不同的付款方式及行庫代號做批次付款，並且只做電腦開立支票。

畫面說明

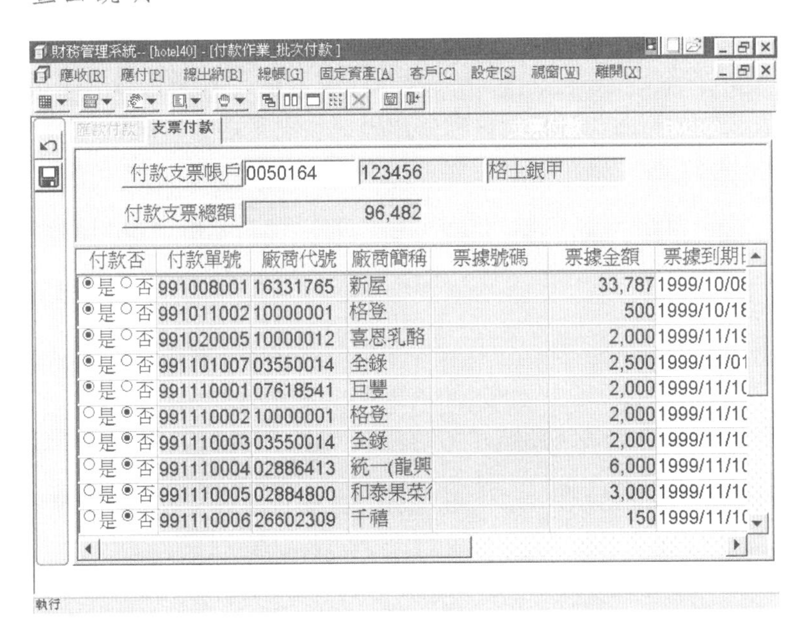

欄位說明

灰色部分由電腦產生，不可輸入，僅白色欄位可由使用者輸入。

1.匯款：

◇付款匯款帳戶：支付匯款的行庫代號，可輸入%選擇匯出的行庫代號，電腦自動帶出帳戶號碼及帳戶名稱。

◇付款否：利用滑鼠選擇是否由此帳號付款。

◇匯款日期：預計匯款的日期。

2.支票：

◇付款支票帳戶：開立支票的行庫代號，可輸入%選擇付款的行庫代號電腦自動帶出帳戶號碼及帳戶名稱。

◇付款否：利用滑鼠選擇是否由此帳號付款。

◇票據抬頭：電腦先帶出該廠商全名，使用者可自行修改。

操作方法

進入批次付款後，點選左方的圖示 匯 付匯款，或點選圖示 支 付支票。

匯款付款

輸入付款行庫代號（乙存帳號），電腦會帶出未付匯款的付款單號，如果有不是從該行庫代號匯出的付款資料，付款否的欄位點選「否」，匯款總額會減少，修改完匯款日期後，點選執行圖示。

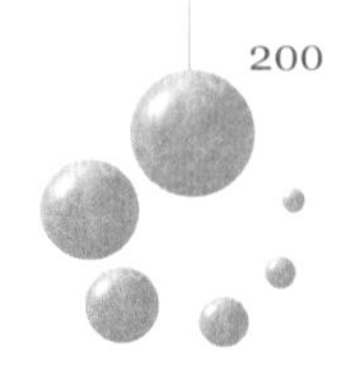

支票付款

輸入付款行庫代號（甲存帳號），電腦會帶出未付支票的付款單號，如果有不是從該行庫代號開立的支票付款，付款否的欄位點選「否」，付款總額會減少，修改票據抬頭及票據到期日後，點選執行圖示。

零用金付款

功能說明

非應付帳款——付款原因爲：付其他、付預付、付暫付，要以零用金支付時之新增、查詢、修改、刪除、確認、確認還原等作業。

畫面說明

財務管理系統-- [hotel40] - [零用金作業]

應收[R] 應付[P] 總出納[B] 總帳[G] 固定資產[A] 客戶[C] 設定[S] 視窗[W] 離開[X]

單筆明細 | 多筆清單

付款單號 9911120003
銀行代號 99999999
銀行名稱 庫存現金
現金帳號 7788
付款日期 1999/11/12
部門 1100 飯總管
請款人
零用金總額 500
備註

單據狀態 確認
輸入者 1
輸入日期 1999/11/11
修改者
修改日期 0000/00/00
確認者 1
確認日期 1999/11/11
傳票號碼

序號	會計科目	部門	會計科目說明	支出淨額	進項稅額
1	管理費用-運費	飯總管		500	0
			合　計	500	0

銀行代號

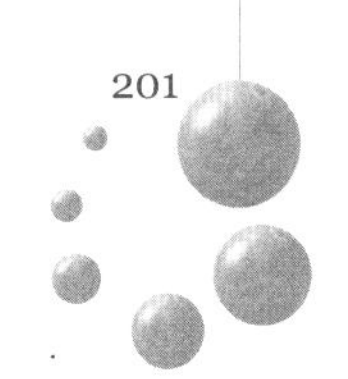

欄位說明

灰色部分由電腦產生，不可輸入，僅白色欄位可由使用者輸入。

1. 付款原因：付其他、付預付、付暫付等。
2. 付款單號：付款單號碼，由電腦產生，前六碼爲付款日期，後三碼爲流水號。
3. 狀態：付款單目前的狀態：付款、付確認、刪除。
4. 廠商代號：輸入廠商代號或按%鍵，選擇要支付的廠商，電腦並自動帶出廠商簡稱。
5. 現金帳戶：零用金所對應之現金帳戶。
6. 會計科目：在總帳系統做零用金結轉傳票時，電腦會帶出該科目。
7. 傳票號碼：做完總帳系統之零用金結轉傳票後電腦即自動帶入傳票號碼。

操作方法

進入零用金付款作業後，點選左方的圖示 新增一筆資料，或點選圖示 查詢。

1. 新增：新增一筆零用金付款（依序輸入白色欄位），輸入完畢後，點選執行圖示，確定後電腦會自動產生付款單號，核對或修改正確後，點選執行圖示存檔。
2. 查詢：

◇在「多筆清單」狀態下可選擇輸入查詢條件或不輸入條件直接點選查詢圖示。

◇查詢條件：付款單號、狀態、廠商代號、付款日期、付款金額、會計科目、輸入者、行庫代號、帳戶號碼、傳票號碼、付款原因。

◇查詢結果出現後，可選擇多筆清單或點選單筆明細顯示，執行次功能選項。

◇查詢後的次功能選項：

◆ 新增：新增一筆零用金付款資料（操作方式同上一層）。

◆ 查詢：可重新下條件查詢資料。

◆ 刪除：刪除付款資料，只有未確認的付款單號才可以刪除。

◆ 修改：未確認的付款單號，才可做修改。

◆ 確認：未確認的付款單號，才可做確認。

◆ 確認還原：已確認的付款單，才可作確認還原。

票據管理

收款支票管理

功能說明

收款時，如果有收到支票，會自動轉至收款支票管理，根據支票的流向做託收、貼現、換票、抽票、退票或兌現等作業。

畫面說明

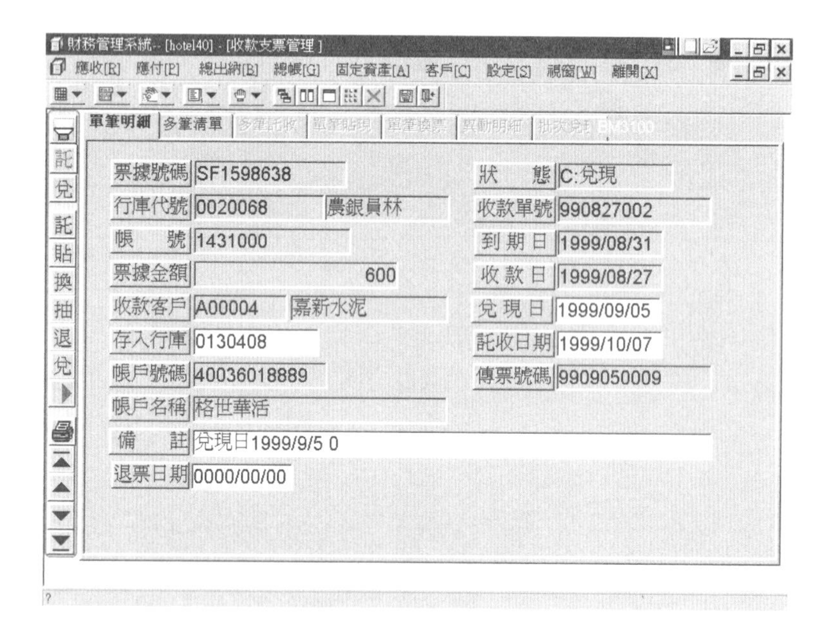

欄位說明

1.票據號碼：收款時所輸入的支票號碼。

2.狀態：該票據目前的狀態：確認、託收、貼現、換票、抽

票、退票、兌現等。

3.兌現日：票據兌現的日期，此欄位由電腦帶出。只有在執行兌現功能時才可輸入兌現日期。

4.存入行庫：該票據要存入的行庫代號，可按%選擇。

5.託收日期：存入行庫的日期。

6.傳票號碼：兌現傳票的號碼。

7.備註：輸完託收日期後，電腦自動帶存入的帳戶名稱及金額在備註欄，使用者亦可自行修改。

操作方法

進入收款支票管理後，點選左方的圖示 查詢收款支票資料，或點選圖示 託 執行多筆託收。

1.查詢：

◇在「多筆清單」狀態下可選擇輸入查詢條件，或不輸入條件直接點選查詢圖示。

◇查詢條件：收款單號、狀態、收款客戶、行庫代號、帳戶號碼、票據號碼、票據金額、到期日、收票日、兌現日、存入行庫、存入帳號。

◇查詢結果出現後，可選擇多筆清單或點選單筆明細顯示，執行次功能選項。

◇查詢後的次功能選項：

◆ 查詢：可重新下條件查詢收款支票明細。

◆ 託 多筆託收：輸入託收行庫代號及託收日期，電腦自動將未處理的票據列出明細，點選出不要託收的票據，點選執行圖示，即可完成多筆託收。

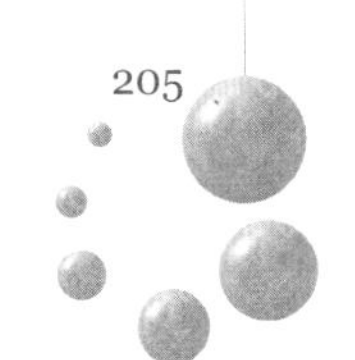

- ◆ 託 單筆託收：僅做一張票據號碼的託收作業。
- ◆ 貼 貼現：確認狀態的票據才可做貼現，輸入貼現金額，電腦自動將差額（票據金額──貼現金額）帶至貼現利息。
- ◆ 換 換票：確認或退票狀態的票據才可做換票。
- ◆ 抽 抽票：託收狀態的票據才可做抽票。
- ◆ 退 退票：兌現狀態的票據才可做退票，退票後可再重新託收。
- ◆ 兌 兌現：手工兌現，已到期的票據且已託收才可做手工兌現，兌現後帳戶餘額會自動更新。
- ◆ ▶ 異動明細：在「多筆清單」狀態下，游標移到要查詢的票據呈反白，點選異動明細圖示執行後，出現該張票據所有異動明細。

2. 多筆託收：輸入託收行庫代號及託收日期，電腦自動將未處理的票據列出明細，點選出不要託收的票據，點選執行圖示，即可完成多筆託收。

注意事項

1. 手工兌現時，輸入的兌現日，不可早於票據到期日及託收日期。
2. 確認狀態的票據可以做託收、貼現、換票。
3. 託收狀態的票據可以做抽票或手工兌現（到期日已到）。
4. 兌現狀態的票據可以做退票，退票後可以再託收。

付款支票管理

功能說明

付款時，不論手工開立或電腦開立支票均會自動轉至付款支票管理，根據支票的流向做兌現、換票、領出或止付等作業。支票未到期前可以修改票據到期日、抬頭以及備註欄位。

畫面說明

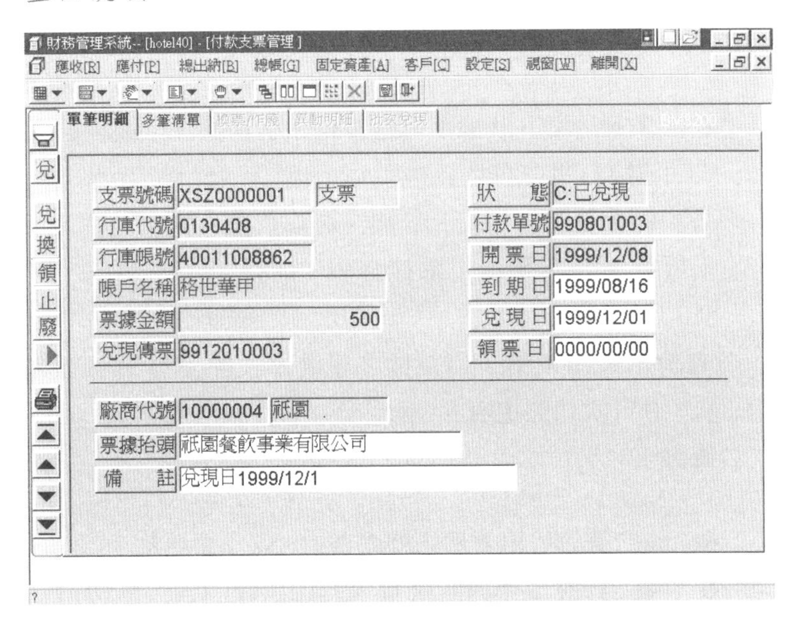

欄位說明

1.支票號碼：付款時所產生的支票號碼。

2.狀態：該票據目前的狀態：未列印、確認、兌現、換票、領出、止付、作廢等。

3.兌現日：票據兌現的日期，此欄位由電腦帶出。只有在執

行兌現功能時才可輸入兌現日期。

4.存入行庫：該票據要存入的行庫代號，可按％選擇。

5.託收日期：存入行庫的日期。

6.備註：輸完託收日期後，電腦自動帶存入的帳戶名稱及金額在備註欄，使用者亦可自行修改。

操作方法

進入付款支票管理後，點選左方的圖示 查詢付款支票資料。

1.查詢：

◇在「多筆清單」狀態下可選擇輸入查詢條件，或不輸入條件直接點選查詢圖示。

◇查詢條件：付款單號、狀態、廠商代號、行庫代號、行庫帳號、票據號碼、票據金額、開票日、到期日、類別。

◇查詢結果出現後，可選擇多筆清單或點選單筆明細顯示，執行次功能選項。

◇查詢後的次功能選項：

- 查詢：可重新下條件查詢付款支票明細。
- 修改：票據狀態為未列印、確認或領出時可以修改票據到期日，票據抬頭及備註等欄位。
- 兌 兌現：手工兌現，已到期的票據且已領出才可做手工兌現，兌現後帳戶餘額會自動更新。
- 換 換票：確認或領出狀態的票據才可做換票。
- 領 領出：確認狀態的票據才可做領出。
- 止 止付：領出狀態的票據才可做止付。

◆ ▶ 異動明細：在「多筆清單」狀態下，游標移到要查詢的票據呈反白，點選異動明細圖示執行後，出現該張票據所有異動明細。

注意事項

1. 手工兌現時，輸入的兌現日，不可早於票據到期日及領票日。
2. 確認狀態的票據可以做領出及換票。
3. 領出狀態的票據可以做換票、兌現（到期日已到）或止付（未到期）。

帳戶管理

功能說明

舉凡公司有開戶的銀行帳戶，均需有一筆帳戶號碼。（必須先有行庫代號，設定——對照檔維護——總出納對照檔——行庫對照檔）

畫面說明

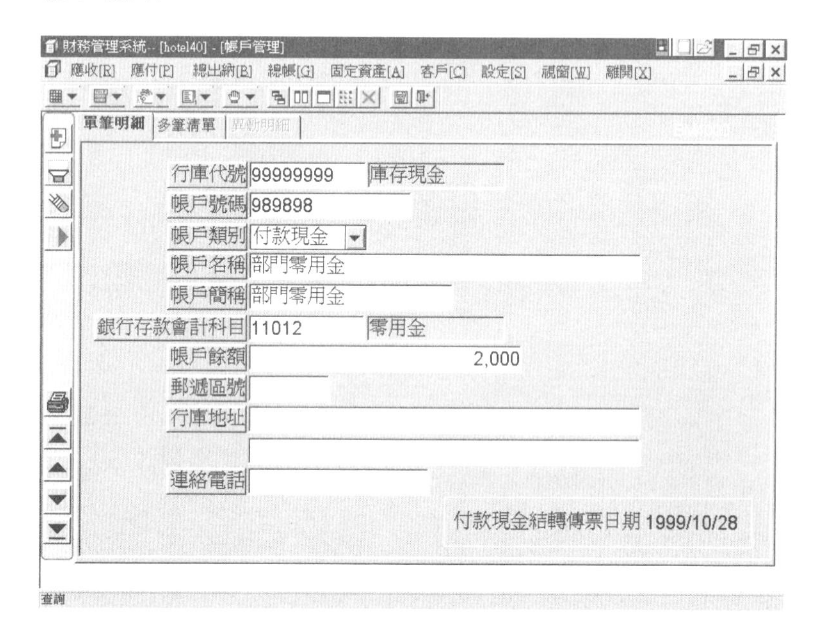

欄位說明

灰色部分由電腦產生，不可輸入，僅白色欄位可由使用者輸入。

1. 行庫代號：直接輸入行庫代號或按%鍵選擇正確的行庫代號，並可顯示行庫名稱。

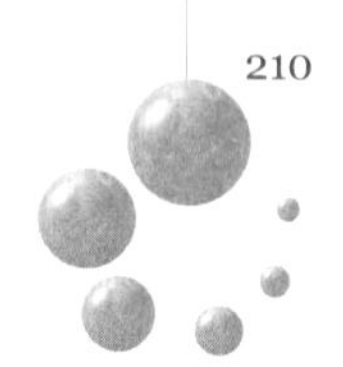

2.帳戶號碼：帳號。

3.帳戶類別：甲存（支票存款）、乙存或定存。

4.帳戶名稱：行庫名稱及存款類別。

5.帳戶簡稱：帳戶的簡稱，多數查詢及報表均使用簡稱。

6.銀行存款會計科目：此帳號所對應的會計科目。

7.帳戶餘額：新開戶時輸入的金額，不可小於或等於0。啟用後顯示目前帳上的餘額，此欄位無法修改。

操作方法

進入帳戶管理後，點選左方的圖示 新增一筆帳戶號碼，或點選圖示 查詢帳戶資料。

1.新增：新增一筆帳戶資料（依序輸入白色欄位），注意帳戶號碼不可重複，輸入完畢後，點選執行圖示，確定新增一筆資料。

2.查詢：

◇在「多筆清單」狀態下可選擇輸入查詢條件，或不輸入條件直接點選查詢圖示。

◇查詢條件：行庫代號、帳戶號碼、帳戶簡稱、帳戶類別、帳戶餘額。

◇查詢結果出現後，可選擇多筆清單或點選單筆明細顯示，執行次功能選項。

◇查詢後的次功能選項：

◆ 新增：新增一筆帳戶資料（操作方式同上一層）。

◆ 查詢：可重新下條件查詢帳戶資料。

◆ 修改：修改帳戶資料（行庫代號以及帳戶號

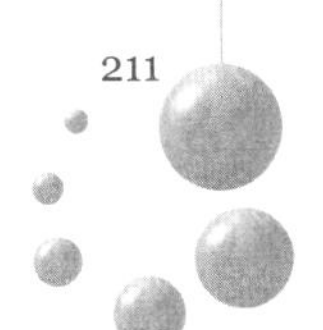

碼、帳戶餘額不能修改)。

◆ ▶ 異動明細：在「單筆明細」或「多筆清單」狀態之下，點選異動明細圖示，輸入異動期間，執行後即可顯示此期間之異動資料。

注意事項

1. 帳戶管理一旦新增後便無法刪除，新開戶的帳號及餘額亦無法修改，請小心輸入，如需修改請通知電腦室人員。
2. 異動明細查詢，「前日帳戶餘額」爲異動期間起始日期前一日之餘額。

帳户異動

轉帳

功能說明

二個帳戶之間資金的流動，有關轉帳之新增、查詢、刪除或確認等作業。

畫面說明

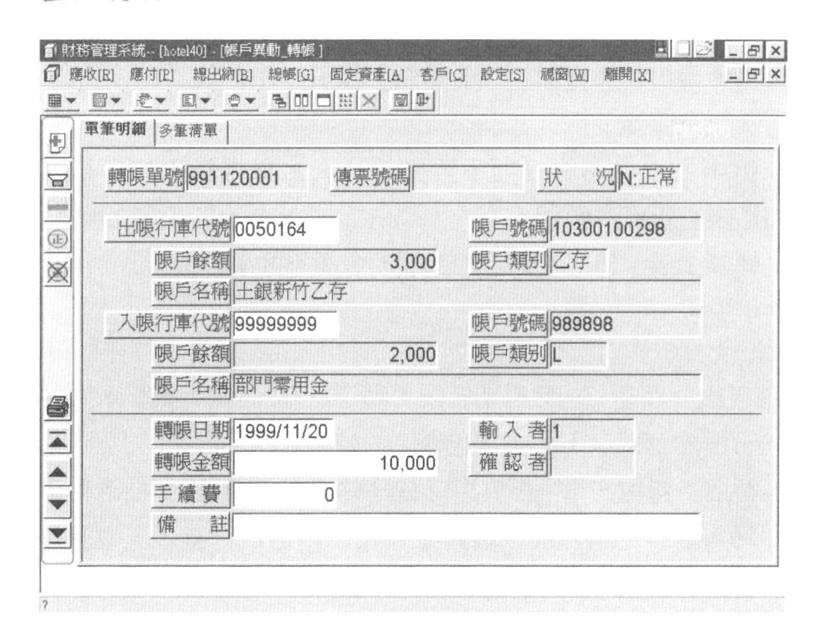

欄位說明

灰色部分由電腦產生，不可輸入，僅白色欄位可由使用者輸入。

1. 轉帳單號：由電腦產生，前六碼爲帳款產生日期，後三碼爲流水號。
2. 傳票號碼：預留欄位，目前無任何用途。
3. 狀態：轉帳單號目前的狀態：正常、確認、刪除。
4. 出帳行庫代號：輸入轉出的行庫代號或按%鍵選擇，電腦自動帶出行庫帳號、目前餘額、類別（甲存或乙存……）、帳戶名稱等。
5. 入帳行庫代號：輸入轉入的行庫代號或按%鍵選擇，電腦自動帶出行庫帳號、目前餘額、類別（甲存或乙存……）、帳戶名稱等。
6. 轉帳日期：轉帳日期不可晚於今天。根據輸入的轉帳日期，更新帳戶餘額。
7. 轉帳金額：轉出及轉入的金額，金額不可小於或等於0。

功能操作

進入帳戶異動——轉帳功能後，點選左方的圖示 新增轉帳資料，或點選圖示 查詢已輸入的轉帳資料。

1. 新增：新增一筆轉帳資料（依序輸入白色欄位），注意轉出轉入帳號不可相同，輸入完畢後，點選執行圖示，電腦自動產生轉帳單號。
2. 查詢：

◇在「多筆清單」狀態下可選擇輸入查詢條件，或不輸入條件直接點選查詢圖示。

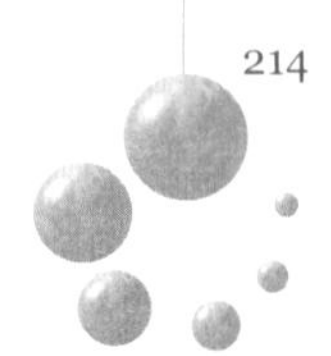

◇查詢條件：轉帳單號、狀態、轉出行庫、轉出帳號、轉入行庫、轉入帳號、轉帳日期、轉帳金額。

◇查詢結果出現後，可選擇多筆清單或點選單筆明細顯示，執行次功能選項。

◇查詢後的次功能選項：

◆ 新增：新增一筆轉帳資料（操作方式同上一層）。

◆ 查詢：可重新下條件查詢轉帳資料。

◆ 刪除：未確認的轉帳單號可以刪除。

◆ 確認：一旦確認後的轉帳單號便無法再異動。

注意事項

1.轉帳日期必須在帳戶月結之後。

2.轉帳作業無法自動產生傳票，所以轉帳時請記得到總帳新增一筆傳票。

3.轉帳資料不可修改，如輸入錯誤請刪除後另新增一筆，轉帳單號一旦確認便無法刪除。

調整

功能說明

帳戶需要做單筆金額增減時，有關調整之新增、查詢、刪除或確認等作業。

畫面說明

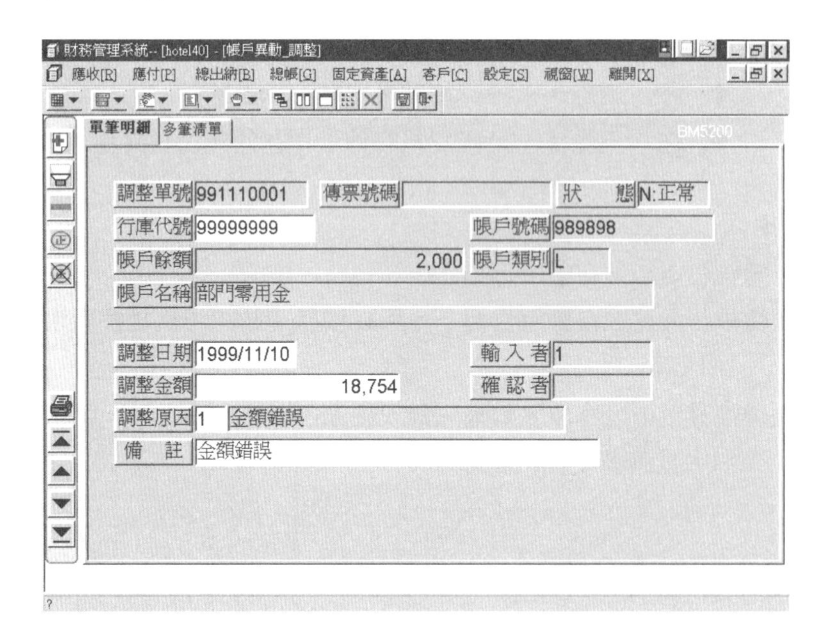

欄位說明

灰色部分由電腦產生，不可輸入，僅白色欄位可由使用者輸入。

1. 調整單號：由電腦產生，前六碼為帳款產生日期，後三碼為流水號。
2. 傳票號碼：預留欄位，目前無任何用途。

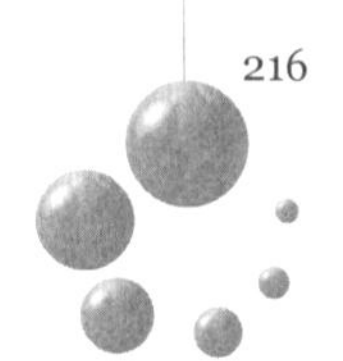

3.狀態：調整單號目前的狀態：正常、確認、刪除。

4.行庫代號：輸入欲調整的行庫代號或按%鍵選擇，電腦自動帶出行庫帳號、目前餘額、類別（甲存或乙存……）、帳戶名稱等。

5.調整日期：調整日期不可晚於今天。根據輸入的調整日期，更新帳戶餘額。

6.調整金額：調整的金額，可以輸入負值。

7.調整原因：輸入原因代號或%鍵選擇調整原因。設定對照檔案維護——總出納對照檔——調整原因對照檔。

操作方法

進入帳戶異動—調整功能後，點選左方的圖示 新增調整資料，或點選圖示 查詢已輸入的調整資料。

1.新增：新增一筆調整資料（依序輸入白色欄位），輸入完畢後，點選執行圖示，電腦自動產生調整單號。

2.查詢：

◇在「多筆清單」狀態下可選擇輸入查詢條件，或不輸入條件直接點選查詢圖示。

◇查詢條件：調整單號、狀態、調整行庫、調整帳號、調整日期、調整金額、調整原因。

◇查詢結果出現後，可選擇多筆清單或點選單筆明細顯示，執行次功能選項。

◇查詢後的次功能選項：

- 新增：新增一筆調整資料（操作方式同上一層）。
- 查詢：可重新下條件查詢調整資料。

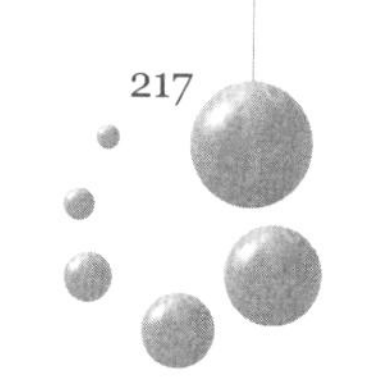

- ◆ 刪除：未確認的調整單號可以刪除。
- ◆ 確認：一旦確認後的調整單號便無法再異動。

注意事項

1. 調整日期必須在帳戶月結之後。
2. 調整作業無法自動產生傳票，所以調整後請記得到總帳新增一筆傳票。
3. 調整資料不可修改，如輸入錯誤請刪除後另新增一筆，調整單號一旦確認便無法刪除。

銀行調節作業

功能說明

帳戶月結後，根據銀行的對帳單或存摺與電腦帳戶的餘額核對，將未入帳的部分輸入調節日期及調節原因，列印出調節報表以便與銀行核兌。

畫面說明

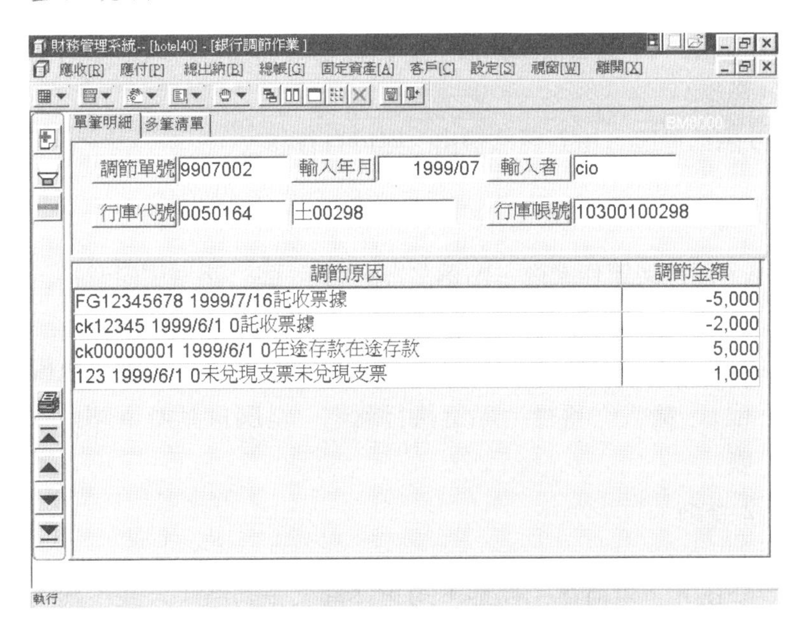

欄位說明

灰色部分由電腦產生，不可輸入，僅白色欄位可由使用者輸入。

1. 調節單號：由電腦產生，前四碼為調節年月，後三碼為流水號。

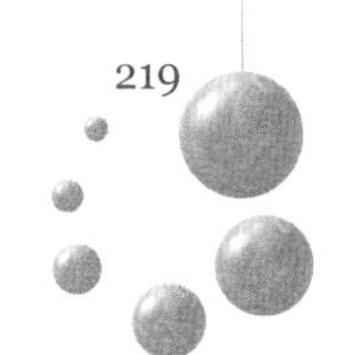

2.輸入年月：調節月份。

3.行庫代號：輸入行庫代號或按%鍵選擇，電腦自動帶帳戶簡稱及帳戶號碼。

4.期初金額：調節月份的期初餘額。

5.期末金額：期初金額＋當月總計＋調節金額＝期末金額。

6.入帳金額：大於0 表示收入金額，小於0表示支付金額。

7.總計：入帳金額的總計。

8.調節日期：不可大於系統日期。

9.調節類別：輸入%選擇類別，此欄位可由使用者自行設定（設定——對照檔案維護——總出納對照檔——調節類別對照檔）。

10.調節原因：由對照檔帶出，亦可自行修改。

操作方法

進入銀行調節作業後，點選左方的圖示 新增調節資料，或點選圖示 查詢已輸入的資料。

1.新增：依不同的帳戶號碼新增一筆調節（依序輸入白色欄位），輸入完畢後，點選執行圖示，電腦自動產生調節單號。

2.查詢：

◇在「多筆清單」狀態下可選擇輸入查詢條件，或不輸入條件直接點選查詢圖示。

◇查詢條件：調節單號、調節年月、行庫代號、帳戶號碼、輸入者。

◇查詢結果出現後，可選擇多筆清單或點選單筆明細顯示，執行次功能選項。

◇查詢後的次功能選項：

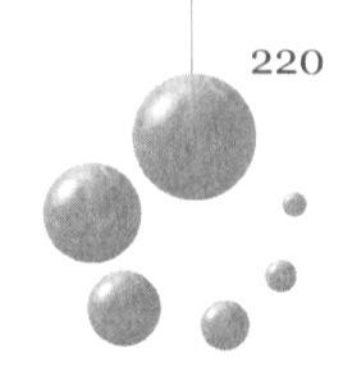

◆ 新增：新增一筆調節資料（操作方式同上一層）。

◆ 查詢：可重新下條件查詢資料。

◆ 刪除：刪除調節單號。

注意事項

1.執行完帳戶月結後，才可以顯示當月份明細，調節作業並不會更改電腦帳上的帳戶餘額，故此作業僅做爲與銀行對帳用。

2.輸入調節的日期及類別原因後，期末餘額會將該筆交易金額扣除（例如：－100元支出，經調節後餘額會＋100元）。

資金預估作業

功能說明

預先估計帳戶會有大筆金額入帳或支出，提供管理者資金調度。

畫面說明

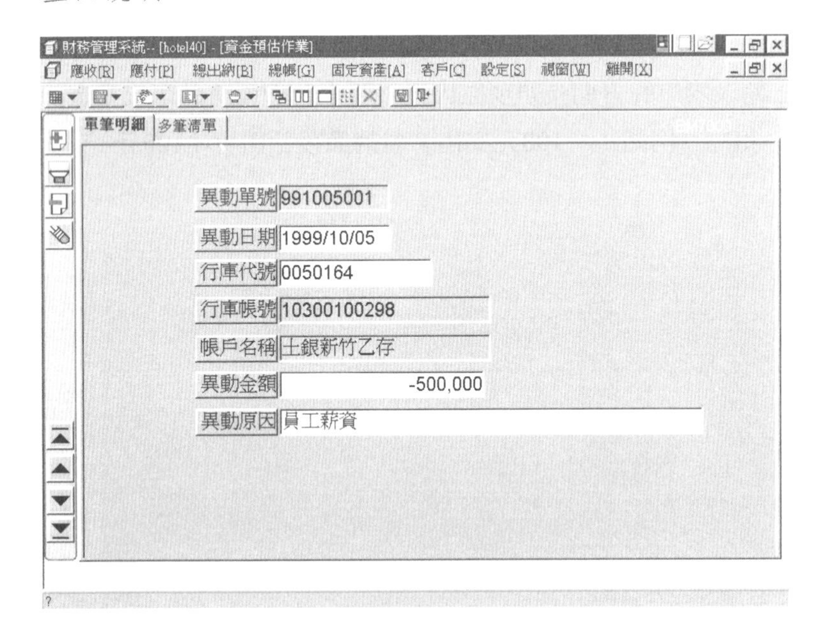

欄位說明

灰色部分由電腦產生，不可輸入，僅白色欄位可由使用者輸入。

1. 異動單號：由電腦產生，前六碼爲帳款產生日期，後三碼爲流水號。
2. 異動日期：預估資金異動的日期。

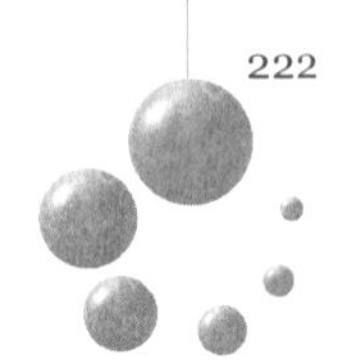

3.行庫代號：輸入行庫代號或按%鍵選擇正確的代號，電腦自動帶出行庫帳號及帳戶名稱。

4.異動原因：輸入調節原因，會顯示在報表7.帳戶別（8.日期別）資金流動預測表。

操作方法

進入資金預估作業後，點選左方的圖示 新增資金預估，或點選圖示 查詢已輸入的資料。

1.新增：新增一筆預估資料（依序輸入白色欄位），輸入完畢後，點選執行圖示，電腦自動產生異動單號。

2.查詢：

◇在「多筆清單」狀態下可選擇輸入查詢條件或不輸入條件直接點選查詢圖示。

◇查詢條件：異動單號、行庫代號、帳戶代號、異動日期、異動金額、異動原因。

◇查詢結果出現後，可選擇多筆清單或點選單筆明細顯示，執行次功能選項。

◇查詢後的次功能選項：

- ◆ 新增：新增一筆預估資料（操作方式同上一層）。
- ◆ 查詢：可重新下條件查詢資料。
- ◆ 刪除：刪除異動資料。
- ◆ 修改：修改預估資料。

注意事項

異動日期不能早於帳戶月結日。

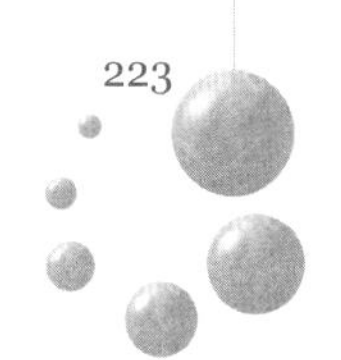

報表

1.銀行存款日報表。

2.銀行存款調節表。

3.應收票據明細表。

4.應付票據明細表。

5.收款報告表。

6.帳戶別資金流動預測表。

7.日期別資金流動預測表。

8.託收票據日報表。

9.未到期的應付票據彙總表。

10.付款簽收表。

11.付款日報表。

操作方法

1.輸入報表查詢條件後，點選「確定」鍵，報表結果即出現在畫面上。

報表結果圖示說明：

◇ 印表機設定

◇ 列印

◇ 列印預覽（可選擇預覽縮放百分比）。

◇ 離開（結束報表作業）。

2.欲重新下條件，請點選「查詢」鍵，或選擇離開圖示，重新執行報表作業。

報表說明

1.銀行存款日報表：

◇查詢條件：日期。

◇使用時機：每日可列印此份報表核對所有銀行存款餘額。

2.銀行存款調節表：

◇查詢條件：行庫代號、帳戶代號、調節年月。

◇使用時機：有輸入調節資料時，可列印此份報表核對。

3.應收票據明細表：

◇查詢條件：開票行庫代號、開票行庫帳號、客戶代號、票據號碼、票據狀態、票據到期日（起迄期間）、收票日期（起迄期間）。

◇使用時機：每日可列印此份報表核對所有應收票據明細。

4.應付票據明細表：

◇查詢條件：日期。

◇使用時機：每日可列印此份報表核對所有應付票據明細。

5.支票列印：

◇查詢條件：開票行庫、支票起始號碼、支票列印張數。

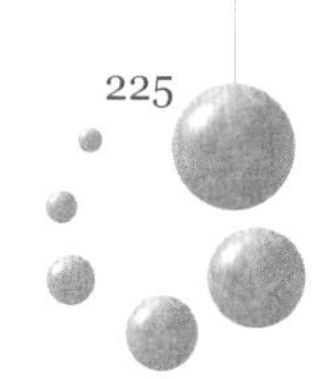

◇使用時機：付款作業付支票時若輸入電腦列印即由此套表印出。

6.收款報告表：

◇查詢條件：收款員、收款日期。
◇使用時機：每日列印此份報表核對收款資料。

7.帳戶別資金流動預測表：

◇查詢條件：預測截止日、預測行庫代號、預測行庫帳號。
◇注意事項：要執行完帳戶月結，才會出現結果。

8.日期別資金流動預測表：查詢條件——預測截止日。
9.託收票據日報表：

◇查詢條件：託收日期（起迄期間）、託收行庫代號、託收行庫帳號。
◇使用時機：票據託收時，可列印此份報表提供銀行核對。

10.未到期應付票據彙總表：

◇查詢條件：列印日期。
◇使用時機：每日列印此份報表核對應付票據未到期的資料。

11.付款簽收表：

◇查詢條件：付款日期（起迄期間）、付款方式（現金或支票）、排序方式（帳戶別或廠商別）。

◇使用時機：付款作業後列印此份報表，提供廠商收款時簽收之用。

12.付款日報表

◇查詢條件：廠商代號、付款日期、付款類別（付其它、付應付、付預付、付暫付、全部）。

◇使用時機：每日列印此份報表，核對當日之付款明細。

13.帳戶別資金流動預測彙總表：查詢條件——預測日期。

結轉

帳戶月結

功能說明

帳戶月結或月結還原作業，做完月結後，該帳戶之任何異動日不可早於月結日，並才可列印當月之資金流動預測表。

畫面說明

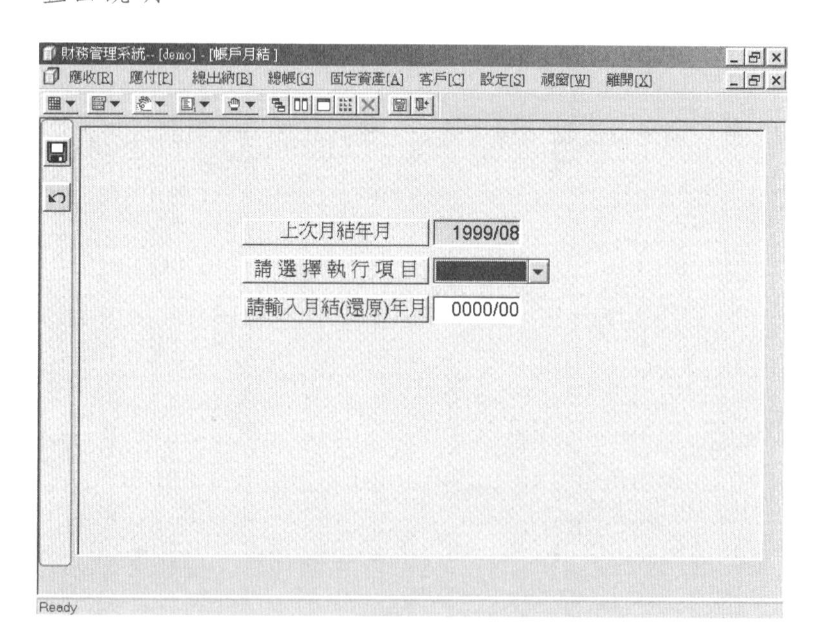

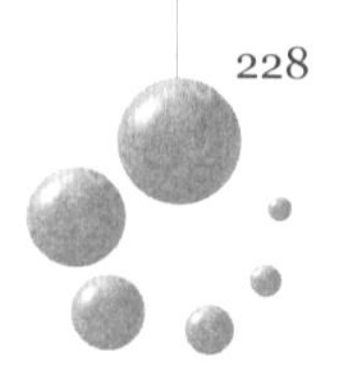

欄位說明

1. 上次月結年月：電腦自動帶出已做至月結年月，此欄位不能輸入。
2. 選擇執行項目：可選擇執行月結或還原作業
3. 輸入月結（還原）年月：輸入要執行月結或還原的年月。

注意事項

月結月份不可跨月做，月結還原必須從最後的月份逐月還原。

Chapter 13
總帳管理系統

旅館內任何活動牽涉到錢的部分都必須記錄到總帳系統中，這其中包括人和物兩大部分：人的部分，是以薪資產生費用的傳票記錄，進入總帳系統；物的部分是以進銷貨交易過程的憑據，匯入總帳中，將這些和錢有關的活動記錄憑據切傳票，便可進入總帳系統之會計循環。科目代碼的結構和報表格式是按美國飯店會計制度編制程序，飯店財務部也可加入自己管理上所需之科目代碼，電腦會依傳票輸入後自動產生資產負債損益表和各部門之損益表，當也需建立各科目之預算金額作比較。

總帳管理系統的功能：

1.傳票輸入作業：傳票輸入／刪除／修改／查詢。

2.總帳查詢。

3.明細帳查詢。

4.日記帳查詢。

5.固定傳票作業：固定傳票輸入／刪除／修改／查詢。

6.科目餘額查詢。

7.傳票格式作業：傳票格式輸入／刪除／修改／查詢／產生傳票。

8.預算管理：預算管理輸入／刪除／修改／查詢。

總帳管理系統

1. 本系統爲財務管理系統之總帳作業 。
2. 本系統採用西元年度。

畫面說明

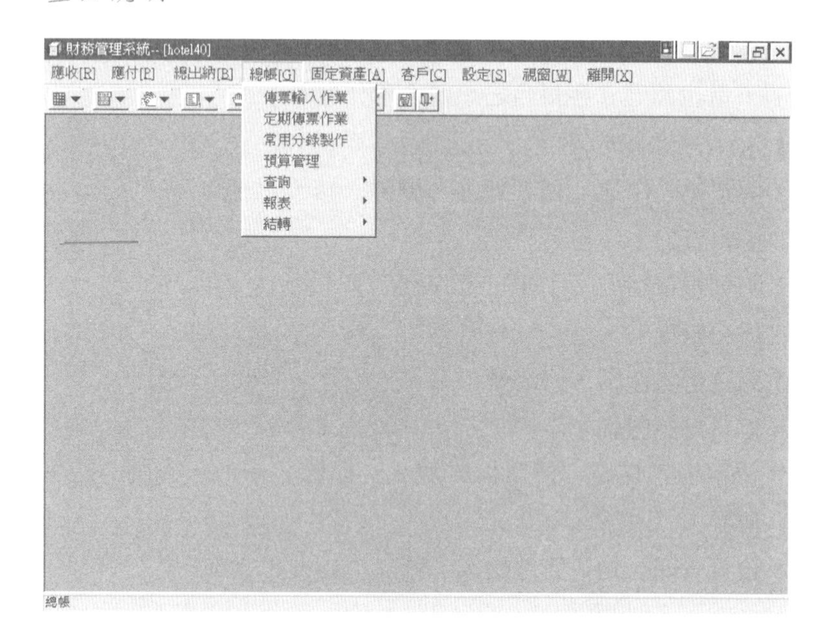

總帳管理系統功能簡介

總帳管理系統功能流程

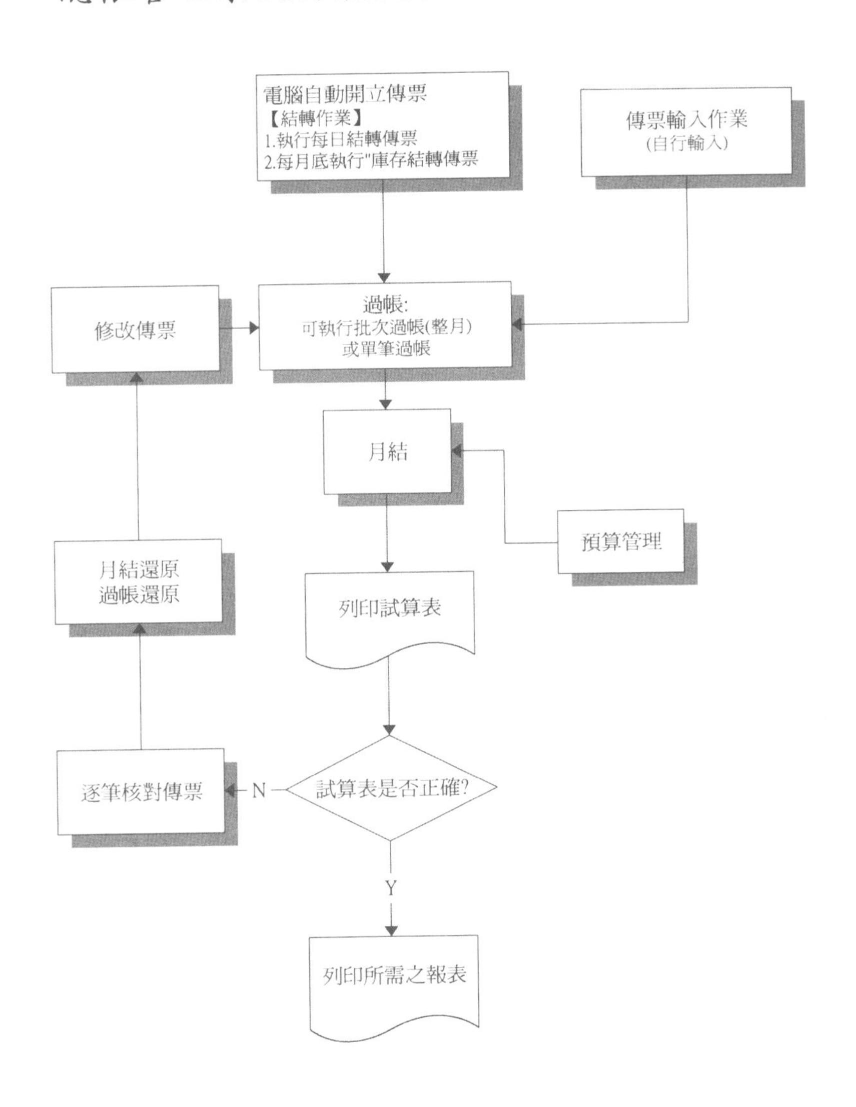

功能簡介

1. 傳票輸入：自行輸入傳票新增作業，或傳票未過帳前之修改、刪除、過帳、過帳還原及查詢等作業。
2. 定期傳票：有關固定傳票之新增、查詢、刪除、修改等作業。
3. 常用分錄：對於要經常使用之分錄，可在此建立一個常用分錄代號。
4. 預算管理：有關費用科目的預算之新增、刪除、修改等作業。
5. 查詢作業：

◇日記帳查詢：依據傳票內容轉至日記帳，使用者可輸入條件查詢或列印。
◇總帳查詢：可查詢或列印會計科目整月份之借、貸總額。
◇明細帳查詢：依據不同的科目明細，查詢或列印資料。
◇科目餘額查詢：傳票過完帳後，電腦自動將各科目轉入科目餘額明細。

6. 報表：

◇損益表。
◇損益表（含細目）。
◇比較損益表（去年）。
◇比較損益表（上月）。
◇資產負債表。
◇比較資產負債表（去年）。
◇比較資產負債表（上月）。
◇試算表。

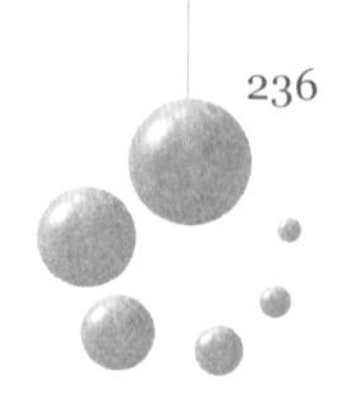

◇科目明細表。
◇費用統計分析表。
◇立沖報表。
◇傳票列印。

7.結轉：

◇採購結轉傳票：採購產生之暫估應付帳，每日結轉一張傳票。
◇庫存結轉傳票：耗用或調整產生之異動，每月結轉一張傳票。
◇憑證結轉傳票：將暫估應付帳轉應付帳款，每日結轉一張傳票。
◇沖應付帳結轉傳票：應付帳款轉付款時，每日結轉一張傳票。
◇匯款結轉傳票：付匯款兌現時，每日結轉一張傳票。
◇沖應收款結轉傳票：收應收帳沖帳時，每日結轉一張傳票。
◇零用金結轉傳票。
◇傳票過帳。
◇傳票過帳還原。
◇傳票月結：整月份結帳作業。
◇傳票月結還原：使用者需要修改已月結之傳票資料時，要先執行月結還原。

8.QBE（Query By Example）查詢法：依照使用者的需要，輸入查詢的條件，電腦依照條件，搜尋符合的資料，顯示在螢幕上。

◇符號：

◆＝ 等於，不加等號也可以。

◆> 大於。

◆> ＝大於或等於。

◆< 小於。

◆<＝ 小於或等於。

◆<> 不等於。

◆like 如。

◇範例：

◆＝8301010001或8301010001 單號等於8301010001。

◆>1000 某數字大於1000。

◆>＝830601 某日期大於或等於民國83年6月1日）。

◆<1000 某數字小於1000）。

◆<＝830601 某日期小於或等於民國83年6月1日）。

◆<>N 某狀態不等於N，此查詢需輸入完整資料）。

◆like a% 資料為A開頭的所有資料）。

9.系統Icon說明：

◇ ：新增。

◇ ：刪除。

◇ ：返回上一層。

◇ ：插入一筆明細。

◇ ：刪除一筆明細。
◇ ：清除查詢資料。
◇ ：離開系統。
◇ ：跳至第一筆資料。
◇ ：上一筆。
◇ ：下一筆。
◇ ：跳至最後一筆。
◇ ：修改。
◇ ：預覽。
◇ ：列印。
◇ ：印表機設定。
◇ ：查詢。
◇ ：開始搜尋。
◇ ：儲存。

接待管理系統操作說明

傳票輸入

功能說明

自行輸入傳票新增作業，或傳票未過帳前之修改、刪除、過帳、過帳還原及查詢等作業。

畫面說明

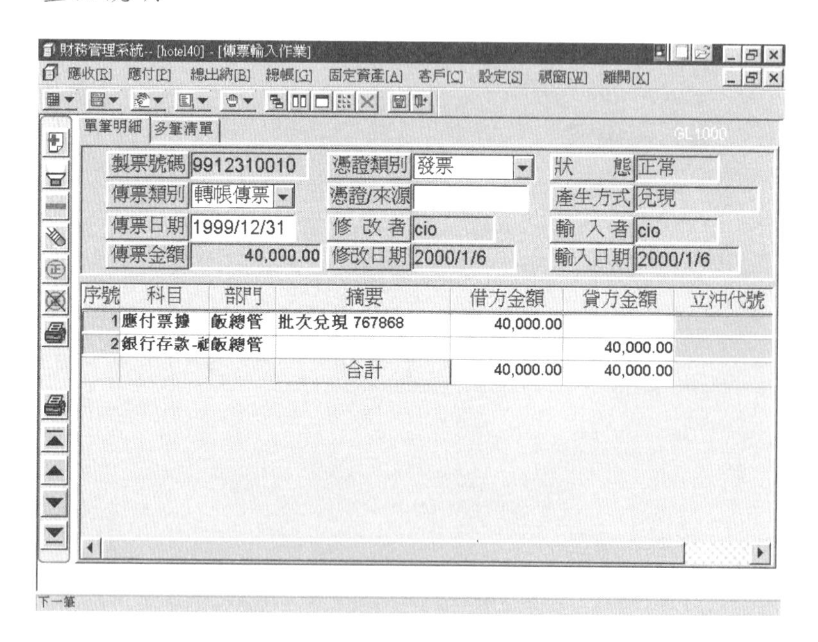

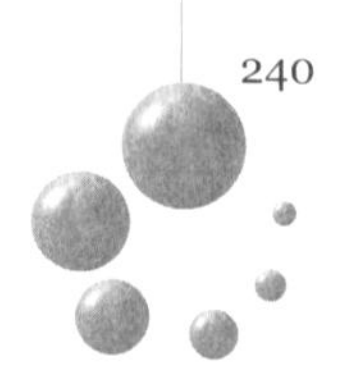

欄位說明

灰色部分由電腦產生，不可輸入，僅白色欄位可由使用者輸入。

1. 製票號碼：電腦自動產生，前六碼爲傳票日期 ，後四碼爲流水號。
2. 傳票號碼：傳票月結後所產生的流水號。
3. 傳票日期：傳票切立的日期。
4. 傳票金額：傳票的金額。
5. 憑證類別：由憑證類別對照檔帶出（設定——對照檔案維護——總帳——憑證類別對照檔），使用者可自行修改。例如：（1）發票；（2）收據；（3）支票；（4）折讓單；（5）內部憑證；（6）現金；（7）合約；（8）支出證明單；（9）其它；（10）購買證明。
6. 憑證／來源：憑證號碼或來源單號。
7. 狀態：傳票的狀態正常、過帳、刪除。
8. 產生方式：自行輸入或由各系統自動產生。
9. 傳票明細：

◇序號：此傳票借貸筆數的編號。

◇科目：傳票切立的科目。

◇部門：傳票切立的部門。

◇摘要：可輸入％選擇類似的摘要再進行修改，使用者亦可自行修改摘要對照檔的內容。

◇借方金額：傳票的借方金額。

◇貸方金額：傳票的貸方金額。

◇立沖代號：立沖帳的編號。

操作方法

進入傳票輸入作業後，點選左方的圖示 新增一筆傳票，或點選圖示 查詢傳票資料。

1.新增：新增一筆傳票（依序輸入白色欄位），點選 可增加一筆會計科目，點選 可刪除一筆會計科目，或點選常圖示，選擇適合之常用分錄，輸入完畢後，點選執行圖示，確定後電腦會自動產生製票號碼，其產生方式為自行輸入。

2.查詢：

◇在「多筆清單」狀態下可選擇輸入查詢條件，或不輸入條件直接點選查詢圖示。

◇查詢條件：製票號碼、狀態、傳票號碼、傳票日期、傳票金額、憑證類別、憑證/來源單號、產生方式、輸入者、輸入日期、修改者、修改日期。

◇查詢結果出現後，可選擇多筆清單或點選單筆明細顯示，執行次功能選項。

◇查詢後的次功能選項：

- ◆ 新增：新增一筆傳票（操作方式同上一層）。
- ◆ 查詢：可重新下條件查詢傳票。
- ◆ 刪除：刪除傳票，只有未過帳的傳票才可以刪除。
- ◆ 修改：正常狀態的傳票，才可修改，並可做傳票立沖，點選左下方圖示執行科目沖帳。
- ◆ 過帳：傳票過帳後，才可做月結。
- ◆ 過帳還原：將已過帳的傳票還原為正常，才可執行修改或刪除等功能，但如果該月份已做完傳票月結，則無法做過帳還原。

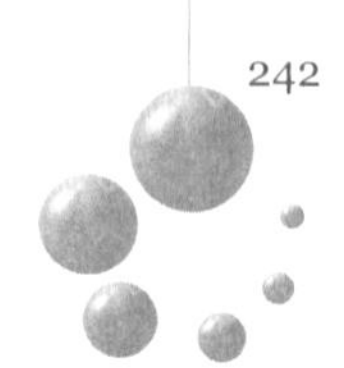

注意事項

1.借貸金額要相等。

2.傳票金額 ＝ 借方金額 ＝ 貸方金額。

固定傳票

功能說明

費用支出需每月攤提時，輸入固定傳票作業電腦會定期自動產生傳票。有關固定傳票之新增、查詢、刪除、修改等作業。

畫面說明

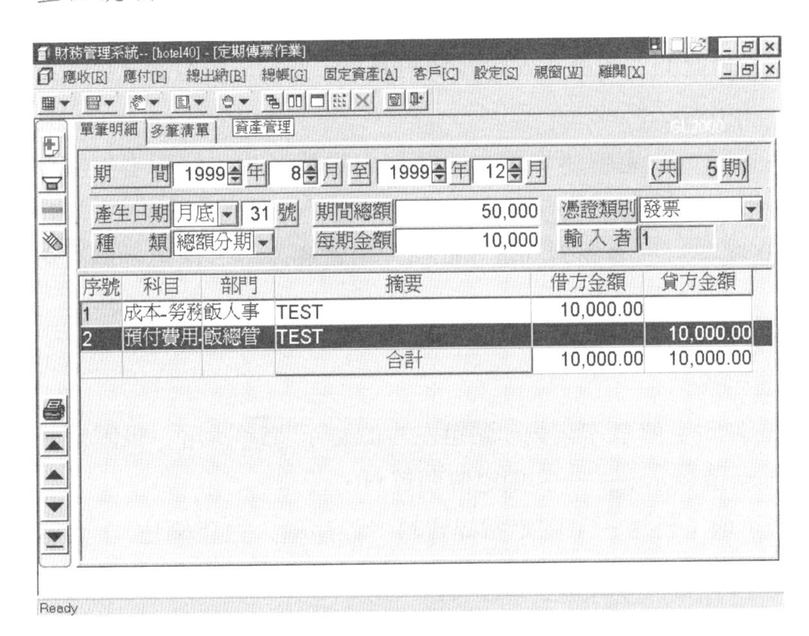

欄位說明

灰色部分由電腦產生，不可輸入，僅白色欄位可由使用者輸入。

1.期間：要產生固定傳票的期間，不可小於今天日期。

2.產生日期：每月固定產生的日期。

3.種類：每月固定或總額分期。

4.沖抵總額：以總額分期的方式攤提時，輸入沖抵總額，電腦會自動依期數分攤每月沖抵額。

5.每月沖抵額：以每月固定攤提的方式，輸入每月沖抵額。

6.憑證類別：使用者可自行設定（設定——對照檔案維護——總帳對照檔——憑證類別對照檔）。

7.狀態：新增、部分產生、產生完畢、刪除等。

8.累計總額：已產生固定傳票的總額，此欄位由電腦產生，使用者無法修改。

9.單號：固定傳票單號，此欄位由電腦產生，使用者無法修改。

10.次數：已攤提的次數，此欄位由電腦產生，使用者無法修改。

操作方法

進入固定傳票作業後，點選左方的圖示 新增一筆固定傳票，或點選圖示 查詢固定傳票資料。

1.新增：新增一筆固定攤提資料（依序輸入白色欄位），點選執行圖示後再輸入傳票內容（會計科目及摘要），確定後電腦會依期間固定產生傳票。

2.查詢：

◇在「多筆清單」狀態下可選擇輸入查詢條件，或不輸入條件直接點選查詢圖示。

◇查詢條件：固定傳票單號、輸入者、種類、狀態、每期沖抵額、產生日、憑證類別、期數。

◇查詢結果出現後，可選擇多筆清單或點選單筆明細顯示，執行次功能選項。

◇查詢後的次功能選項：

- ◆ 新增：新增一筆固定攤提資料（操作方式同上一層）。
- ◆ 查詢：可重新下條件查詢固定傳票。
- ◆ 刪除：未產生固定傳票的資料才可以刪除。
- ◆ 修改：未產生固定傳票的資料，才可作修改。

注意事項

1.攤提期間如果已開始產生固定傳票便無法再刪除或修改。

2.以「總額分期」方式攤提，將全部金額輸入「沖抵總額」欄位；以「每月固定」方式攤提，將每期分攤額輸入「每月沖抵額」欄位。

常用分錄

功能說明

對於要經常使用之傳票，可在此建立一個常用分錄代號，在傳票新增作業時可直接套用。

畫面說明

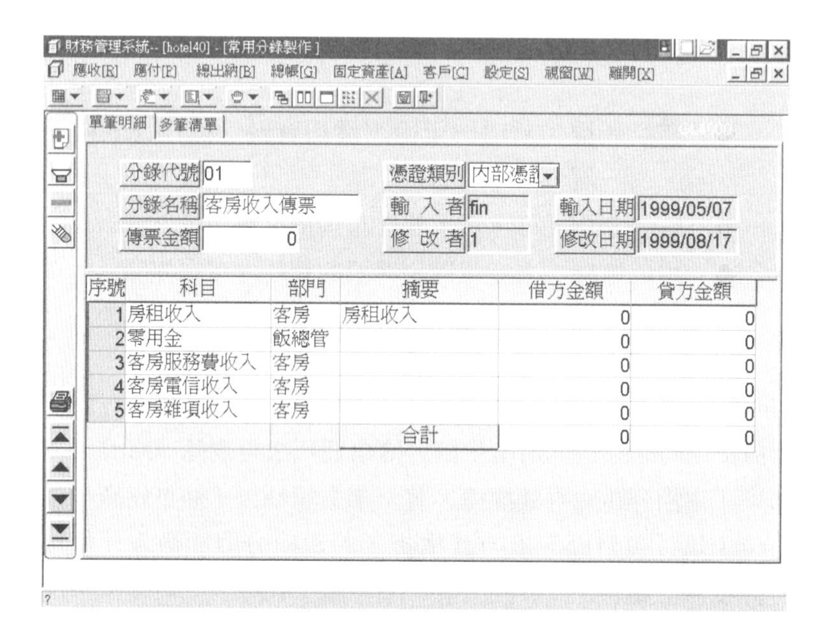

欄位說明

灰色部分由電腦產生，不可輸入，僅白色欄位可由使用者輸入。

1. 分錄名稱：此分錄之說明。
2. 憑證類別：憑證類別，使用者可自對照檔維護自行設定憑證種類。

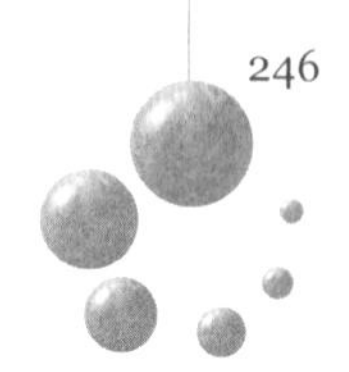

3.傳票金額：該張傳票常用之金額，日後產生該傳票時金額可再修改。

操作方法

進入常用分錄作業後，點選左方的圖示 新增一筆分錄，或點選圖示 查詢常用分錄內容。

1.新增：新增一筆常用分錄（依序輸入白色欄位），及輸入借、貸方會計科目後，點選執行圖示 儲存。

2.查詢：

◇在「多筆清單」狀態下可選擇輸入查詢條件或不輸入條件直接點選查詢圖示。

◇查詢條件：分錄代號、分錄名稱、傳票金額、憑證類型、輸入者、修改者。

◇查詢結果出現後，可選擇多筆清單或點選單筆明細顯示，執行次功能選項。

◇查詢後的次功能選項：

- ◆ 新增：新增一筆常用分錄（操作方式同上一層）。
- ◆ 查詢：可重新下條件查詢常用分錄。
- ◆ 刪除：刪除常用分錄代號。
- ◆ 修改：修改分錄內容，分錄代號不可更改。

預算管理

功能說明

有關費用科目的預算之新增、刪除等作業。

畫面說明

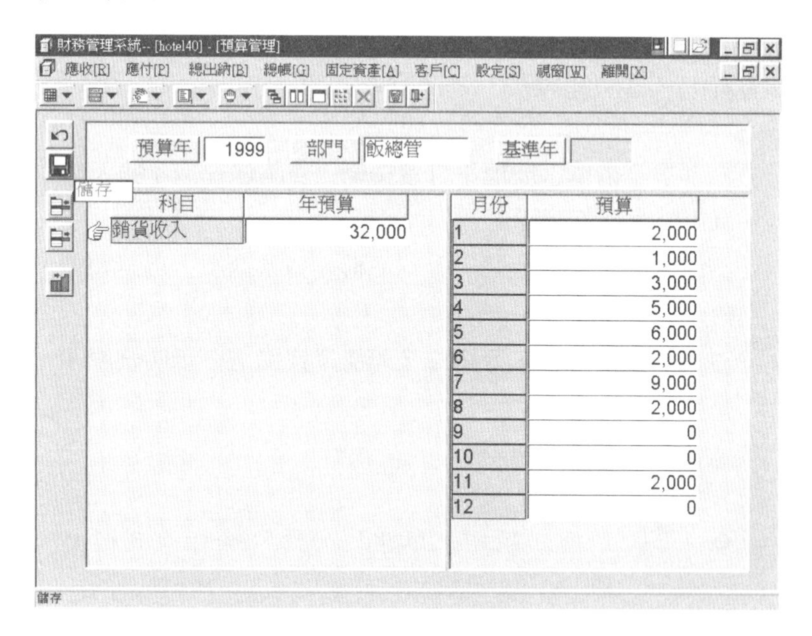

操作方法

進入預算管理作業後，選擇編制預算，新增或刪除一筆預算或直接修改金額，且按下平均預算鍵，便可將年預算平均至每月預算，結束前點選存檔或按滑鼠右鍵選擇儲存，資料才會更新。

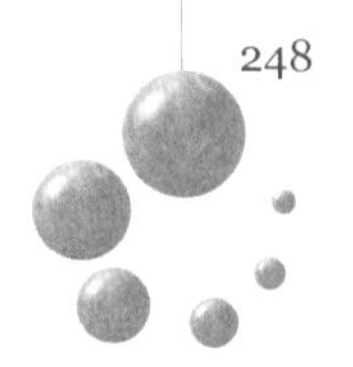

查詢

日記帳查詢

功能說明

已開立之傳票，電腦自動轉入日記帳，提供使用者查詢或列印。

畫面說明

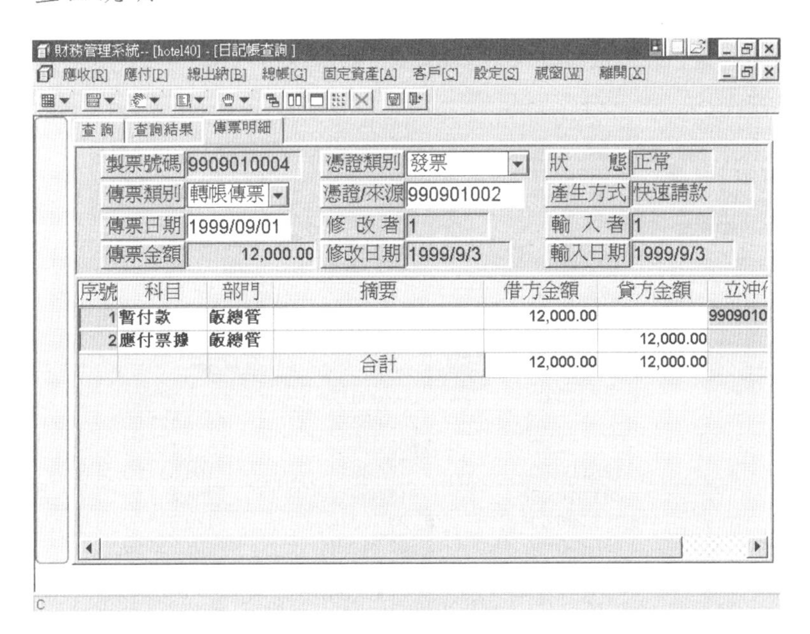

操作方法

1.進入日記帳查詢後，輸入查詢條件或直接點選圖示 查詢日記帳內容。

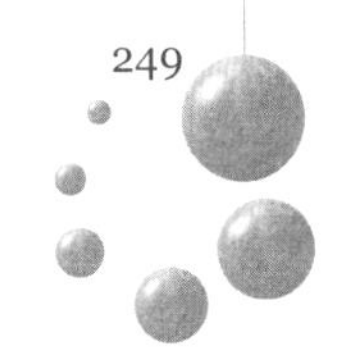

2. 查詢條件：製票號碼、傳票號碼、傳票日期、傳票金額、憑證類別、憑證號碼、輸入者、傳票狀態。

3. 查詢結果出現後，可選擇列印功能或點選傳票明細顯示。可顯示此期間之異動資料。

總帳查詢

功能說明

傳票過完帳且做完月結，電腦自動將科目借、貸金額彙總轉入總分類帳，提供使用者查詢或列印。

畫面說明

財務管理系統-- [hotel40] - [總分類帳查詢]

應收[R] 應付[P] 總出納[B] 總帳[G] 固定資產[A] 客戶[C] 設定[S] 視窗[W] 離開[X]

查詢 | 查詢結果 | 年度明細

科目代號 1103 銀行存款　　年度 1998

部門代號 1100 飯總管

過帳後餘額 226,966.00　　去年餘額 0.00

月份	當月借方金額	當月貸方金額	累計金額
6	10,007,123.00	4,000,000.00	6,007,123.00
7	0.00	2,200,000.00	3,807,123.00
8	0.00	3,800,000.00	7,123.00
9	197,000.00	17,286.00	186,837.00
10	883,020.00	813,368.00	256,489.00
11	8,363,566.00	8,798,732.00	-178,677.00
12	3,457,690.00	3,562,248.00	-283,235.00

查詢

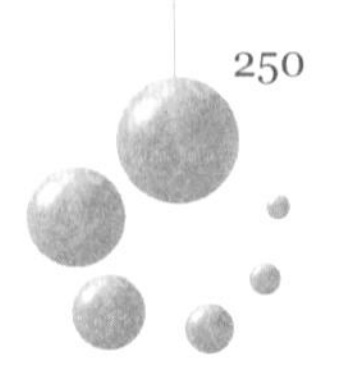

操作方法

1. 進入總分類帳查詢後，輸入查詢條件後點選圖示 查詢總帳內容。
2. 查詢條件：年度、科目代號、部門代號。
3. 查詢結果出現後，可選擇列印功能或點選年度明細，可顯示此科目之異動資料。

明細帳查詢

功能說明

已開立之傳票，電腦自動轉入明細帳，提供使用者查詢或列印。

畫面說明

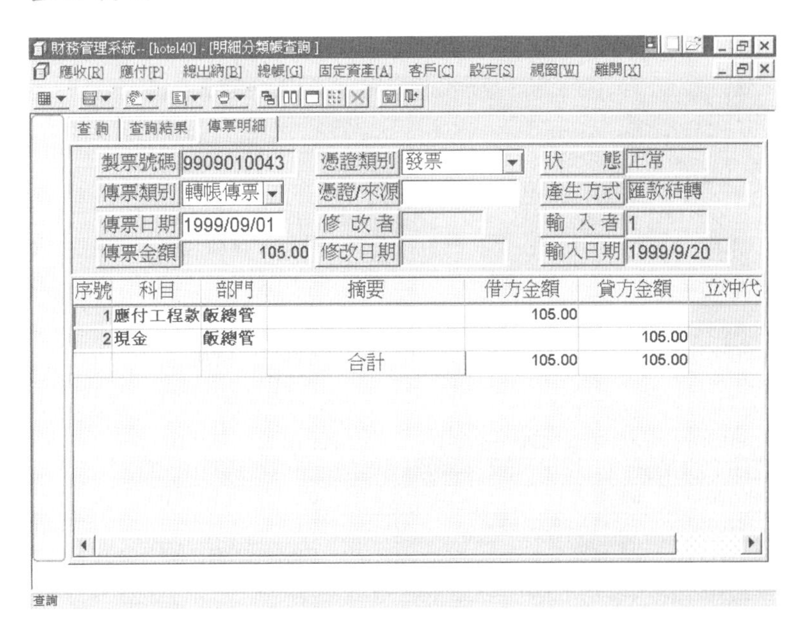

操作方法

1. 進入明細帳查詢後，輸入查詢條件或直接點選圖示 查詢明細帳內容。
2. 查詢條件：科目、傳票日期、部門、摘要、憑證類別、憑證號碼。
3. 查詢結果出現後，可選擇列印功能或點選 ，可顯示此期間之異動資料。

科目餘額查詢

功能說明

傳票過完帳後，電腦自動轉入科目餘額，提供使用者查詢或列印。

畫面說明

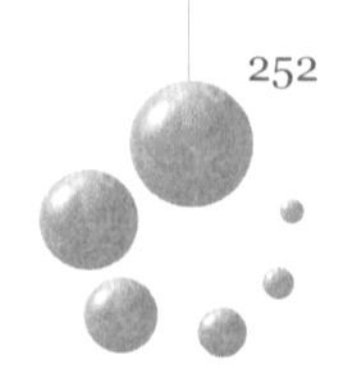

操作方法

1.進入科目餘額查詢後，輸入查詢條件後點選圖示 查詢該科目查詢期間之內容。

2.查詢條件：科目、傳票日期、部門、摘要、憑證類別、憑證號碼。

3.查詢結果出現後，顯示查詢期間之期初餘額、本期借方總計及貸方總計、製票號碼、期末餘額等明細，可選擇列印功能。

Chapter 14
應收帳款系統

應收帳款應於前檯系統作簽帳界之接收，或可獨立輸入應收帳款，應收帳之客戶資料需能與前檯業務部之客戶資料相關聯，飯店管理之應收帳款應可作到明細沖帳，此作業因客戶產生之多筆應收帳款在收款員回收時可能會遇到指帳明細，剩餘筆數下次收款再沖，電腦提供該客戶應收帳之詳細記錄與列印應收對帳單及應收款之餘額，及轉應傳票至總帳系統。

應收帳款系統的功能：

1. 應收帳款輸入作業：應收帳款輸入／刪除／修改／查詢／調整。
2. 應收帳款沖帳作業：應收帳款沖帳資料輸入／刪除／修改／查詢。
3. 壞帳管理：壞帳資料輸入／刪除／修改／查詢／沖回。
4. 信用卡沖帳作業：信用卡沖帳資料輸入／刪除／修改／查詢。
5. 報表作業。

應收帳款系統簡介

1.本系統爲財務管理系統之應收帳款管理作業 。

2.本系統採用西元年度。

畫面說明

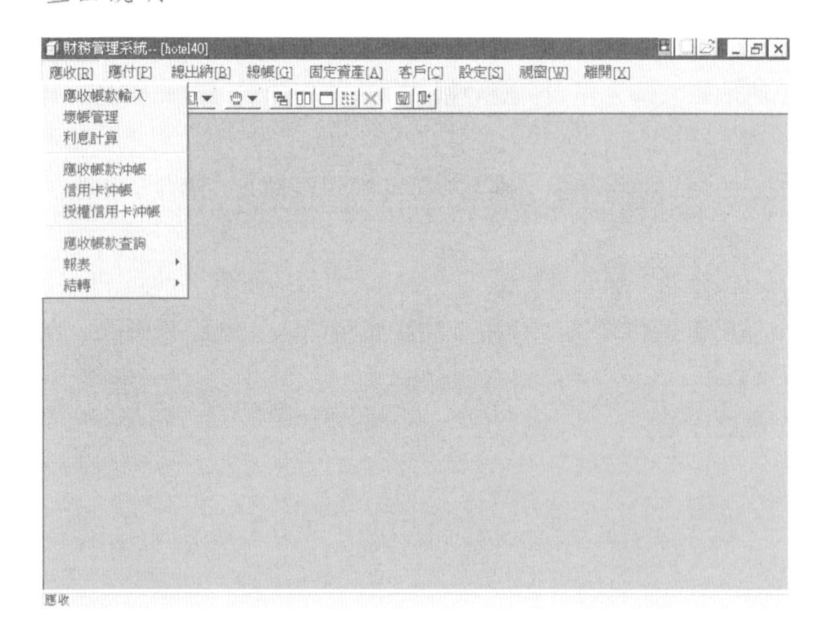

應收帳款系統功能簡介

應收帳款系統功能流程

應收帳款產生流程

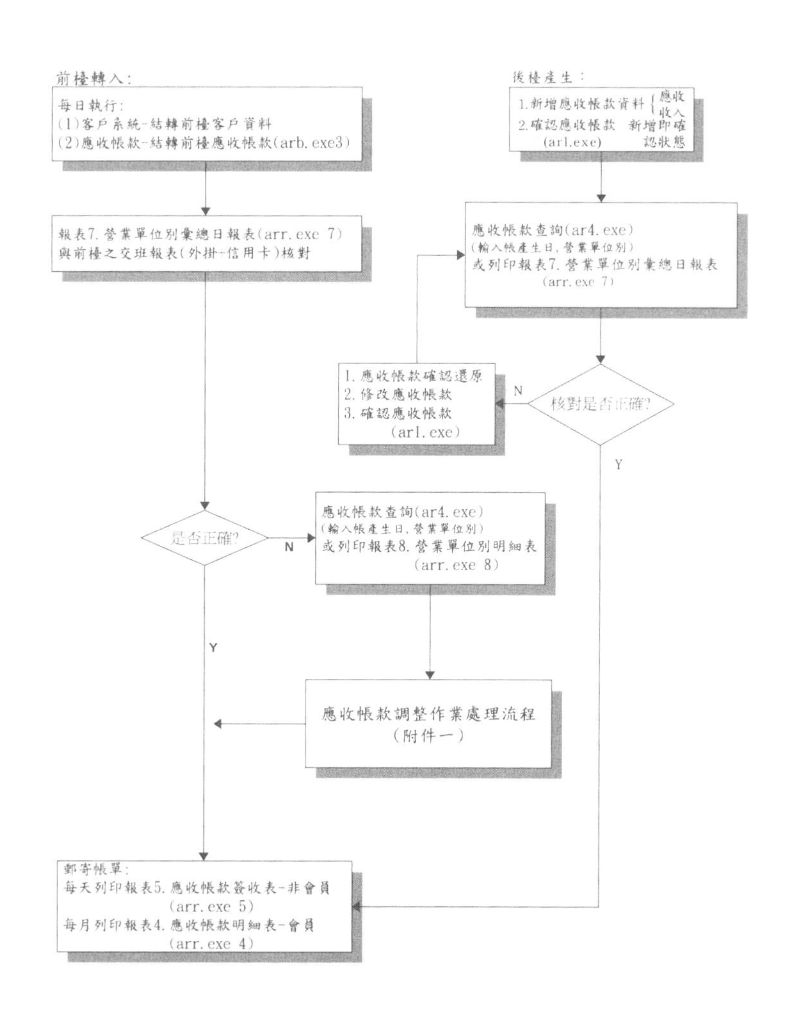

應收帳款收回流程

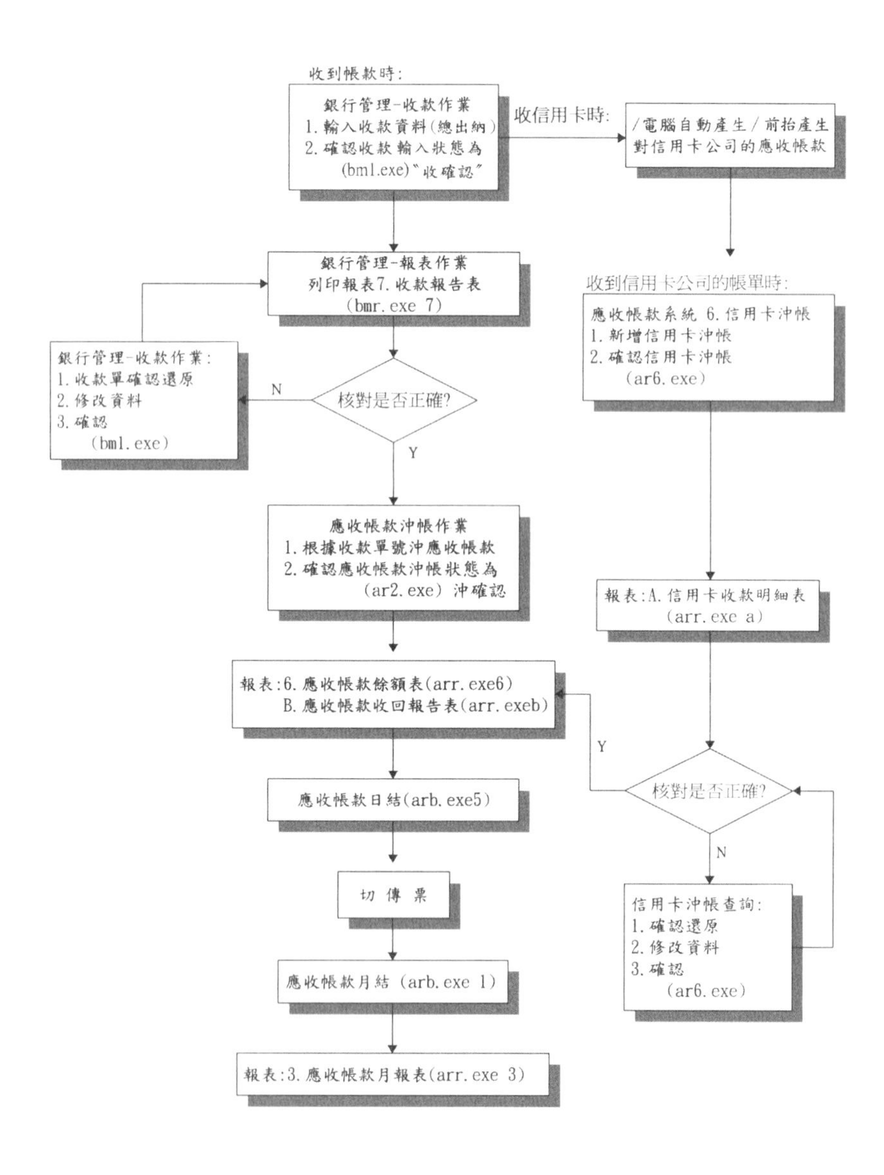

收到帳款時:
銀行管理-收款作業
1. 輸入收款資料(總出納)
2. 確認收款 輸入狀態為
(bml.exe)"收確認"
收信用卡時:
/電腦自動產生/前抬產生
對信用卡公司的應收帳款
銀行管理-報表作業
列印報表7. 收款報告表
(bmr.exe 7)
收到信用卡公司的帳單時:
應收帳款系統 6. 信用卡沖帳
1. 新增信用卡沖帳
2. 確認信用卡沖帳
(ar6.exe)
銀行管理-收款作業:
1. 收款單確認還原
2. 修改資料
3. 確認
(bml.exe)
N
核對是否正確?
Y
應收帳款沖帳作業
1. 根據收款單號沖應收帳款
2. 確認應收帳款沖帳狀態為
(ar2.exe) 沖確認
報表:A. 信用卡收款明細表
(arr.exe a)
報表:6. 應收帳款餘額表(arr.exe6)
B. 應收帳款收回報告表(arr.exeb)
Y
核對是否正確?
N
應收帳款日結(arb.exe5)
切 傳 票
信用卡沖帳查詢:
1. 確認還原
2. 修改資料
3. 確認
(ar6.exe)
應收帳款月結 (arb.exe 1)
報表:3. 應收帳款月報表(arr.exe 3)

應收帳款調整作業流程

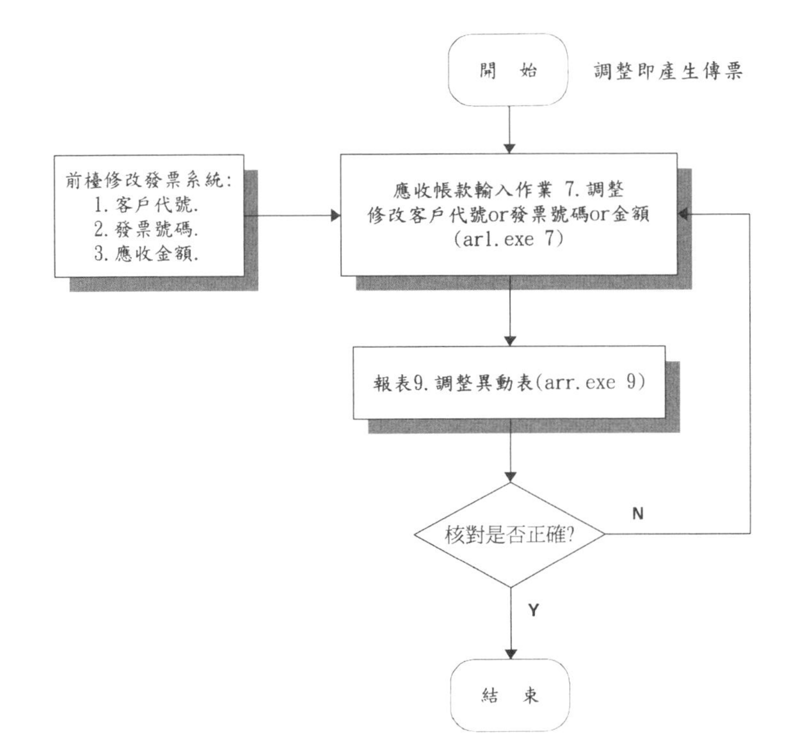
開　始
調整即產生傳票
前檯修改發票系統:
1. 客戶代號.
2. 發票號碼.
3. 應收金額.
應收帳款輸入作業 7. 調整
修改客戶代號or發票號碼or金額
(arl.exe 7)
報表9. 調整異動表(arr.exe 9)
核對是否正確?
N
Y
結　束

應收帳款壞帳作業流程

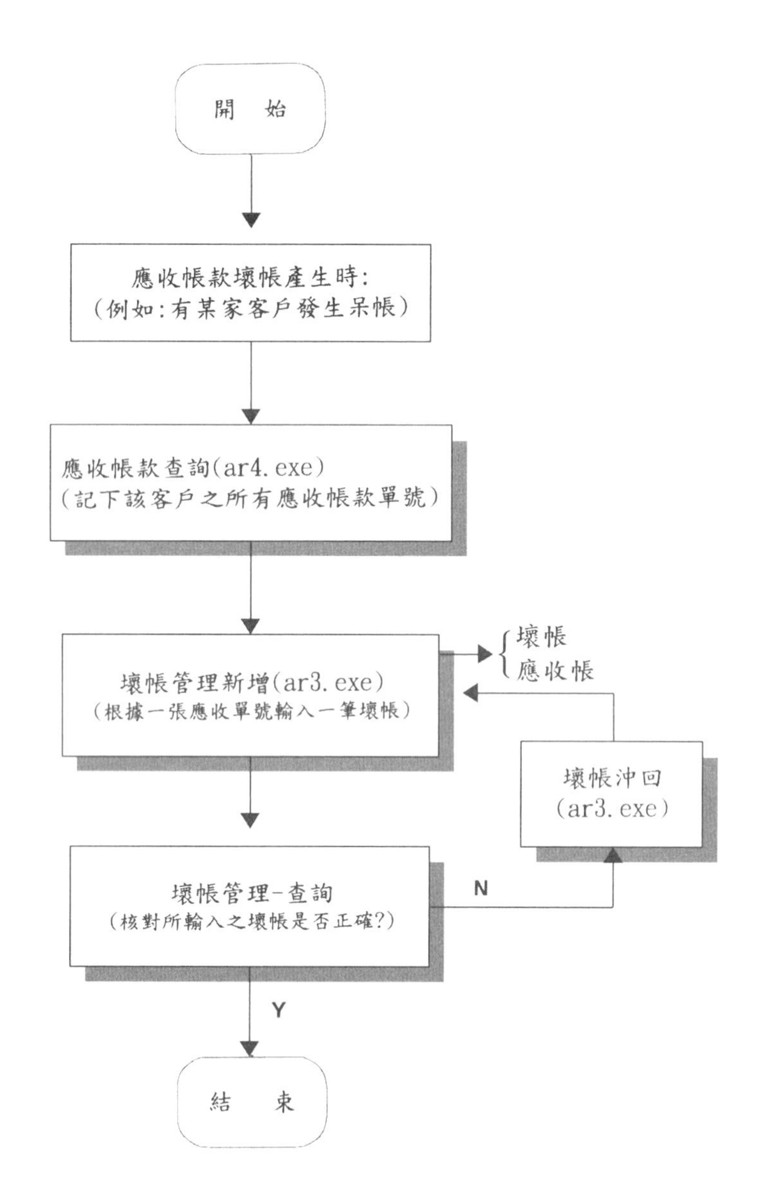
開　始
應收帳款壞帳產生時:
(例如:有某家客戶發生呆帳)
應收帳款查詢(ar4. exe)
(記下該客戶之所有應收帳款單號)
壞帳管理新增(ar3. exe)
(根據一張應收單號輸入一筆壞帳)
壞帳
應收帳
壞帳沖回
(ar3. exe)
壞帳管理-查詢
(核對所輸入之壞帳是否正確?)
N
Y
結　束

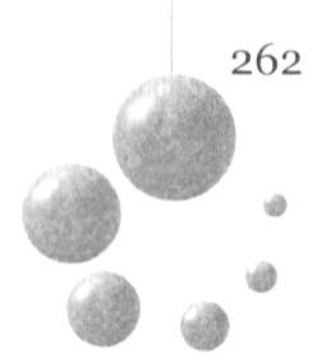

功能簡介

1.應收帳款輸入：應收帳款新增、查詢、修改、刪除、確認、確認還原、調整、修改傳票等作業。

2.壞帳管理：對於無法收回的帳款，針對該筆應收單號做壞帳新增、查詢、修改、刪除、確認、確認還原等作業。

3.利息計算：對逾期收回或逾期未收之應收帳款做利息計算之新增。

4.應收帳款沖帳：針對收款單沖應收帳款做新增、查詢、修改、刪除、確認、確認還原等作業。

5.信用卡沖帳：信用卡款收到時，同時做收款及沖帳的新增、查詢、刪除、修改、確認、確認還原等作業。

6.授權信用卡沖帳：對於有授權以信用卡付款之會員，做信用卡沖應收帳款之作業。

7.應收帳款查詢：查詢應收帳款，依客戶別統計出筆數、應收金額及未收金額並可列印。

8.報表：

◇應收帳款日計表。

◇應收帳款月報表。

◇應收帳款明細表（會員）。

◇請收帳款帳單簽收表（非會員）。

◇應收帳款餘額表。

◇營業單位別彙總日報表。

◇營業單位別明細表。

◇調整異動表。

◇信用卡收款明細表。

◇應收帳款帳齡分析表。

◇沖帳日報表。

◇暫收款月報表。

9.結轉：

◇應收月結：應收帳款月結或月結還原之作業。

◇應收日結：應收帳款日結或日結還原之作業。

10.QBE（Query By Example）查詢法：依照使用者的需要，輸入查詢的條件，電腦依照條件，搜尋符合的資料，顯示在螢幕上。

◇符號：

◆＝ 等於，不加等號也可以。

◆＞ 大於。

◆＞＝ 大於或等於。

◆＜ 小於。

◆＜＝ 小於或等於。

◆＜＞ 不等於。

◆like 如。

◇範例：

◆＝8301010001或8301010001 單號等於8301010001。

◆＞1000 某數字大於1000。

◆＞＝830601 某日期大於或等於民國83年6月1日。

◆＜1000 某數字小於1000。

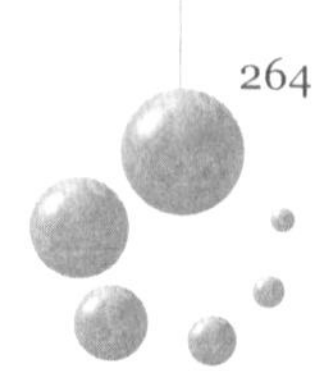

◆＜＝830601 某日期小於或等於民國83年6月1日。

◆＜＞N 某狀態不等於N，此查詢需輸入完整資料。

◆like a% 資料爲A開頭的所有資料。

11.系統Icon說明：

◇ ：新增。

◇ ：刪除。

◇ ：返回上一層。

◇ ：插入一筆明細。

◇ ：刪除一筆明細。

◇ ：清除查詢資料。

◇ ：離開系統。

◇ ：跳至第一筆資料。

◇ ：上一筆。

◇ ：下一筆。

◇ ：跳至最後一筆。

◇ ：修改。

◇ ：預覽。

◇ ：列印。

◇ ：印表機設定。

◇ ：查詢。

◇ ：開始搜尋。

◇ ：儲存。

應收帳款系統操作說明

應收帳款輸入

功能說明

應收帳款有兩種產生來源，一是由前檯系統會員簽帳或支付信用卡所產生之應收帳款，另一種方式便是由後檯財務系統應收帳款輸入作業新增一筆資料。

畫面說明

財務管理系統-- [hotel40] - [應收帳款輸入]

應收[R] 應付[P] 總出納[B] 總帳[G] 固定資產[A] 客戶[C] 設定[S] 視窗[W] 離開[X]

單筆明細 | 多筆清單

欄位	內容	欄位	內容
應收單號	991201005	狀　　態	刪除
客戶編號	001　附號 00	輸 入 者	cio
總公司	001	確 認 者	
客戶名稱	德安資訊	修 改 者	cio
會員卡號	001	修改日期	2000/12/20
產生日期	1999/12/01		
原始 應收金額	5,000	發票號碼	
調整後 應收金額	5,000	產生方式	自行輸入
已收金額	0	營業單位	飯總管
未收金額	5,000	產生單號	
應收日期	1999/12/01	團　　號	
收款日期		借方科目	11432
傳票號碼	9912010002	科目名稱	應收款外掛
備　　註			

欄位說明

灰色部分由電腦產生，不可輸入，僅白色欄位可由使用者輸入。

1.應收單號：應收單號碼，由電腦產生，前六碼爲帳款產生日期，後三碼爲流水號。
2.狀態：應收單號目前的狀態：正常、確認、刪除、收部分、收清。
3.客戶編號：客戶的代號，直接輸入編號或%鍵按<Enter>，可顯示所有可輸入的客戶編號，電腦並自動帶出附號、客戶名稱及會員卡號。
4.產生日期：應收帳款發生的日期。
5.（原始）應收金額：第一次輸入的金額，此欄位不允許輸入。
6.（調整後）應收金額：正確的應收金額（如無調整則原始金額等於調整後金額）。
7.已收總額：該筆應收單已沖帳的金額。
8.未收總額：該筆應收單未沖帳的金額。
9.應收日期：預計應收回的日期。
10.收款日期：如有收款發生，且做完應收沖帳，電腦自動帶出收款日。
11.傳票號碼：執行完總帳系統前台結轉傳票後，電腦會自動帶出傳票號碼。
12.發票號碼：此筆應收帳的發票號碼。
13.產生方式：產生此應收帳款之方式，本欄爲電腦自動給值，不可輸入。
14.營業單位：產生此應收帳款之營業單位代碼，並會自動帶出其相對應的營業單位名稱，此欄可按%鍵查詢。

15.產生單號：由何張單據產生本應收帳款，如ORDER單。

16.團號：旅行團的團號。

17.科目代號：產生應收帳款時，傳票之借方科目（沖帳時轉爲貸方科目）。

操作方法

進入應收帳款後，點選左方的圖示 新增一筆應收帳款，或點選圖示 查詢應收帳款。

1.新增：新增一筆應收帳款資料（依序輸入白色欄位），輸入完畢後，點選執行圖示，確定後電腦會自動產生應收單號並顯示該筆資料之傳票內容，核對或修改正確後，點選執行圖示存檔。

2.查詢：

◇在「多筆清單」狀態下可選擇輸入查詢條件或不輸入條件直接點選查詢圖示。

◇查詢條件：應收單號、客戶代號、附號、應收金額、未收金額、狀態、產生日期、應收日期。

◇查詢結果出現後，可選擇多筆清單或點選單筆明細顯示，執行次功能選項。

◇查詢後的次功能選項：

- 新增：新增一筆應收帳款資料（操作方式同上一層）。
- 查詢：可重新下條件查詢應收帳款。
- 刪除：刪除應收帳款，只有未確認的應收單號才可以刪除。
- 修改：未確認的應收帳款資料，才可作修改。

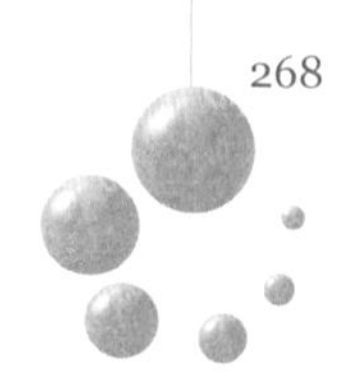

- ◆ 確認：未確認的應收帳款資料，才可作確認。
- ◆ 確認還原：確認的應收帳款且未調整的資料，才可作確認還原。
- ◆ 調整：由前檯系統產生或是自行輸入，但已做過日結的應收帳款才可做調整，可調整的欄位：客戶代號、應收金額及發票號碼。
- ◆ 修改傳票：傳票月結前，才可修改傳票內容。點選修改傳票圖示後，先出現單筆明細，再點選執行圖示 ，即可進行傳票修改作業。

注意事項

1. 產生日期不可早於應收日結日期，且應收日期不可早於產生日期。
2. 前台產生之應收帳款，只可調整客戶，應收金額及發票號碼。注意如果有調整金額，傳票內容要記得修改。
3. 修改應收帳款時，帳款產生日不允許被修改。

壞帳管理

功能說明

對於無法收回的帳款，針對該筆應收單號做壞帳作業（應收單狀態爲確認部分），且可同時產生壞帳傳票。

畫面說明

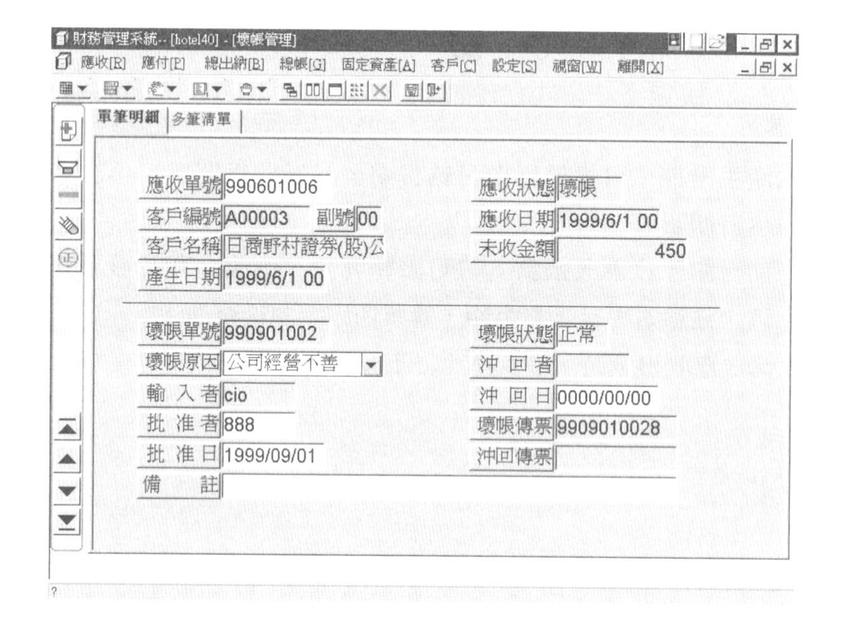

欄位說明

灰色部分由電腦產生，不可輸入，僅白色欄位可由使用者輸入。

1. 應收單號：無法收回之應收單號，僅確認或收部分之應收單才可做壞帳。
2. 壞帳單號：壞帳作業輸入完成後，電腦根據批准日產生，

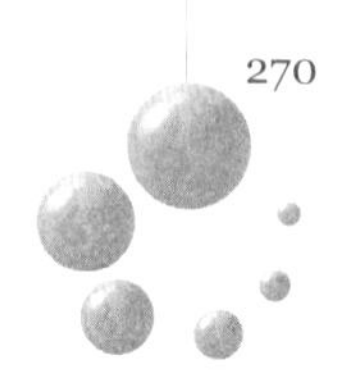

後三碼為流水號。

3.壞帳原因：可由對照檔設定壞帳原因。

4.批准者：僅有設定權限之使用者工號才可為批准者，否則請至設定作業增加使用者權限。

5.壞帳狀態：正常、沖回、刪除。

操作方法

進入壞帳管理後，點選左方的圖示 新增一筆資料，或點選圖示 查詢壞帳。

1.新增：新增一筆壞帳資料（依序輸入白色欄位），輸入完畢後，點選執行圖示，確定後電腦會自動產生壞帳單號並詢問是否要產生傳票，如選擇「是」則電腦顯示出該傳票內容，核對或修改正確後，點選執行圖示存檔。

2.查詢：

◇在「多筆清單」狀態下可選擇輸入查詢條件，或不輸入條件直接點選查詢圖示。

◇查詢條件：壞帳單號、應收單號、狀態、壞帳原因、未收金額、批准者、輸入者、客戶編號、壞帳傳票、沖回傳票。

◇查詢結果出現後，可選擇多筆清單或點選單筆明細顯示，執行次功能選項。

◇查詢後的次功能選項：

- ◆ 新增：新增一筆壞帳（操作方式同上一層）。
- ◆ 查詢：可重新下條件查詢壞帳單號。
- ◆ 刪除：刪除壞帳單號。

- 修改：未確認的壞帳資料，才可作修改。
- 壞帳沖回：提列壞帳後，又收回該款項時才做壞帳沖回，該筆壞帳狀態變爲「沖回」。

利息計算

功能説明

對逾期未收或逾期收回之應收帳款做加計利息計算。

畫面説明

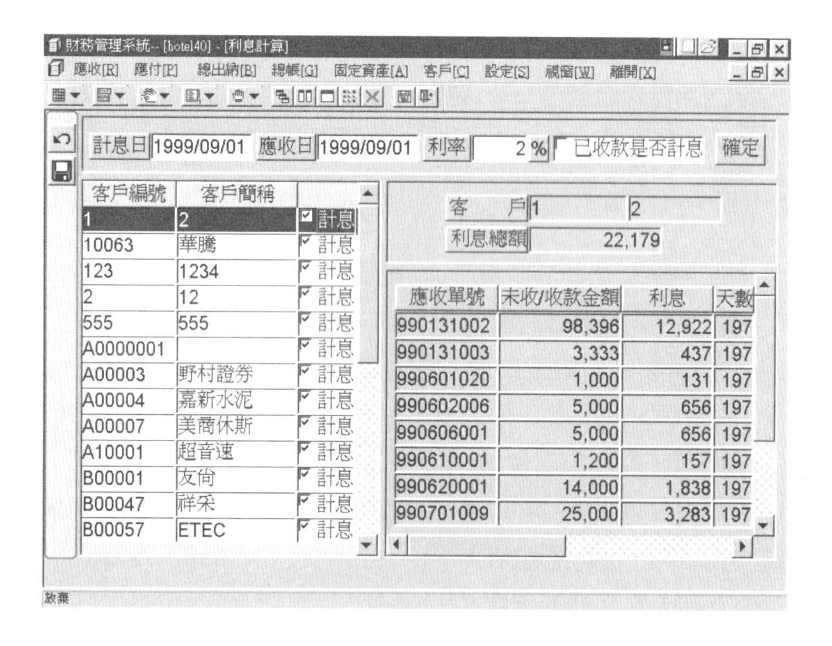

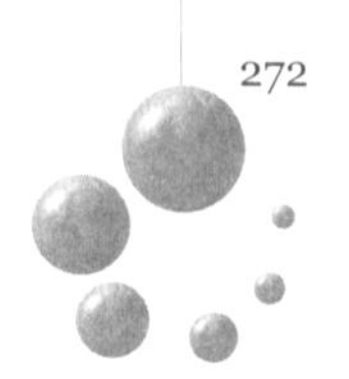

欄位說明

1.計息日：自應收單之應收日期起算，到計息日爲止之計算天數。

2.應收日：輸入此欄位之應收日後，下方顯示此日期前未收之應收資料。

3.利率：以月息計算（每月30天計）。

4.已收款是否計息：逾期收回之應收款，是否自應收日起至計息日加計利息。

5.利息：未收金額×利率，後再除以 30（天）×天數。

6.天數：計息日－應收單之應收日期之天數。

操作方法

輸入第一行之計息日、應收日、利率及選擇是否計算已收款利息等，按確定後，左方顯示客戶編號及簡稱，右方顯示逐筆計算之利息明細，並加總於上方之利息總額，按執行圖示 後，電腦自動計算利息並一客戶產生一筆應收單號。

應收帳款沖帳

功能說明

收款作業完成後，依收款單號做應收帳款沖帳。如果帳款有多收，在「暫收款」輸入負數（－）金額，以減少沖抵總額。如要以前期暫收款（或會員保證金）扣抵本期應收帳款，在「暫收款」（或「保證金」）輸入正數金額，沖抵總額會增加。

畫面說明

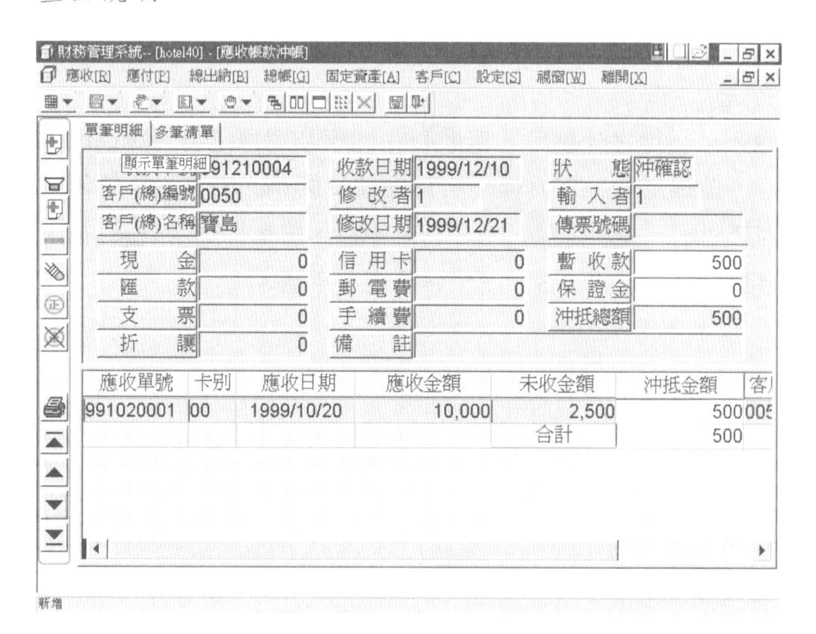

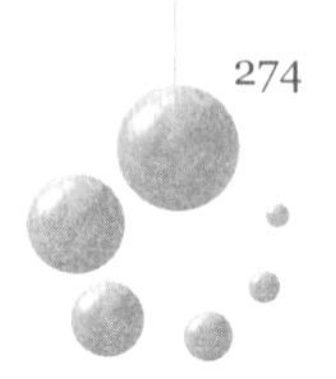

欄位說明

灰色部分由電腦產生，不可輸入，僅白色欄位可由使用者輸入。

1. 收款單號：由總出納收款完畢產生之單號，電腦自動帶出明細。
2. 狀態：應收沖帳目前的狀態：收確認、沖確認、沖帳、刪除。
3. 暫收款：暫收款的金額，發生時輸入「負值」，沖抵暫收款時輸入「正值」。
4. 保證金：沖抵保證金做爲應收帳款，只可輸入「正值」。
5. 沖抵總額：可沖抵應收帳款的總額。
6. 應收單號：電腦自動帶出該客戶所有未沖帳之應收單號。
7. 卡別：客戶編號之附號，用以區別正、附卡之分。
8. 沖抵金額：電腦會先依序帶全額沖抵，如要做部分沖帳，可修改充抵金額，唯合計必須要等於沖抵總額。

操作方法

進入應收帳款沖帳後，點選左方的圖示 ，查詢所有未沖帳之收款單號。

1. 可選擇輸入查詢條件或不輸入條件直接點選執行圖示，進行查詢。
2. 查詢條件：收款單號、客戶代號、沖抵總額、輸入者、確認者、收款日期、狀態。
3. 查詢結果出現後，可選擇多筆清單或點選單筆明細顯示，執行次功能選項：

◇ 查詢：可重新下條件查詢未沖帳之收款單資料。

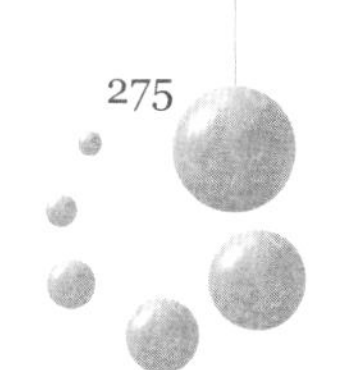

◇ 新增：新增應收帳款沖帳資料，輸入暫收款或沖抵保證金金額後，核對沖抵金額無誤，點選執行圖示完成應收沖帳資料。

◇ 刪除：刪除應收帳款沖帳，未確認的收款沖帳才可以刪除。

◇ 修改：未確認的應收帳款沖帳，才可作修改。

◇ 確認：未確認的收款沖帳資料，才可作確認。

◇ 確認還原：未日結且已確認的收款沖帳，才可作確認還原。

注意事項

1. 已日結過的資料，無法修改或刪除。
2. 暫收款發生時，輸入「負數」暫收金額；沖消暫收款請輸入「正數」沖抵金額。欲查詢該客戶暫收款餘額，請輸入一個較大金額（正數），電腦會顯示帳上餘額。
3. 以保證金沖抵應收帳款時，輸入「正數」金額（保證金不可輸入負數）。

信用卡沖帳

功能說明

收到信用卡銀行匯款通知書，由此做收款新增並同時做信用卡沖帳。

畫面說明

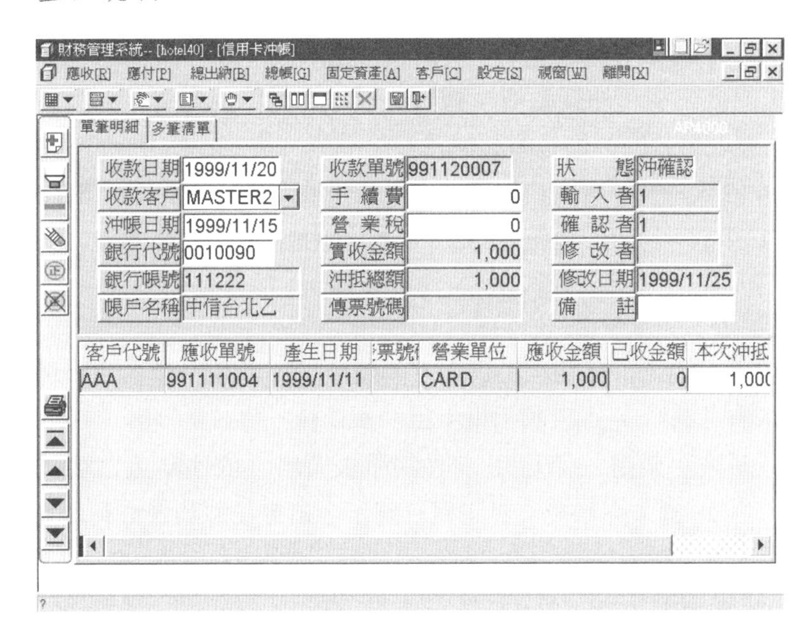

欄位說明

灰色部分由電腦產生，不可輸入，僅白色欄位可由使用者輸入：

1. 收款單號：收款單號碼，由電腦自動產生，前六碼為收款日期，後三碼為流水號。
2. 狀態：收款單狀態：沖確認、沖帳、刪除。

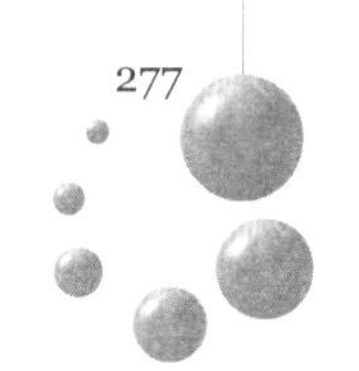

3.收款客戶：信用卡的代號，直接輸入代號，或按▼選擇收款的信用卡代號。

4.銀行代號：信用卡公司匯款的銀行代號。

5.銀行帳號：輸入銀行代號後，電腦自動帶出銀行帳號及帳戶名稱。

6.手續費：此次匯款所扣除的手續費用。

7.營業稅：本次收款所負擔的營業稅（給信用卡公司的）。

8.實收金額：實收金額 ＝ 帳款總額－手續費－營業稅。此欄位為電腦自動計算。

9.沖抵總額：沖抵應收單號的總額，此欄位為電腦自動計算應收帳款的沖帳金額的總和。

10.應收單號：電腦自動帶出信用卡未收款的應收帳款單號。

11.沖抵：利用空白鍵＜Space Bar＞切換，y表示要沖帳。

操作方法

進入信用卡沖帳後，點選左方的圖示 新增一筆信用卡沖帳，或點選圖示 查詢信用卡已沖帳資料。

1.新增：新增一筆信用卡收款沖帳資料（依序輸入白色欄位），輸入完畢後，點選執行圖示，確定後電腦會自動產生收款單號。

2.查詢：

◇在「多筆清單」狀態下可選擇輸入查詢條件，或不輸入條件直接點選查詢圖示。

◇查詢條件：收款單號、狀態、客戶編號、收款日期、實收金額、手續費、沖抵總額、輸入者、行庫代號、帳戶號碼、傳票號碼。

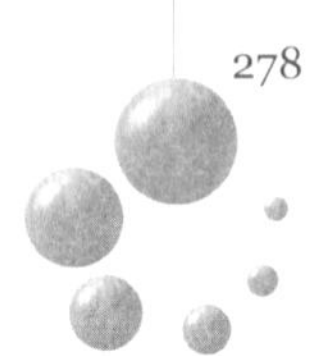

◇查詢結果出現後，可選擇多筆清單或點選單筆明細顯示，執行次功能選項。

◇查詢後的次功能選項：

- ◆ 新增：新增一筆信用卡沖帳資料（操作方式同上一層）。
- ◆ 查詢：可重新下條件查詢信用卡沖帳資料。
- ◆ 刪除：同時刪除收款及沖帳作業，只有未確認的收款單才可以被刪除。
- ◆ 修改：未確認的收款單資料，才可作修改。
- ◆ 確認：未確認的收款單資料，才可作確認。
- ◆ 確認還原：確認的收款單，才可作確認還原。

注意事項

未收款明細爲產生日期小於等於收款日期，所有已確認的應收帳（例：收款日 1998／02／10 明細只會列出產生日1998／02／10及以前的明細）。

授權信用卡沖帳

功能說明

在前檯會員系統有輸入授權信用卡資料之會員，直接以信用卡沖應收帳款作業。

畫面說明

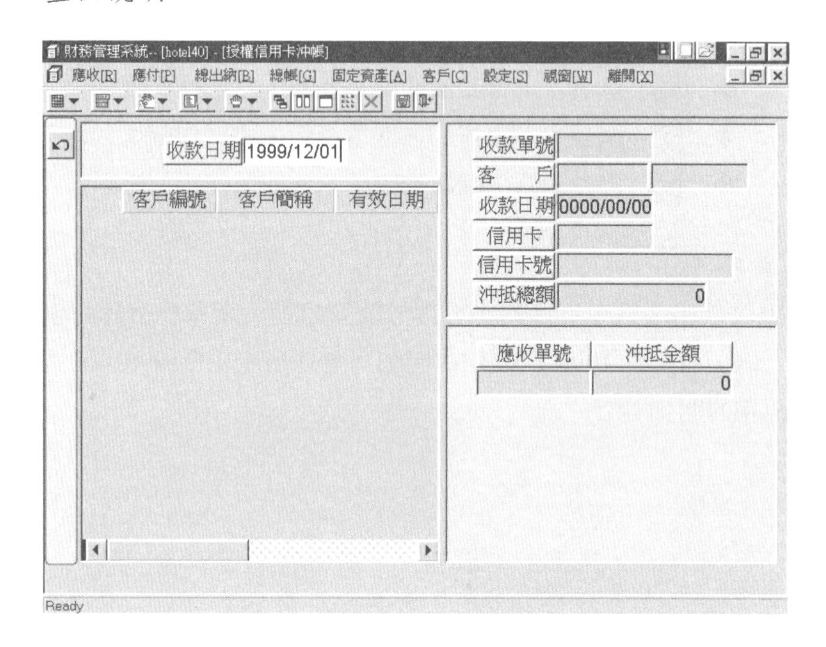

操作方法

輸入收款日期後，左下方出現有授權之客戶（會員）名稱及有效日期，游標所在反白之處，右下方畫面出現該客戶之應收單號及沖抵金額，點選客戶是否沖帳，按執行圖示 後，電腦自動將要沖帳之客戶產生一筆「收款單號」亦同時做完總出納之收款作業及應收帳款之沖應收等作業。

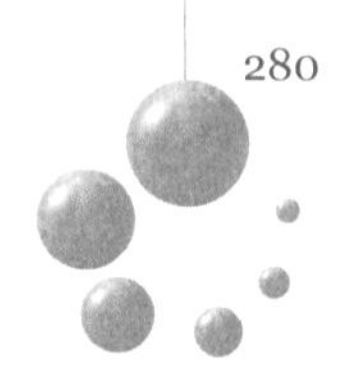

應收帳款查詢

功能說明

1.進入應收帳款查詢後，可選擇輸入查詢條件，或不輸入條件直接點選查詢圖示。

2.查詢條件：應收單號、狀態、客戶編號、附號、產生日期、應收日期、收款日期、應收金額、已收金額、未收金額、傳票號碼、發票號碼、產生方式、營業單位、產生單號、團號、備註、輸入者、確認者、修改者、修改日期。

3.查詢結果出現在以下畫面。

畫面說明

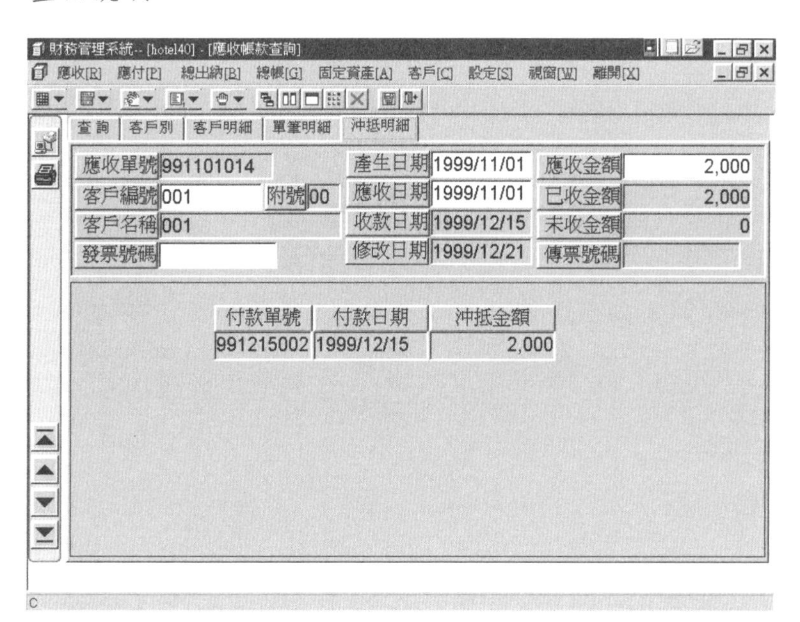

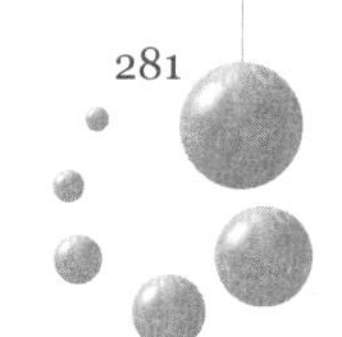

1.將游標移至客戶反白處，連續點滑鼠左鍵二次，可進入客戶明細。

2.在客戶明細下，連續點滑鼠左鍵二次，可進入單筆明細，畫面同應收帳款新增。

列印方法

1. 列印設定：印表機設定。
2. 列印。

結轉

應收月結

功能說明

應收帳款月結或月結還原作業，做完月結才可列印當月之月報表。

畫面說明

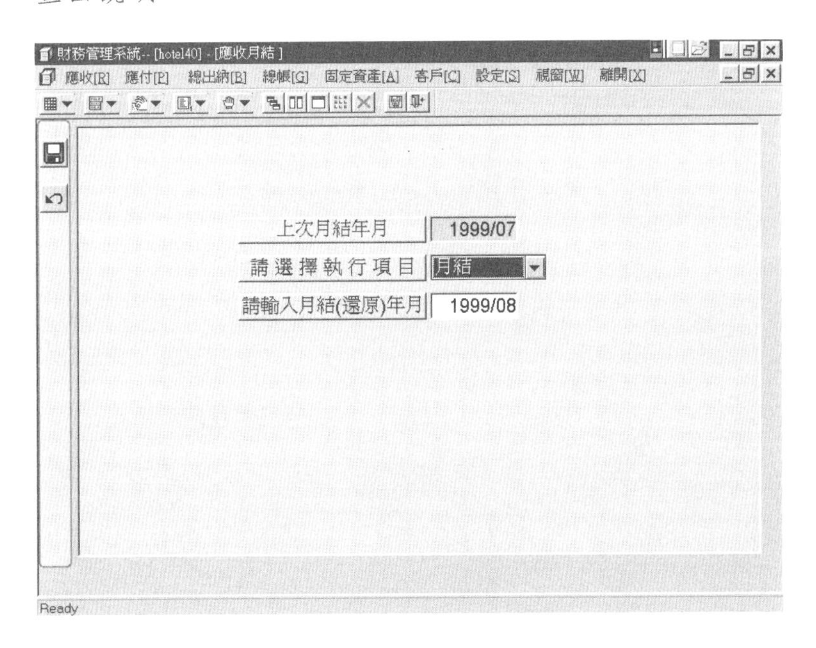

欄位說明

1.上次月結年月：電腦自動帶出已做至月結年月，此欄位不能輸入。

2.選擇執行項目：可選擇執行月結或還原作業。

3.輸入月結（還原）年月：輸入要執行月結或還原的年月。

注意事項

1.必須先執行完當月底之日結作業後，才可做該月份之月結。且必須逐月做月結，不可跨月份。

2.月結還原必須從最後的月份逐月還原。

應收日結

功能說明

應收帳款日結或日結還原作業，做完月底之日結才可做該月份之月結。

畫面說明

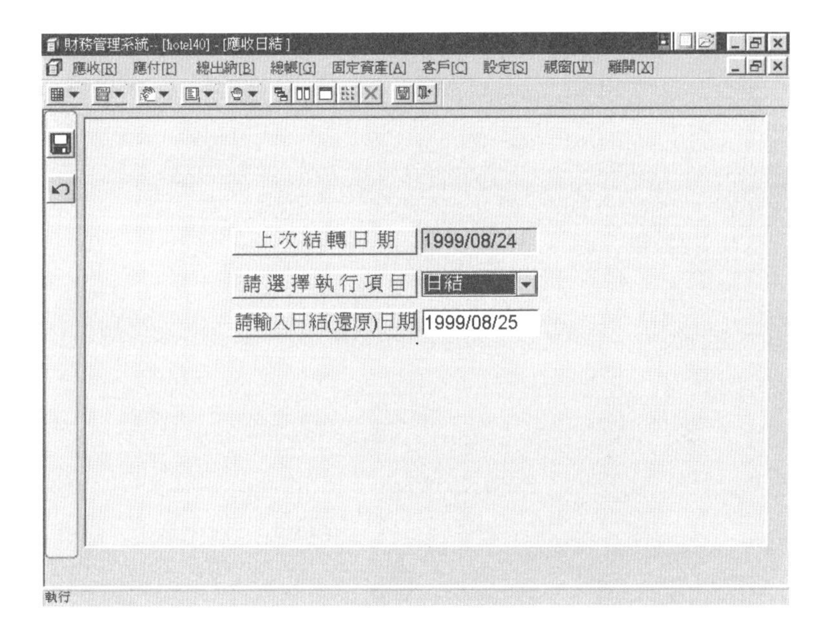

欄位說明

1.上次結轉日期：電腦自動帶出已做至日結日期，此欄位不能輸入。

2.選擇執行項目：可選擇執行日結或還原作業。

3.輸入日結（還原）日期：輸入要執行日結或還原的日期。

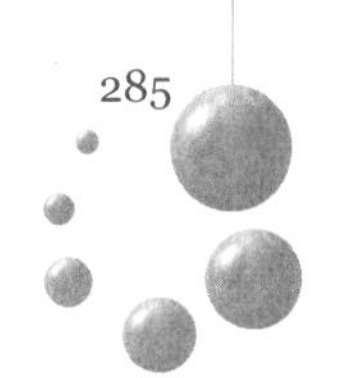

注意事項

1. 執行完應收日結後，在該日期前之應收帳款均不能再更改，如需修改要先日結還原至該日期。
2. 日結日期不須逐日做，可以跨日，但日結還原就要逐日往前還原，且如有跨月，注意月結還原。

Chapter 15
應付帳款系統

應付帳款應於旅館採購部門驗收後自動轉應付帳款，或可獨立輸入應付帳款，一般應付帳款可區分兩類：一般應付帳款及快速應付帳款，這與管理制度有關。應付帳款也同樣有明細付款處理之作業，一般飯店業會遇到應付帳款之憑證不完整而暫不付款，也可有廠商交貨品質不良而有折扣金額處理，電腦提供該廠商每月應付款明細核對表，及轉應付傳票至總帳系統。

1. 應付帳款輸入作業：應付帳款輸入／刪除／修改／查詢／調整。
2. 應付帳款沖帳作業：

◇單筆沖帳：應付帳款沖帳資料輸入／刪除／修改／查詢。

◇批次沖帳：現金／支票。

3. 拒付管理：拒付資料輸入／刪除／修改／查詢／沖回。
4. 報表作業。

應付帳款系統簡介

1.本系統為財務管理系統之應付帳款管理作業。

2.本系統採用西元年度。

畫面說明

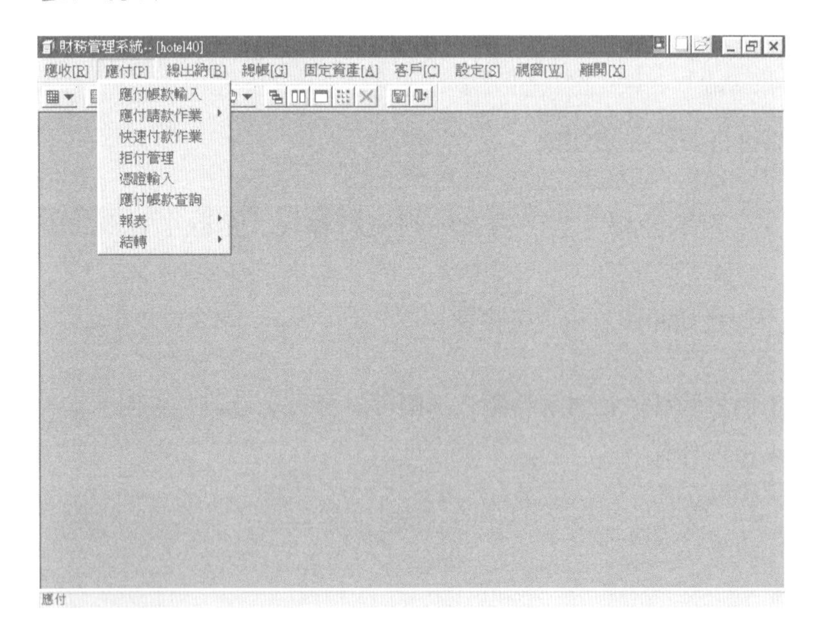

應付帳款系統功能簡介

應付帳款產生流程

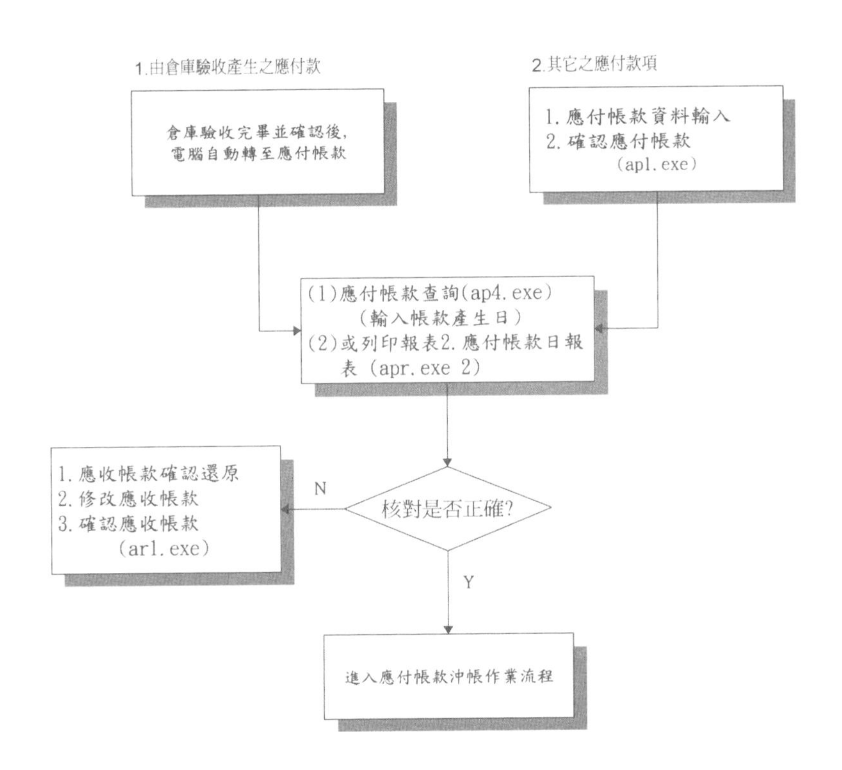

應付帳款付款作業流程

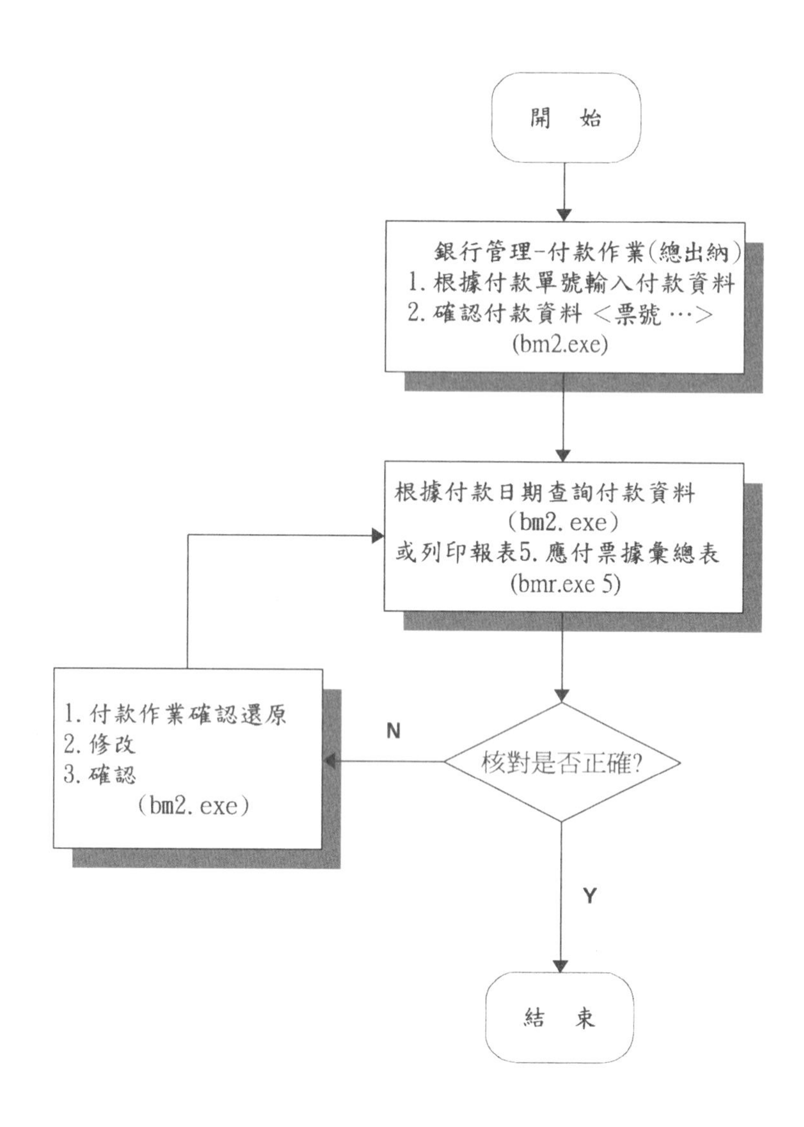
開　始
銀行管理-付款作業(總出納)
1. 根據付款單號輸入付款資料
2. 確認付款資料 <票號 …>
(bm2.exe)
根據付款日期查詢付款資料
(bm2. exe)
或列印報表5. 應付票據彙總表
(bmr.exe 5)
核對是否正確?
N
1. 付款作業確認還原
2. 修改
3. 確認
(bm2. exe)
Y
結　束

應付帳款沖帳流程

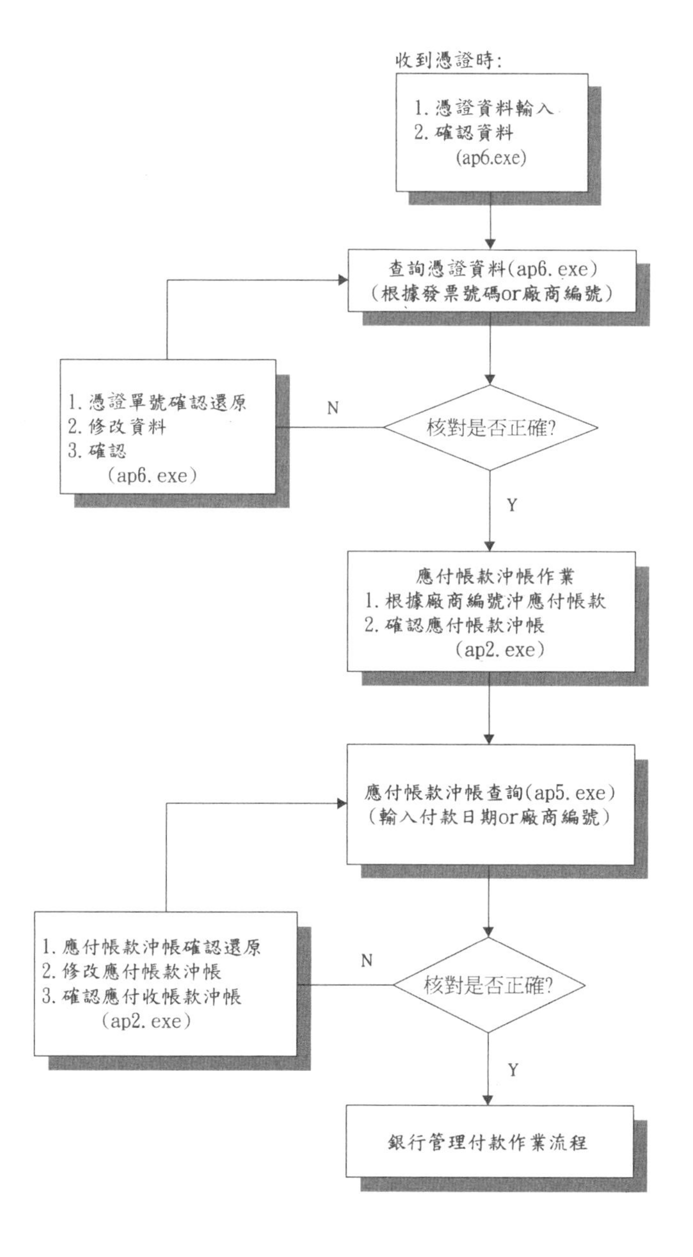
收到憑證時:
1. 憑證資料輸入
2. 確認資料
(ap6.exe)
查詢憑證資料(ap6.exe)
(根據發票號碼or廠商編號)
1. 憑證單號確認還原
2. 修改資料
3. 確認
(ap6.exe)
N
核對是否正確?
Y
應付帳款沖帳作業
1. 根據廠商編號沖應付帳款
2. 確認應付帳款沖帳
(ap2.exe)
應付帳款沖帳查詢(ap5.exe)
(輸入付款日期or廠商編號)
1. 應付帳款沖帳確認還原
2. 修改應付帳款沖帳
3. 確認應付收帳款沖帳
(ap2.exe)
N
核對是否正確?
Y
銀行管理付款作業流程

應付帳款拒付作業流程

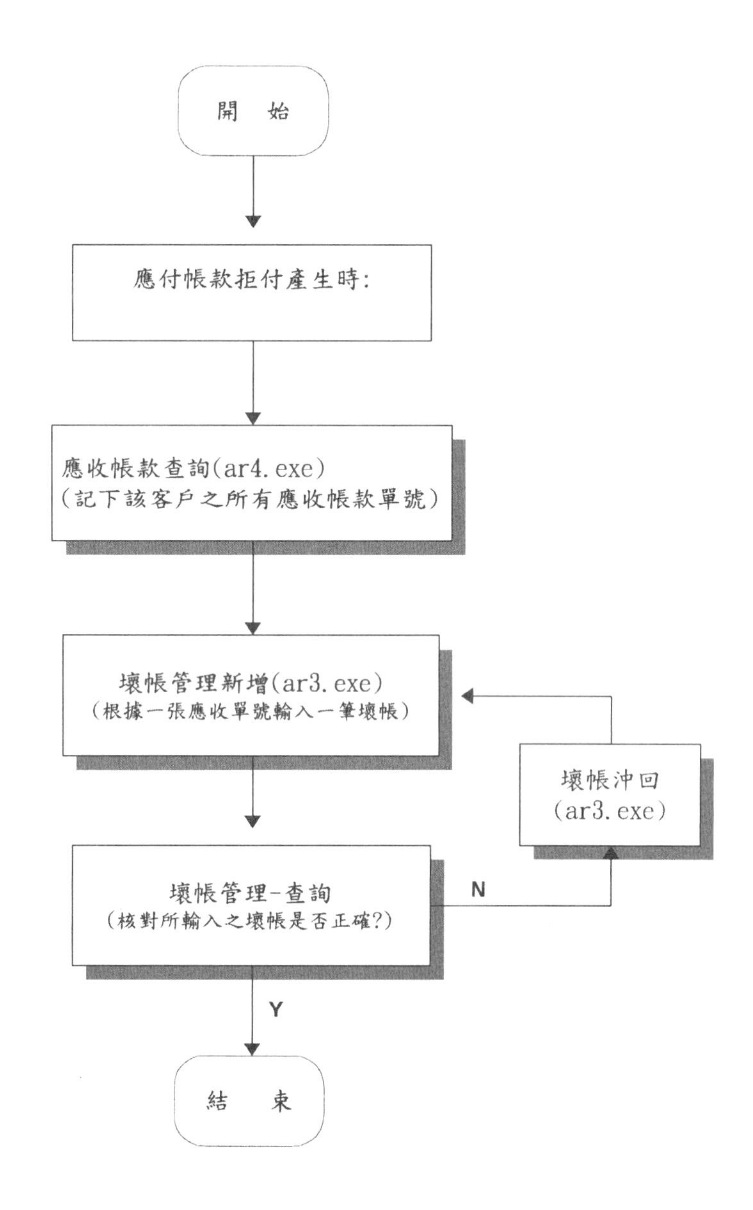

開　始
應付帳款拒付產生時:
應收帳款查詢(ar4.exe)
(記下該客戶之所有應收帳款單號)
壞帳管理新增(ar3.exe)
(根據一張應收單號輸入一筆壞帳)
壞帳沖回
(ar3.exe)
壞帳管理-查詢
(核對所輸入之壞帳是否正確?)
N
Y
結　束

功能簡介

1. 應付帳款輸入：應付帳款新增、查詢、修改、刪除、確認、確認還原、調整、修改傳票等作業。
2. 拒付管理：對某些特殊原因而暫不付款之應付單號做拒付新增、查詢、修改、刪除、拒付沖回等作業。
3. 憑證輸入：憑證資料新增、查詢、刪除、修改等作業。
4. 應付帳款沖帳：

 ◇應付單筆沖帳：針對單筆應付沖帳做新增、查詢、修改、刪除、確認、確認還原等作業。

 ◇應付批次沖帳：輸入付款日期，電腦自動將應付日期<=付款日期的應付帳款帶出，針對此付款日期的應付帳款做批次沖帳。

5. 非沖應付請款：不屬於應付帳款（付款原因為：付其他、付預付、付暫付）請款流程之新增、查詢、刪除、修改、確認、確認還原、修改傳票等作業。
6. 應付帳款查詢：查詢應付帳款，依廠商別統計出筆數、已付總額及未付總額，並可列印。
7. 報表：

 ◇應付單憑證未到報表。

 ◇應付帳款日報表。

 ◇應付帳款月報表。

 ◇請款報表。

 ◇沖帳日報表。

 ◇應付帳款調整月報表。

8.結轉：

◇應付月結：應付帳款月結或月結還原之作業。

◇應付日結：應付帳款日結或日結還原之作業。

9.QBE（Query By Example）查詢法：依照使用者的需要，輸入查詢的條件，電腦依照條件，搜尋符合的資料，顯示在螢幕上。

◇符號：

◆＝ 等於，不加等號也可以。

◆＞ 大於。

◆＞＝ 大於或等於。

◆＜ 小於。

◆＜＝ 小於或等於。

◆＜＞ 不等於。

◆like 如。

◇範例：

◆＝8301010001或8301010001 單號等於8301010001。

◆＞1000 某數字大於1000。

◆＞＝830601 某日期大於或等於民國83年6月1日。

◆＜1000 某數字小於1000。

◆＜＝830601 某日期小於或等於民國83年6月1日。

◆＜＞N 某狀態不等於N，此查詢需輸入完整資料。

◆like a％ 資料爲A開頭的所有資料。

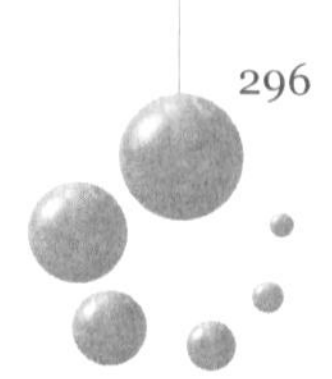

10.系統Icon說明：

◇ ：新增。
◇ ：刪除。
◇ ：返回上一層。
◇ ：插入一筆明細。
◇ ：刪除一筆明細。
◇ ：清除查詢資料。
◇ ：離開系統。
◇ ：跳至第一筆資料。
◇ ：上一筆。
◇ ：下一筆。
◇ ：跳至最後一筆。
◇ ：修改。
◇ ：預覽。
◇ ：列印。
◇ ：印表機設定。
◇ ：查詢。
◇ ：開始搜尋。
◇ ：儲存。

應付帳款系統操作說明

應付帳款輸入

功能說明

應付帳款有兩種產生來源，一是由進銷存系統驗收確認後自動產生一筆應付帳款，另一種方式便是由應付帳款輸入作業新增一筆資料。

畫面說明

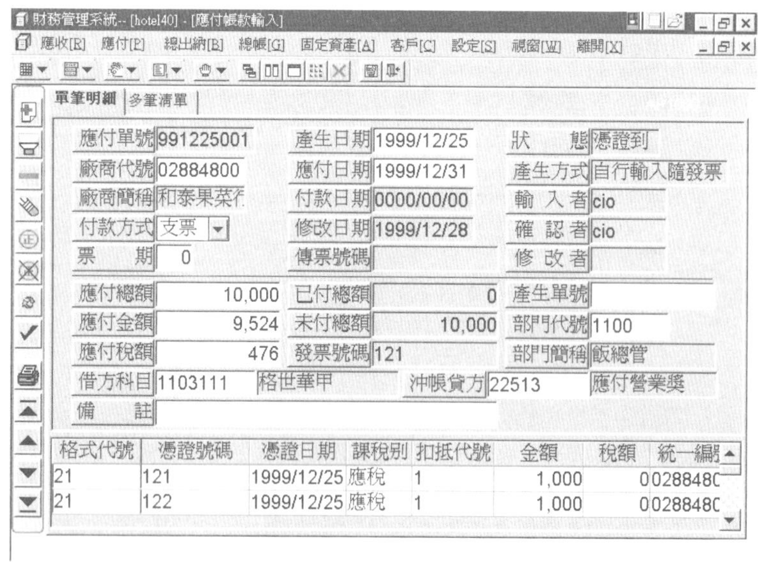

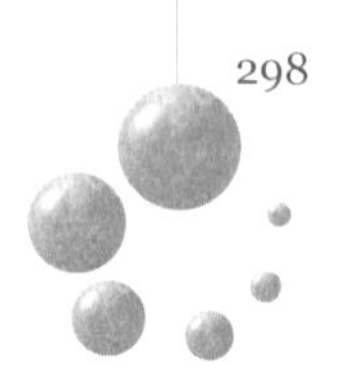

欄位說明

灰色部分由電腦產生，不可輸入，僅白色欄位可由使用者輸入。

1. 應付單號：應付單號碼，由電腦產生，前六碼爲帳款產生日期，後三碼爲流水號。
2. 狀態：應付單號目前的狀態：正常、確認、刪除、憑證到、付清。
3. 廠商編號：廠商的代號，直接輸入編號或%鍵按<Enter>，可顯示所有可輸入的廠商編號，並可顯示廠商名稱。
4. 產生日期：應付帳款發生的日期。
5. 應付日期：預定付款日，應付日期不可小於產生日期。
6. 付款日期：由應付帳款沖帳輸入的付款日期所帶至。
7. 付款方式：選擇付款方式：現金、支票（同時輸入票期）、匯款。
8. 應付總額：應付金額＋應付稅額。輸入應付總額後，電腦會自動計算出應付金額（未稅金額）及應付稅額，使用者亦可自行修改應付金額或稅額。
9. 已付總額：應付帳款已付的金額。
10. 未付總額：應付總額－已付總額。
11. 產生方式：產生此應付帳款之方式，本欄爲電腦自動給值，不可輸入。
12. 產生單號：在其它系統由何張單據產生本應付帳款，如由驗收系統產生時，本欄爲驗收單號碼。
13. 營業單位：產生此應付帳款之營業單位代碼，並會自動帶出其相對應的營業單位名稱，此欄可按%鍵查詢。
14. 借方科目：產生應付帳款時，傳票之借方科目（貸：暫估應付帳款）。

15.沖帳貸方：應付帳款沖帳時，傳票之貸方科目（借：暫估應付帳款）。

16.發票號碼：發票號碼或收據號碼。

17.傳票號碼：傳票號碼。

操作方法

進入應付帳款後，點選左方的圖示 新增一筆應付帳款，或點選圖示 查詢應付帳款。

1.新增：新增一筆應付帳款資料（依序輸入白色欄位），輸入完畢後，點選執行圖示，確定後電腦會自動產生應付單號並顯示該筆資料之傳票內容核對或修改正確後，點選執行圖示存檔。

2.查詢：

◇在「多筆清單」狀態下可選擇輸入查詢條件，或不輸入條件直接點選查詢圖示。

◇查詢條件：應付單號、廠商代號、產生日期、應付日期、未付總額、應付總額、狀態、產生方式、營業單位、輸入者。

◇查詢結果出現後，可選擇多筆清單或點選單筆明細顯示，執行次功能選項。

◇查詢後的次功能選項：

◆ 新增：新增一筆應付帳款資料（操作方式同上一層）。

◆ 查詢：可重新下條件查詢應付帳款。

◆ 刪除：刪除應付帳款，只有未確認的應付單號才可以刪除。

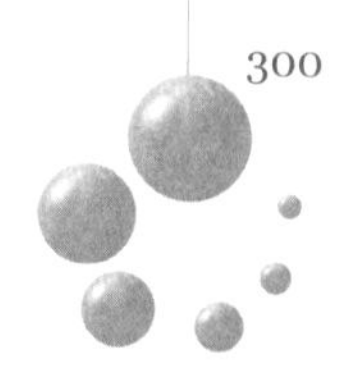

- ◆ 修改：未確認的應付帳款資料，才可作修改。
- ◆ 確認：未確認的應付帳款資料，才可作確認。
- ◆ 確認還原：確認的應付帳款且未調整的資料，才可作確認還原。
- ◆ 調整：由驗收產生且是確認的應付帳款才可做調整，只可調整廠商代號、應付日期或付款方式。調整過的資料無法修改，只可以再做調整作業。
- ◆ 修改傳票：傳票月結前，才可修改傳票內容。點選修改傳票圖示後，先出現單筆明細，再點選執行圖示 ，即可進行傳票修改作業。

注意事項

1. 應付日期不可早於產生日期。
2. 驗收產生之應付帳款，無法在此做刪除或修改，只可調整。

拒付管理

功能說明

對某些特殊原因（付款原因為：付其他、付預付、付暫付）而暫不付款之應付單號做拒付新增、查詢、修改、刪除、拒付沖回等作業。

畫面說明

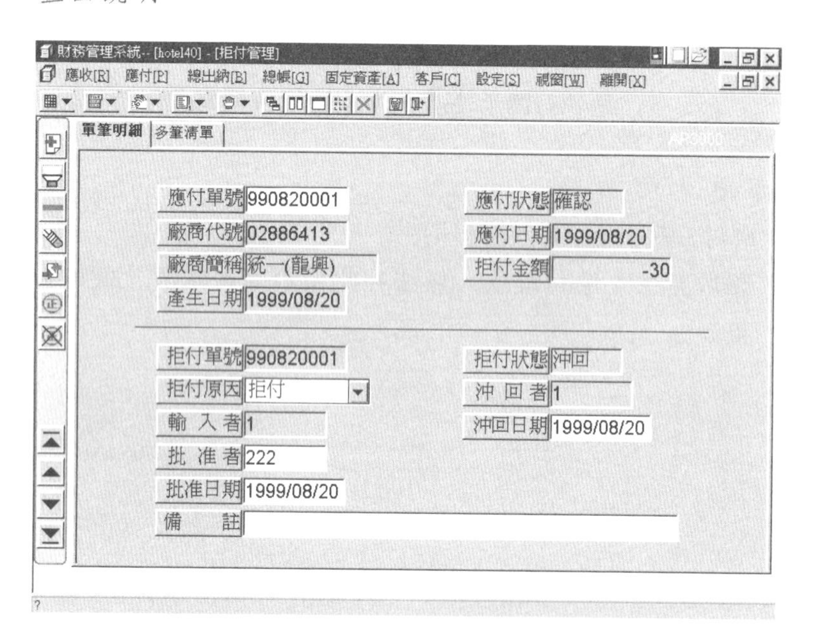

欄位說明

灰色部分由電腦產生，不可輸入，僅白色欄位可由使用者輸入。

1.應付單號：應付單號碼，輸入要拒付之應付單號未確認之應付單及付清。

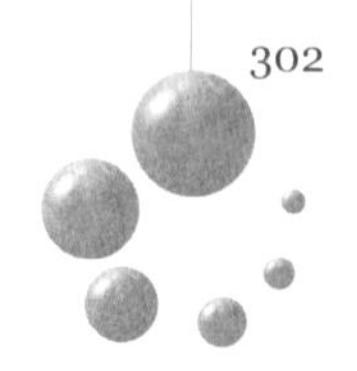

2.應付狀態：應付單號目前的狀態，未確認或付清狀態之應付單不可拒付。

3.拒付金額：該筆應付單的應付金額。

4.拒付單號：儲存後由電腦自動產生，依批准日期加三位流水號產生之。

5.拒付原因：使用者可自行設定原因（設定作業——對照檔案維護——應付對照檔——拒付原因對照檔）。

6.拒付狀態：拒付單號目前的狀態，正常、刪除或沖回。

操作方法

進入拒付管理後，點選左方的圖示 新增一筆拒付，或點選圖示 查詢。

1.新增：新增一筆應付拒付（依序輸入白色欄位），輸入完畢後，點選執行圖示，電腦自動產生拒付單號。

2.查詢：

◇在「多筆清單」狀態下可選擇輸入查詢條件，或不輸入條件直接點選查詢圖示。

◇查詢條件：拒付單號、應付單號、拒付狀態、拒付原因、拒付金額、批准者、批准日期。

◇查詢結果出現之後，可選擇多筆清單或點選單筆明細顯示，執行次功能選項。

◇查詢後的次功能選項：

◆ 新增：新增一筆拒付資料（操作方式同上一層）。

◆ 查詢：可重新下條件查詢資料。

◆ 刪除：刪除拒付單號。

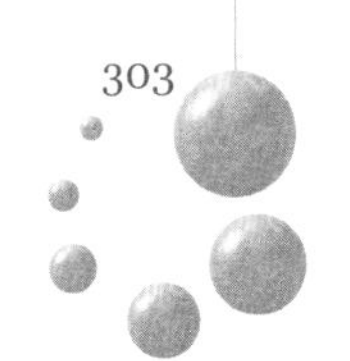

- 修改：修改拒付資料。
- 拒付沖回：將拒付資料沖回，該筆帳款轉至應付帳款。

憑證輸入

功能說明

廠商的應付帳款必須要收到憑證並確認後，才可做應付帳款沖帳。如果憑證金額有溢開或短開，請在「調整稅額」輸入（＋／－）金額，此作業並不會影響應付總額。

畫面說明

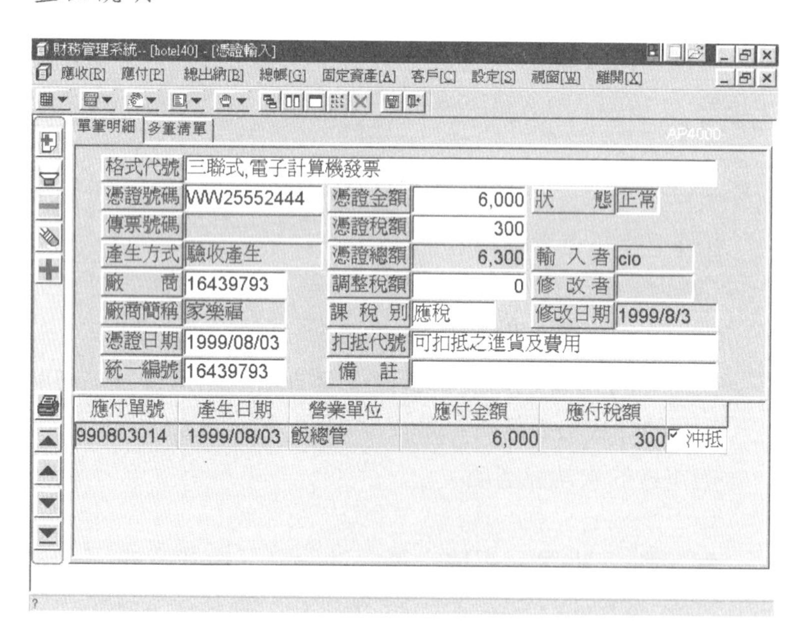

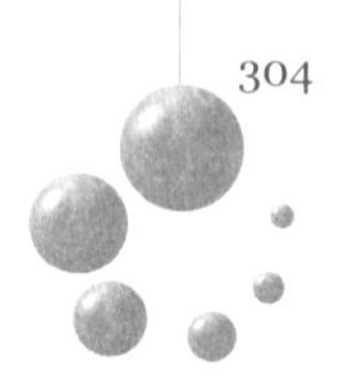

欄位說明

1.廠商代號：廠商的代號，或按%鍵，可顯示所有可輸入的廠商編號，按<Enter>輸入，並自動帶出廠商簡稱。

2.狀態：該憑證目前的狀態：正常或刪除。

3.憑證類別：憑證的類別：發票、收據、其它。

4.憑證號碼：發票號碼、收據號碼或其它單號（此欄位不可空白）。

5.憑證金額：沖抵應付單號的應付金額加總（畫面下半部的應付單有沖抵時，電腦自動加總應付金額）。

6.憑證稅額：沖抵應付單號的應付稅額加總。

7.憑證總額：憑證金額＋憑證稅額（沖抵的應付總額）。

8.調整稅額：憑證如有發生溢開或短開金額（輸入負值）。

9.傳票號碼：過完帳會產生傳票號碼。

10.產生方式：憑證的產生方式：自行產生、驗收產生、退貨產生。

操作方法

進入憑證輸入後，點選左方的圖示 新增一筆憑證資料，或點選圖示 查詢憑證。

1.新增：新增一筆憑證資料（依序輸入白色欄位），輸入完畢後，點選執行圖示。

2.查詢：

◇在「多筆清單」狀態下可選擇輸入查詢條件，或不輸入條件直接點選查詢圖示。

◇查詢條件：憑證號碼、狀態、憑證日期、廠商代號、產生方式、憑證金額、憑證稅額、憑證總額、傳票號碼、憑證類別。

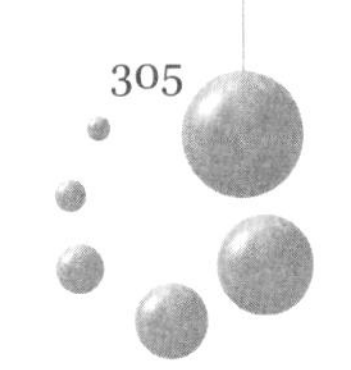

◇查詢結果出現後，可選擇多筆清單或點選單筆明細顯示，執行次功能選項。

◇查詢後的次功能選項：

- ◆ 新增：新增一筆憑證資料（操作方式同上一層）。
- ◆ 查詢：可重新下條件查詢憑證資料。
- ◆ 刪除：刪除憑證資料，只有未沖帳的憑證才可以刪除。
- ◆ 修改：未沖帳的憑證，才可作修改。

注意事項

憑證多開金額只與傳票開立有關，不會影響應付帳款金額。

應付帳款沖帳

應付單筆沖帳

功能說明

應付帳款需要單筆付款作業時，執行完單筆沖帳，沖完帳後，才會產生付款單號，依付款單號至總出納系統付款。

畫面說明

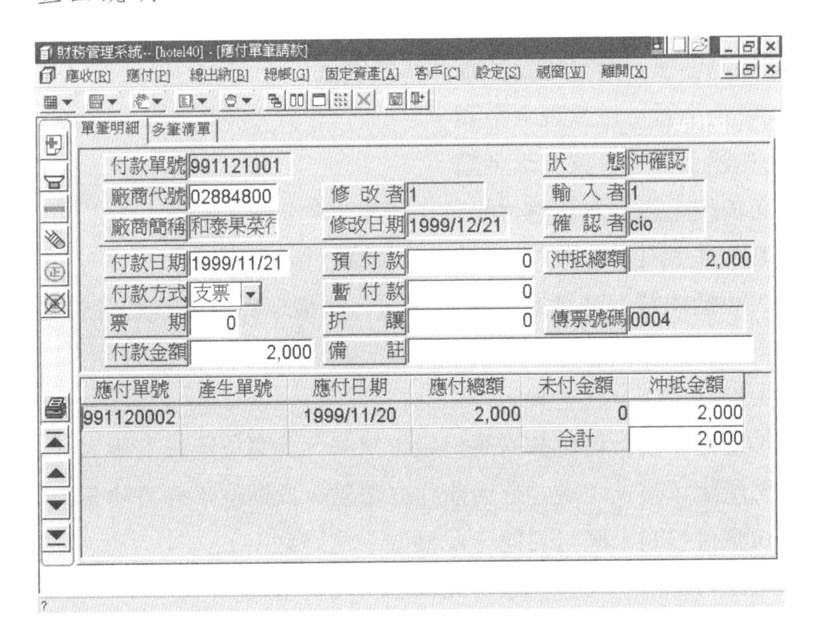

欄位說明

灰色部分由電腦產生，不可輸入，僅白色欄位可由使用者輸入。

1.付款單號：付款單號碼，由電腦產生（前六碼爲付款日期，後三碼爲流水號）。

2.狀態：付款單狀態：沖正常、刪除、沖確認。

3.廠商代號：廠商的代號，或按％鍵，可顯示所有可輸入的廠商編號，按＜Enter＞鍵輸入，並自動帶出廠商簡稱。

4.付款日期：應付帳款付款的日期。

5.付款方式：選擇付款方式：現金、支票、匯款。

6.輸入者：此筆付款單的輸入者，此欄位不允許輸入。

7.傳票號碼：應付帳款沖帳的傳票號碼。

8.現金金額：付款現金金額。

9.支票金額：付款支票金額。

10.折讓金額：本次應付帳款中所產生的折讓金額。

11.暫付金額：本次付款所付的以往暫付款金額。

12.沖抵總額：沖抵應付帳款總額，此欄位爲電腦自動計算應付帳款的沖抵金額總和。

13.備註：付款其它說明。

14.應付單號：可付款的應付帳款單號，此欄位不允許輸入。

15.產生單號：由進銷存所產生之單號，此欄位不允許輸入。

16.應付日期：應付日期，此欄位不允許輸入。

17.應付總額：應付總額，此欄位不允許輸入。

18.未付金額：此應付單之未付金額，此欄位不允許輸入。

19.沖抵金額：本次付款之沖抵金額。

操作方法

進入應付單筆沖帳後，點選左方的圖示 新增一筆應付沖帳，或點選圖示 查詢應付沖帳資料。

1.新增：新增一筆應付沖帳資料（依序輸入白色欄位），輸入完畢後，點選執行圖示，確定後電腦會自動產生付款單號。

2.查詢：

◇在「多筆清單」狀態下可選擇輸入查詢條件，或不輸入條件直接點選查詢圖示。

◇查詢條件：付款單號、狀態、廠商代號、付款日期、付款方式、沖抵金額、輸入者、付款金額、預付款、暫付款、折讓。

◇查詢結果出現後，可選擇多筆清單或點選單筆明細顯示，執行次功能選項。

◇查詢後的次功能選項：

◆ 新增：新增一筆應付沖帳資料（操作方式同上一層）。

◆ 查詢：可重新下條件查詢沖帳付款資料。

◆ 刪除：刪除一筆付款單，只有未確認的付款單才可以被刪除。

◆ 修改：未確認的付款單資料，才可作修改。

◆ 確認：未確認的付款單資料，才可作確認。

◆ 確認還原：確認的付款單，才可作確認還原。

注意事項

輸入付款日期、廠商編號，電腦會自動把屬於這廠商所有未付且發票已到的應付單資料顯示在螢幕上，並顯示未付帳款的總額及累計暫付款。接著使用者輸入付款方式（現金、支票、匯款）、預付款、暫付款及折讓金額後，電腦自動算出付款總額，並沖抵應付單的未付金額， 使用者也可以自己修改沖抵金額的應付單，但付款總額必須等於沖抵總額。

應付批次沖帳

功能說明

輸入付款日期後，電腦自動將應付未付的帳款依廠商及不同的付款方式分別列出，執行批次沖帳，沖完帳後，不同的付款方式產生一筆付款單號，依付款單號至總出納系統付款。

畫面說明

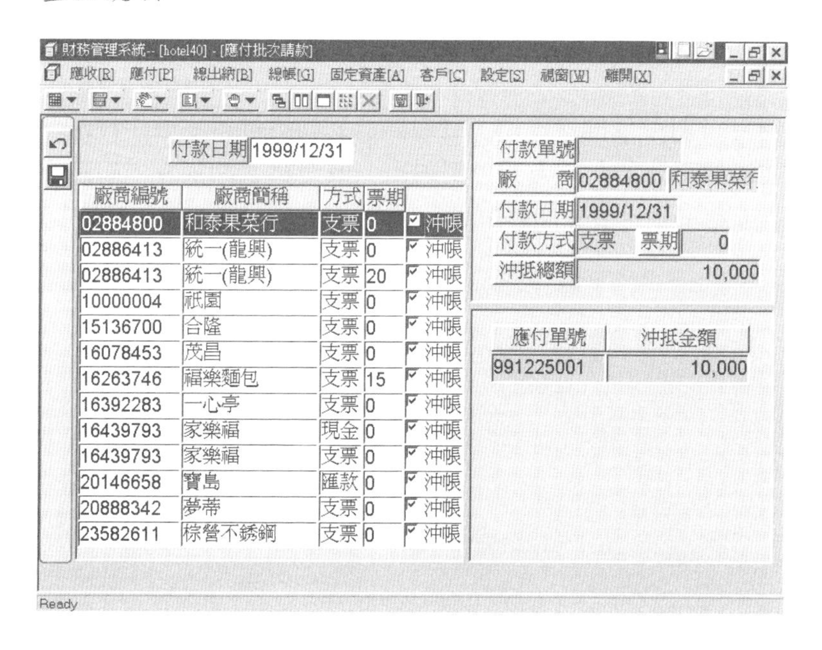

欄位說明

1.付款日期：應付帳款付款的日期。

2.方式：付款方式。

3.沖帳：用空白鍵（Space Bar）切換，T表示要沖帳。

4.沖抵總額：沖抵金額的總計。

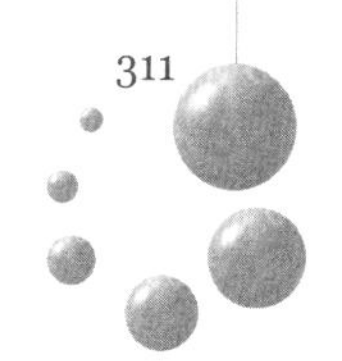

5.應付單號：未付款的應付帳款單號。

操作方法

進入應付批次沖帳，輸入付款日期按＜Enter＞鍵後，電腦自動將應付未付的帳款依廠商及付款方式彙總至畫面左方，游標移至欲查詢的廠商反白後，右方即顯示該廠商之所有應付款項單號。全部廠商確認無誤後，點選圖示 執行批次沖帳，結束後電腦自動產生付款單號。

注意事項

應付日期＜＝付款日期，且發票已到的應付單才可作付款沖帳，並根據不同的付款方式分別列出。做完批次沖帳後，如需修改或查詢請至應付單筆沖帳作業。

非沖應付請款

功能說明

非應付產生之帳款（付款原因爲：付其他、付預付、付暫付）請款作業之新增、查詢、修改、刪除、確認、確認還原、修改傳票等作業。

畫面說明

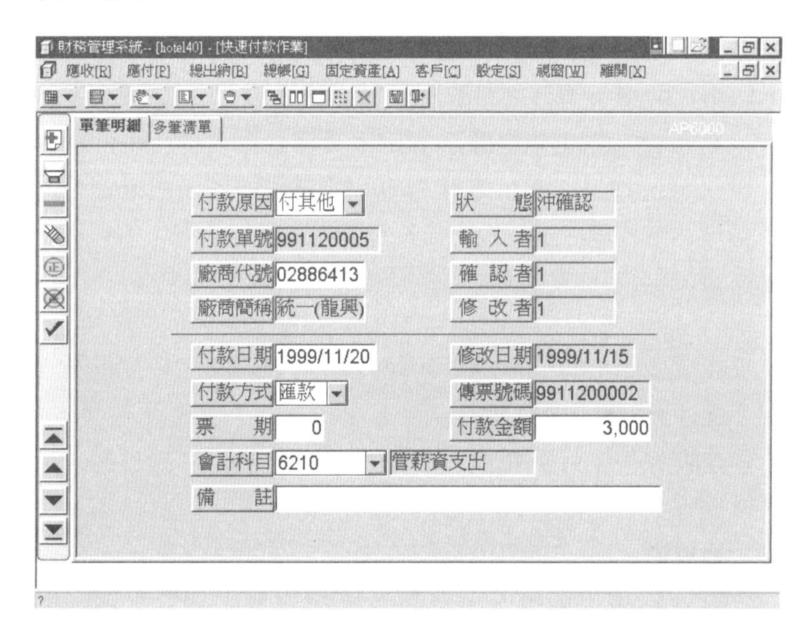

欄位說明

灰色部分由電腦產生，不可輸入，僅白色欄位可由使用者輸入：

1.付款原因：付其他、付預付、付暫付等。

2.付款單號：新增後由電腦產生，共九碼（前六碼爲付款日

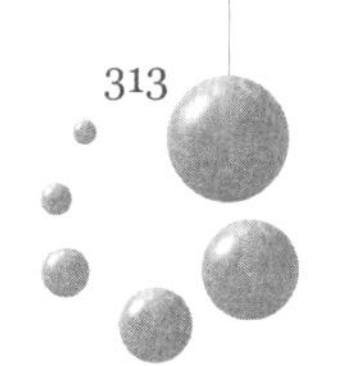

期，後三碼爲流水號)。

3.狀態：付款單號目前的狀態沖帳、沖確認、刪除、付款、付確認。

4.付款方式：支票或匯款。

5.會計科目：存檔時若選擇自動產生傳票，電腦自動帶出傳票借方之會計科目。

操作方法

進入非沖應付請款後，點選左方的圖示 新增一筆非應付請款，或點選圖示 查詢資料。

1.新增：新增一筆非應付請款資料（依序輸入白色欄位），輸入完畢後，點選執行圖示，確定後電腦會自動產生付款單號，可選擇是否產生傳票內容，若選是則顯示該筆資料之傳票內容核對，或修改正確後點選執行圖示存檔。

2.查詢：

◇在「多筆清單」狀態下可選擇輸入查詢條件，或不輸入條件直接點選查詢圖示。

◇查詢條件：付款單號、狀態、廠商代號、付款日期、付款方式、付款金額、會計科目、輸入者、傳票號碼、付款原因。

◇查詢結果出現後，可選擇多筆清單或點選單筆明細顯示，執行次功能選項。

◇查詢後的次功能選項：

◆ 新增：新增一筆非應付請款資料（操作方式同上一層)。

◆ 查詢：可重新下條件查詢非應付請款。

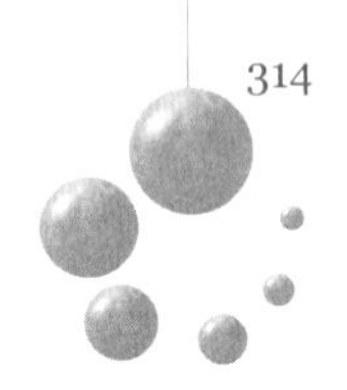

- ◆ 刪除：刪除付款單號，只有未付款之正常狀態的付款單號才可以刪除。
- ◆ 修改：未確認的付款單號，才可作修改。
- ◆ 確認：未確認的付款單號，才可作確認。
- ◆ 確認還原：已確認且未付款前的付款單號，才可作確認還原。
- ◆ 修改傳票：傳票月結前，才可修改傳票內容。點選修改傳票圖示後，先出現單筆明細，再點選執行圖示 ，即可進行傳票修改作業。

應付帳款查詢

功能說明

1. 進入應付帳款查詢後，可選擇輸入查詢條件，或不輸入條件直接點選查詢圖示。
2. 查詢條件：應付單號、狀態、廠商、產生日期、應付日期、應付金額、應付稅額、應付總額、已付總額、未付總額、傳票號碼、發票號碼、產生方式、付款方式、票期、營業單位、產生單號、輸入者。
3. 查詢結果出現在以下畫面。

畫面說明

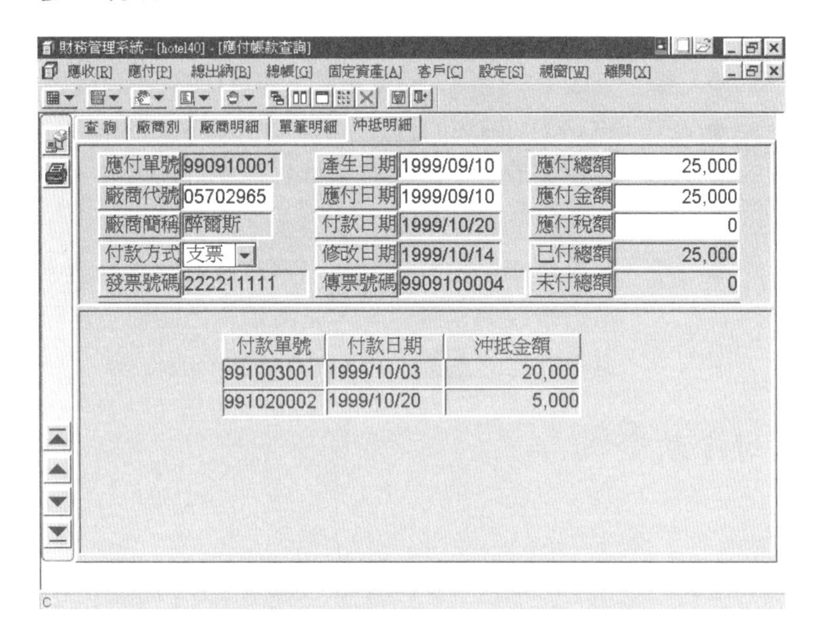

1. 將游標移至廠商反白處，連續點滑鼠左鍵二次，可進入廠商明細。
2. 在廠商明細下，連續點滑鼠左鍵二次，可進入單筆明細，畫面同應付帳款新增。

列印方法

1. 列印設定：印表機設定。
2. 列印。

結轉作業

應付月結

功能說明

應付帳款月結或月結還原作業，做完月結才可列印當月之月報表。

畫面說明

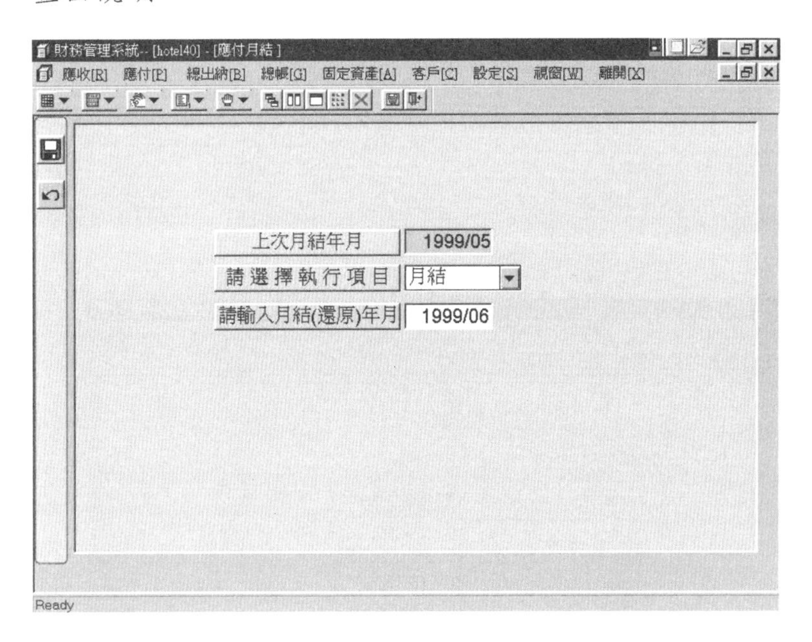

欄位說明

1. 上次月結年月：電腦自動帶出已做至月結年月，此欄位不能輸入。

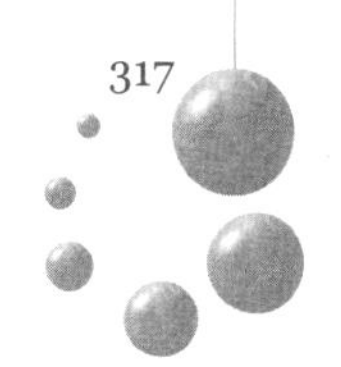

2.選擇執行項目：可選擇執行月結或還原作業。

3.輸入月結（還原）年月：輸入要執行月結或還原的年月。

注意事項

1.必須先執行完當月底之日結作業後，才可做該月份之月結。且必須逐月做月結，不可跨月份。

2.月結還原必須從最後的月份逐月還原。

應付日結

功能說明

應付帳款日結或日結還原作業，做完月底之日結才可做該月份之月結。

畫面說明

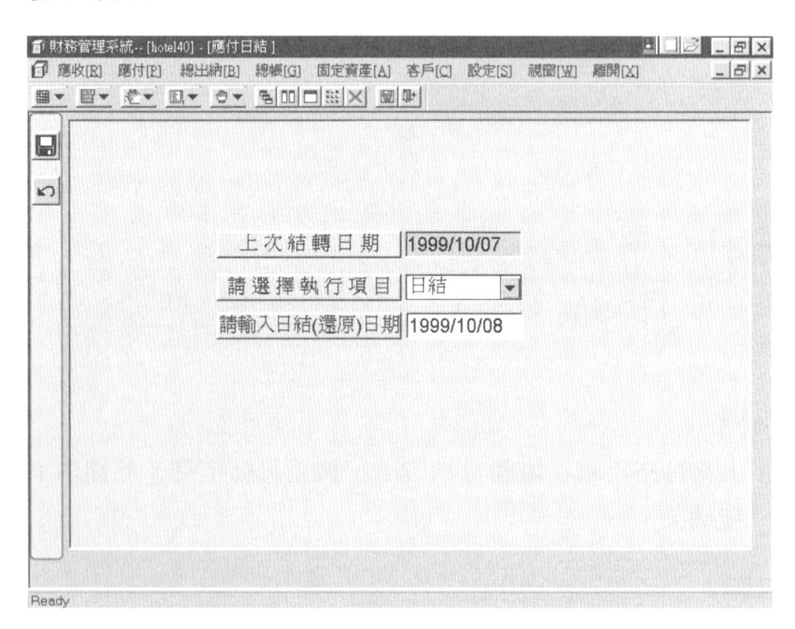

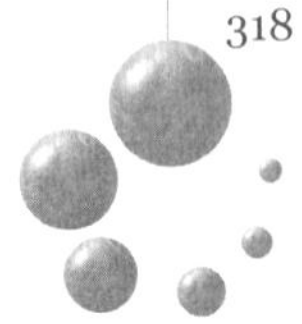

欄位說明

1. 上次結轉日期：電腦自動帶出已做至日結日期，此欄位不能輸入。
2. 選擇執行項目：可選擇執行日結或還原作業。
3. 輸入日結（還原）日期：輸入要執行日結或還原的日期。

注意事項

1. 執行完應付日結後，在該日期前之應付帳款均不能再更改，如需修改要先日結還原至該日期。
2. 日結日期不須逐日做，可以跨日，但日結還原就要逐日往前還原，且如有跨月，注意月結還原。

Chapter 16 採購管理系統

採購管理爲飯店進貨成本控制的第一關卡，旅館採購管理會建立常態管理模式，詢價一般物品會透過詢價管理來建立依廠商與產品之詢價作業保留廠商所對物品之報價，生鮮食品一般會採標單模式處理即針對固定生鮮食品採開標方式每一季或每一個月固定由得標廠商供應食品，而在採購管理上一般物品由請購轉採購，但各廚房之生鮮採購是建立各廚房之常用物品每日廚房填數量轉生鮮採購單，電腦保留採購記錄以利作歷史查詢。

國際觀光旅館營運的品質及收益與原料的品質有直接的關係。旅館中餐館採購的責任係由採購人員負責處理。基本上，採購是一項會計工作，因爲其包含了財資的轉移。採購需要特殊的知識與訓練，如果處理不當或者沒有效率，那就會發生問題，因而導致成本與利潤之間的不平衡，甚至引起顧客的不滿。在許多旅館中，採購人員購買旅館中所需的所有商品，例如，紙製品、清潔用品、房務供應品，以及食物和飲料。購買非食用性的商品並不困難，只要訂好規格，並且選定承辦商即可。

旅館採購必須力求簡化，避免複雜的手續。然而，採購人員會經常面臨兩大問題：

1.採購的貨品需能配合得上當時的市場需要，也就是說今天購進的貨品，須能在預期的期間內銷售出去。這是對採購人員的經驗與技術的一大考驗。

2.購進貨品的價格需能符合當時的市場價格，否則的話，專業採購即無意義。

爲了減少困難，促進採購作業的效率，採購人員應當知道有些什麼資訊服務機構可供利用，而能其提供協助。下列數項可供參考：

1.供銷貿易刊物：這種雜誌有的是週刊，有的是半月刊，但其內容涉及大多數的貨品，他們提供有價值的、現時的一般性資訊，並且提示貨品供需的未來趨勢。

2.商品貿易機構：這些機構可爲餐飲業者提供有關某種貨品的特別資訊，諸如貨品的產地，如何儲存、受歡迎的程度……等。

3.餐膳營業刊物：這類報章雜誌都載有食品的資訊及其現在與未來的價目表，而且還有有關餐飲業的新聞報導。

4.全國性報章雜誌：通常都有商情報導，市場價格走向的評估……等。

5.物價指數：這是政府定期或不定期發佈的，對於餐飲業的成本評估、營業走向等，均有所幫助。尤其是一般的和特殊的物價資訊都是餐飲業不可忽視的資料。

採購管理系統功能簡介

1.本系統為採購管理系統之作業。

2.本系統採用西元年度。

畫面説明

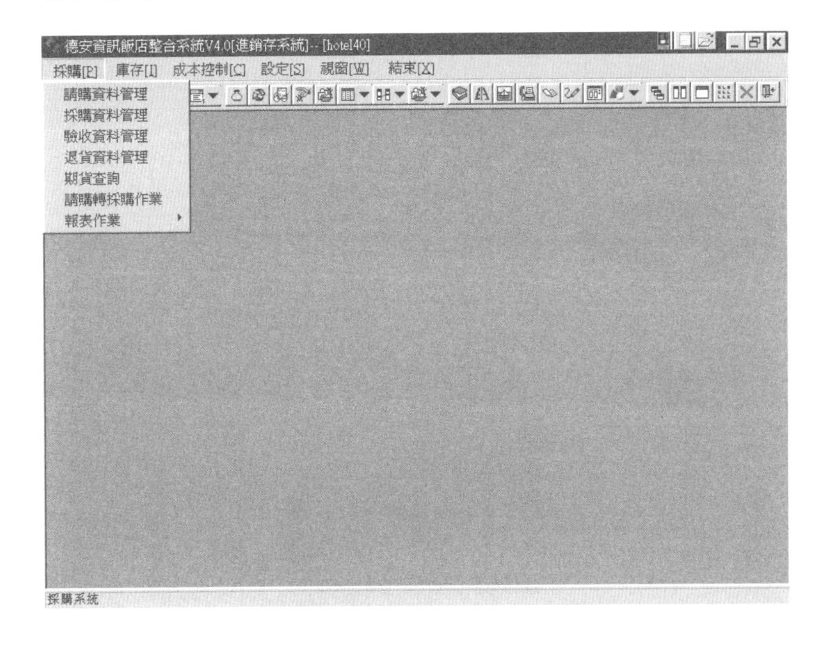

採購管理系統功能流程

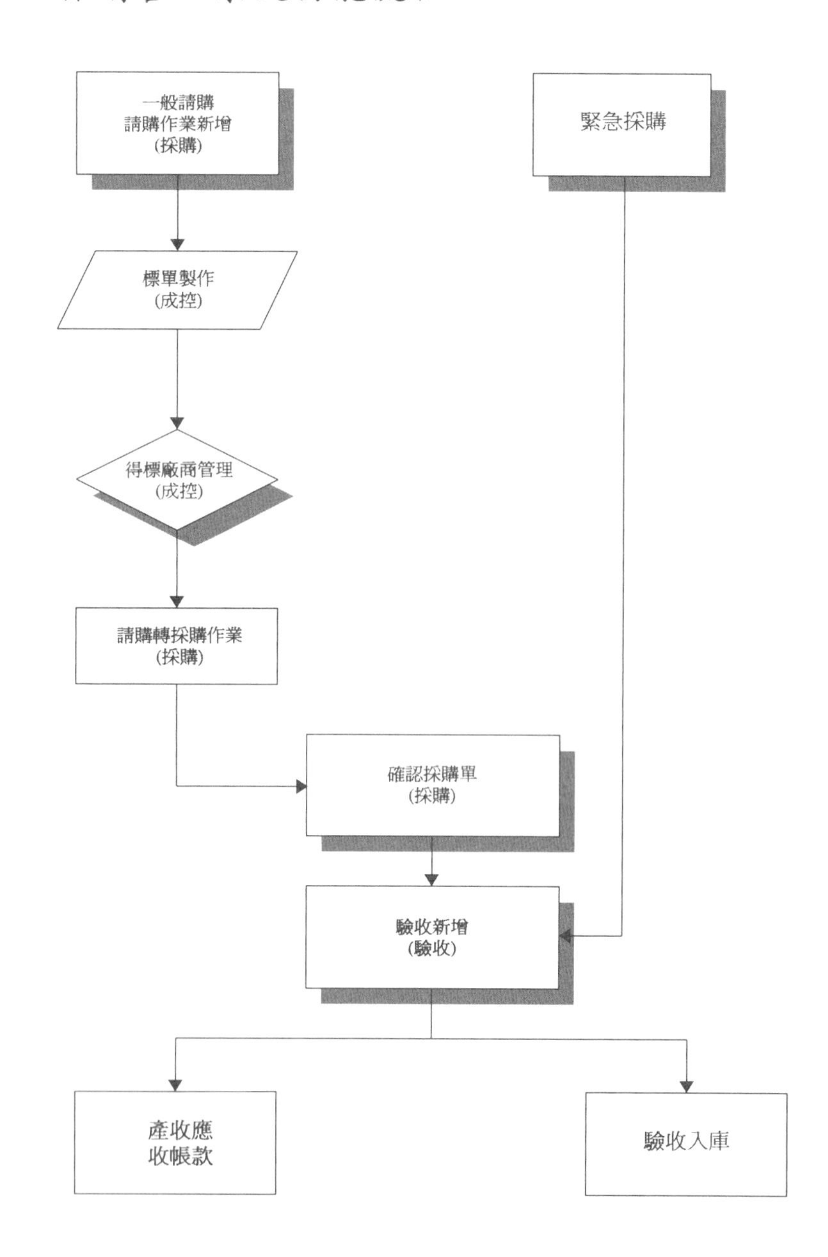
一般請購
請購作業新增
(採購)
緊急採購
標單製作
(成控)
得標廠商管理
(成控)
請購轉採購作業
(採購)
確認採購單
(採購)
驗收新增
(驗收)
產收應
收帳款
驗收入庫

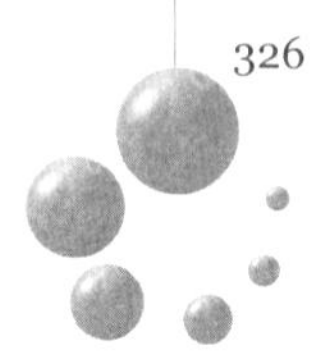

功能簡介

1. 請購資料管理：可做新增、查詢、修改、刪除，透過請購作業可轉成採購作業，對廠商進行採購，大部分爲針對生鮮而言。
2. 採購資料管理：採購單可自請購系統批次轉出，或經由採購系統對外進行採購作業。
3. 驗收資料管理：對已採購之資料，針對多倉庫同時進行驗收作業，且一張採購單多次驗收。
4. 退貨資料管理：針對某個倉庫及進貨方式進行退貨作業。
5. 期貨查詢：依交期、貨號、廠商、採購單號及部門條件，查詢已採購未驗收或未驗收完畢之採購單。
6. 請購轉採購作業：查詢交貨日期前之所有請購單批次結轉成採購單。
7. 報表作業：可作進貨成本異動報表、直接進貨日報表等之列印及查詢工作。

◇進貨成本異動報表。
◇直接進貨日報表。
◇直接進貨明細表。
◇驗收日報表。
◇驗收明細表。
◇廠商進貨排行。
◇採購建議表。
◇退貨日報表。
◇進貨分析表。

※注意事項：報表內之「報表備註」爲此份報表之使用說明。

8.QBE（Query By Example）查詢法：依照使用者的需要，輸入查詢的條件，電腦依照條件，搜尋符合的資料，顯示在螢幕上。

◇符號：

◆＝ 等於，不加等號也可以。
◆＞ 大於。
◆＞＝ 大於或等於。
◆＜ 小於。
◆＜＝ 小於或等於。
◆＜＞ 不等於。
◆ like 如。

◇範例：

◆＝9801010001或9801010001 單號等於9801010001。
◆＞1000 某數字大於1000。
◆＞＝980601 某日期大於或等於西元1998年6月1日。
◆＜1000 某數字小於1000。
◆＜=980601 某日期小於或等於西元1998年6月1日。
◆＜＞N 某狀態不等於N，此查詢需輸入完整資料。
◆like a% 資料為a開頭的所有資料。

9.系統Icon說明：

◇ ：新增。
◇ ：刪除。

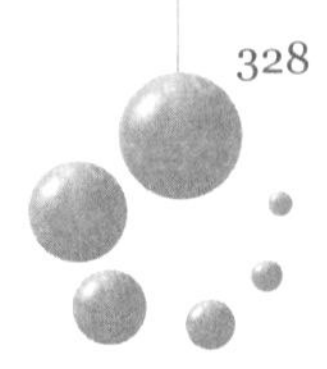

◇ ：返回上一層。
◇ ：插入一筆明細。
◇ ：刪除一筆明細。
◇ ：清除查詢資料。
◇ ：離開系統。
◇ ：跳至第一筆資料。
◇ ：上一筆。
◇ ：下一筆。
◇ ：跳至最後一筆。
◇ ：修改。
◇ ：預覽。
◇ ：列印。
◇ ：印表機設定。
◇ ：查詢。
◇ ：開始搜尋。
◇ ：儲存。
◇ ：確認。
◇ ：確認還原。
◇ ：保留。
◇ ：保留還原。
◇ ：結清。

採購管理系統操作說明

請購資料管理

功能說明

透過請購作業可直接轉成採購作業，對廠商進行採購作業，大部分爲針對生鮮而言。

畫面說明

德安資訊飯店整合系統V4.0[進銷存系統]-- [hotel40] - [請購資料管理]

採購[P] 庫存[I] 成本控制[C] 設定[S] 視窗[W] 結束[X]

單筆明細 | 多筆清單(共41筆) 瀏覽 PM1000

請購單號 9906020003 請購單格式 A01 狀態 結轉

倉庫代號 C02 修改日期 1999/06/02

請購員 cai 請購日期 1999/06/02 確認者

輸入者 cio 交貨日期 1999/06/02 修改者 cio

序號	貨品代號	貨品名稱	驗收單位	數量	採購單號
1	140000007	香蕉	公斤	10	9906020007
2	140000015	蘋果	個	10	9906020008
3	140000017	奇異果	個	10	9906020009
4	140000022	橘子 kg	公斤	20	9906020010

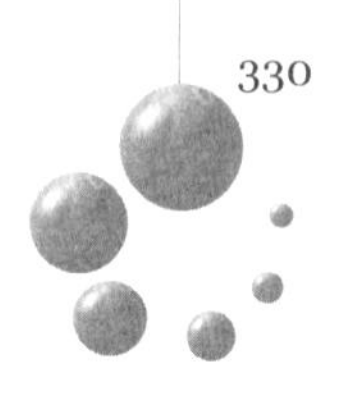

欄位說明

1. 請購單號：由電腦依採購日期自動帶出請購單流水號，例：9701010001。
2. 請購單格式：自訂之請購單格式，電腦會自動帶出在成本控制中請購單格式之貨品，使用者亦可自行輸入請購單內容。
3. 倉庫代號：依倉庫對照檔，顯示所要請購之倉庫，如中餐廳、西餐廳。
4. 狀態：請購單狀態（N：正常 S：結轉 C：確認）。
5. 採購單號：若此張請購單直接轉為採購單，在此欄位便會出現採購單號。
6. 單價：若貨品為一公斤50元，其基本單位為公斤，驗收單位也為公斤，則帶出的單價便為一公斤50元，但若貨品一瓶50元，其基本單位為瓶，驗收單位為箱（設一箱為30瓶），則單價便為一箱1,500元。
7. 單位：為驗收單位。

操作方法

進入請購資料管理之後，點選左方的圖示 ，並新增一筆請購資料，或點選圖示 查詢請購資料。

1. 新增：新增一筆請購資料（依序輸入白色欄位），按 插入鍵便可開始輸入明細資料，亦可按 刪除鍵資料，輸入完後，點選 儲存圖示存檔。
2. 查詢：

◇在「多筆清單」狀態下可選擇輸入查詢條件或不輸入條件直接點選開始查詢 圖示。

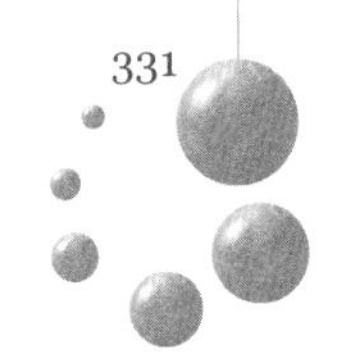

◇查詢條件：請購單號、請購格式、請購員、請購日期、交貨日期、進貨方式、倉庫。

◇查詢結果出現後，可選擇多筆清單或點選單筆明細顯示，執行次功能選項。

◇查詢後的次功能選項：

- ◆ 清除：重新查詢資料。
- ◆ 刪除：刪除請購資料。
- ◆ 修改：修改請購資料。
- ◆ 確認：將此張請購單確認後，才可輸入採購單。
- ◆ 確認還原鍵：若欲修改或刪除請購單，要按此鍵才可修改或刪除其資料。
- ◆ ：可回上一層畫面。

注意事項

1. 已結轉請購單不可刪除、修改。
2. 交貨日期不可小於今日日期。
3. 輸入請購單格式會自動帶出例行請購之所有貨品。
4. 貨品代號可用「%」來查詢，電腦會顯示所有貨品資料供使用者作選擇。
5. 輸入貨品代號電腦會自動帶出貨品名稱、廠商、價格及單位。
6. 於列印時，請先至「設定」內的印表機設定，選擇所需之印表機。
7. 單價為未稅價格。

採購作業管理

功能說明

採購單可從請購單批次轉出，亦可由本系統直接對外進行採購作業。

畫面說明

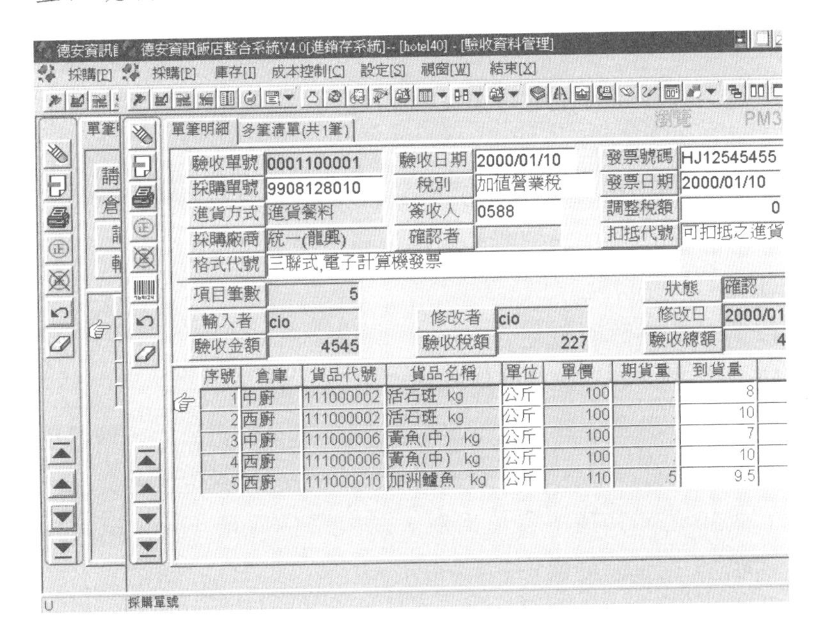

欄位說明

1. 採購單號：由電腦依採購日期自動帶出採購單流水號，例如：9701010001。
2. 狀態：採購單狀態（N：正常　B：產生中　I：驗收中　H：保留　C：確認　S：結清　X：進貨完畢　G：請購結轉）。

3.付款方式：付款方式（1.現金 2.支票 3.電匯）。

4.天數：付款天數（01 , 20 , 30 , 35 , 45 , 60），可自行輸入。

5.結清原因：0：正常　1：交貨期不符　2：公司倒閉　3：拒絕往來。

6.稅別：採購廠商之稅別（T：應稅　N：免稅　Z：零稅率）。

7.結帳方式：A：當月付款日　B：次月付款日　C：貨到付款，為廠商的結帳方式。

8.進貨方式：依進貨方式對照檔，如:若選擇直接進貨，電腦便只帶出直接進貨之貨品，若選擇倉庫進貨則只會帶出倉庫進貨之貨品。

9.採購稅額：採購稅額 ＝採購金額×稅率（稅別為應稅時）。

10.採購總額：採購總額 = 採購金額＋採購稅額。

11.小計：小計＝單價×數量。

12.單位：為驗收單位。

13.期貨量：表示已採購但卻未到之貨品數。

14.單價：若貨品為一公斤50元，其基本單位為公斤，驗收單位也為公斤，則帶出的進價便為一公斤50元，但若貨品一瓶50元，其基本單位為瓶，驗收單位為箱（設一箱為30瓶），則進價便為一箱1,500元。

操作方法

進入採購資料管理之後，點選左方的圖示 新增一筆採購資料，或點選圖示 查詢採購資料。

1.新增：新增一筆「採購資料」（依序輸入白色欄位），另外，按 插入鍵便可開始輸入明細資料，亦可按 刪除鍵資料，輸入完畢後，點選儲存 圖示存檔。

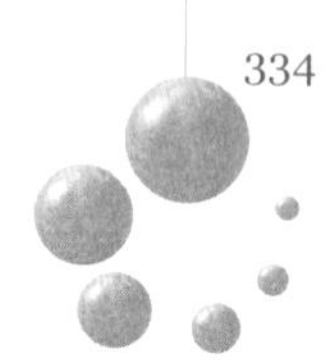

2.查詢：

◇在「多筆清單」狀態下可選擇輸入查詢條件或不輸入條件直接點選開始查詢 ▶ 圖示。

◇查詢條件：採購單號、進貨方式、採購日、採購員、廠商代號、狀態。

◇查詢結果出現後，可選擇多筆清單或點選單筆明細顯示，執行次功能選項。

◇查詢後的次功能選項：

◆ 清除：重新查詢資料。

◆ 刪除：刪除採購資料。

◆ 修改：修改採購資料。

◆ 確認：將此張採購單確認後，才可輸入驗收單。

◆ 確認還原鍵：若欲修改或刪除採購單，要按此鍵才可修改或刪除其資料。

◆ ：可回上一層畫面。

◆ 列印：列印此採購單。

◆ 結清：當有部分貨品未進貨時，且廠商不再進貨，使用者便可將此採購單結清，並輸入結清原因，電腦會自動帶出結清日及結清者。

◆ 保留：當此採購單之供應廠商有突發狀況暫時不能供應貨品時，使用者可將此張採購單暫時保留下來，待日後供應廠商復原時可再使用。

◆ 保留還原：當保留錯誤時，即可按此功能鍵，將保留還原。

注意事項

1.已驗收之採購單不可刪除或修改。

2.在採購細項資料中，同一倉庫，貨號只能再出現一次。

3.交貨日必須在採購日之後，若請購單直接轉成採購單，交貨日會帶請購單中的最小日期。

4.若有特殊原因導致未能進貨，便需將此採購單結清，並註明結清原因。

5.貨品代號可用「%」來查詢，電腦會顯示所有貨品資料供使用者作選擇。

6.輸入貨品代號電腦會自動帶出貨品名稱。

7.於列印時，請先至「設定」內的印表機設定，選擇所需之印表機。

8.單價爲未稅價格。

9.當請購單直接轉成採購單，請購單依廠商和進貨方式而做成多張採購單。

10.稅額算法：

◇當廠商爲應稅，貨品也爲應稅時，此時的稅額便爲應稅。

◇當廠商爲應稅，貨品爲零稅或免稅時，此時的稅額便爲0。

◇當廠商和貨品皆爲零稅或免稅時，此時的稅額便爲0。

驗收資料管理

功能說明

對已採購的資料，針對多倉庫同時進行驗收作業，且一張採購單可多次驗收。

畫面說明

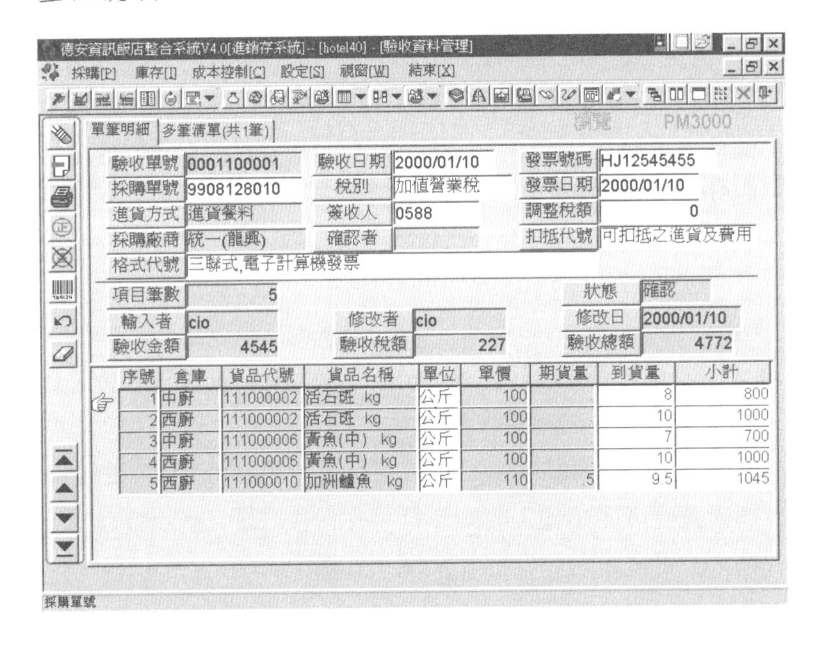

欄位說明

1. 驗收單號：由電腦依驗收日期自動帶出驗收單流水號，例如：9701010001。
2. 採購單號：輸入採購單號後，電腦帶出該採購單資料（所有貨品）。
3. 驗收狀態：驗收單狀態（N：正常　D：刪除　C：確認）。

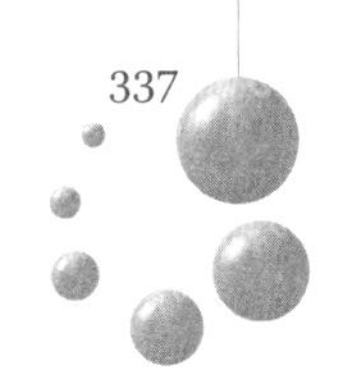

4.稅別：稅別（T：應稅　N：免稅　Z：零稅率）。

5.驗收日期：驗收日期，不可小於上次日結日期且不可大於今天。每日需做月結。

6.驗收總額：驗收金額＋驗收稅額。

7.小計：單價×到貨量。

8.調整稅額：若發票上的稅額與原本不符，可利用此欄位做調整，但在驗收單中看不到，此金額會出現在財務方面。

9.期貨量：未到之貨品數量。

10.到貨量：已到之貨品數量。

11.單價：若貨品為一公斤50元，其基本單位為公斤，驗收單位也為公斤，則帶出的單價便為一公斤50元，但若貨品一瓶50元，其基本單位為瓶，驗收單位為箱（設一箱為30瓶），則單價便為一箱1,500元，皆為未稅價。

操作方法

進入驗收資料管理後，點選左方的圖示 新增一筆驗收資料，或點選圖示 查詢驗收資料。

1.新增：新增一筆驗收資料（依序輸入白色欄位），而按 插入鍵便可開始輸入明細資料，亦可按 刪除鍵資料，輸入完畢後，點選儲存 圖示存檔。

2.查詢：

◇在「多筆清單」狀態下可選擇輸入查詢條件或不輸入條件直接點選開始查詢 圖示。

◇查詢條件：驗收單號、採購單號、採購廠商、驗收日期、驗收倉庫、狀態。

◇查詢結果出現後，可選擇多筆清單或點選單筆明細顯示，執行次功能選項。

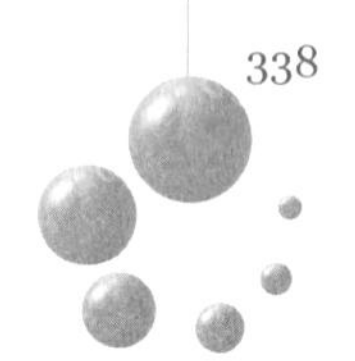

◇查詢後的次功能選項：

- ◆ 清除：重新查詢資料。
- ◆ 刪除：刪除驗收資料。
- ◆ 修改：修改驗收資料。
- ◆ 確認：將此張驗收單確認。
- ◆ 確認還原鍵：若欲修改或刪除驗收單，要按此鍵才可修改或刪除其資料。
- ◆ ：可回上一層畫面。
- ◆ 列印：列印此驗收單。

注意事項

1. 當按 確認鍵將此張驗收單確認後，即產生一筆應付科目，若隨貨附發票則會產生應付單及發票，若無附發票則產生應付科目。
2. 當驗收後，倉庫便直接記錄其到貨數量。

退貨資料管理

功能說明

針對某個倉庫及進貨方式進行退貨作業。

畫面說明

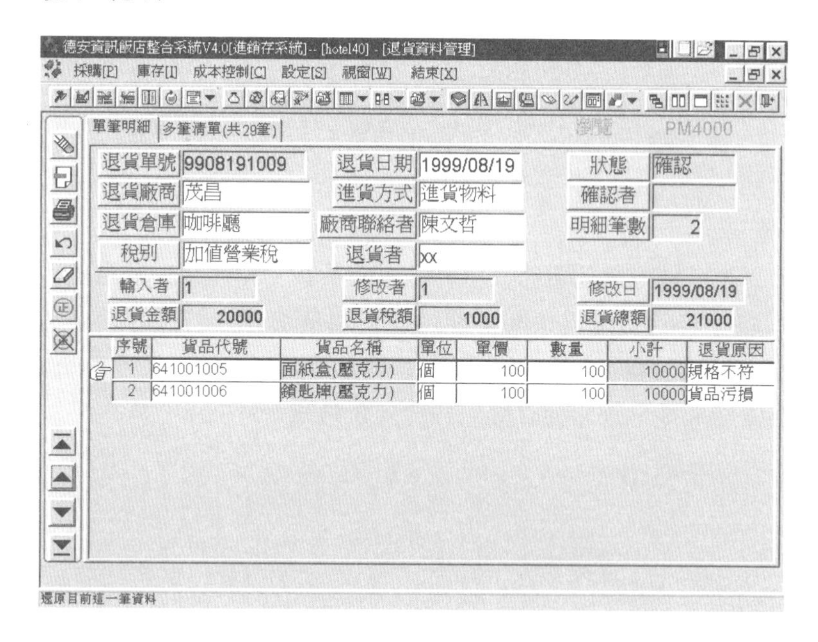

欄位說明

1.退貨單號：由電腦依退貨日期自動帶出退貨單流水號，例：9701010001。

2.退貨日期：不可小於上次日結日期且不可大於今天。

3.狀態：退貨單狀態（N：正常　C：確認）。

4.稅別：稅別（T：應稅　N：免稅　Z：零稅率）。

5.退貨方式：貨品退貨方式（1.現金　2.支票　3.電匯）。

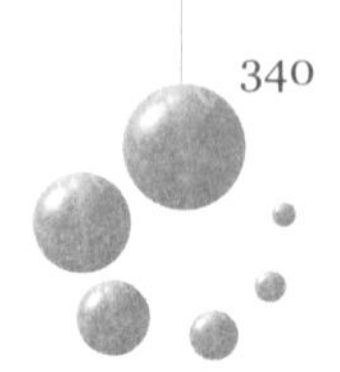

6.退貨總額：退貨金額＋退貨稅額。
7.貨品代號：輸入貨品代號，電腦會自動帶出單位、單價。
8.退貨原因：貨品退貨原因（依退貨原因對照檔）。
9.小計：單價×退貨量。
10.單位：爲驗收單位。
11.單價：若貨品爲一公斤50元，其基本單位爲公斤，驗收單位也爲公斤，則帶出的進價便爲一公斤50元，但若貨品一瓶50元，其基本單位爲瓶，驗收單位爲箱（設一箱爲30瓶），則進價便爲一箱1,500元。
12.進貨方式：依進貨方式對照檔，如：若選擇直接進貨，電腦便只帶出直接進貨之貨品，若選擇倉庫進貨則只會帶出倉庫進貨之貨品。

操作方法

進入退貨資料管理後，點選左方的 圖示新增一筆退貨資料，或點選圖示 查詢退貨資料。

1.新增：新增一筆退貨資料（依序輸入白色欄位），而按 插入鍵便可開始輸入明細資料，可按 刪除鍵資料，輸入完畢後，點選儲存 圖示存檔。
2.查詢：

◇在「多筆清單」狀態下可選擇輸入查詢條件，或不輸入條件直接點選開始查詢 圖示。
◇查詢條件：退貨單號、退貨倉庫、退貨廠商、進貨方式、狀態。
◇查詢結果出現後，可選擇多筆清單或點選單筆明細顯示，執行次功能選項。
◇查詢後的次功能選項：

- ◆ 清除：重新查詢資料。
- ◆ 刪除：刪除退貨資料。
- ◆ 修改：修改退貨資料。
- ◆ 確認：將此張退貨單確認。
- ◆ 確認還原鍵：若欲修改或刪除退貨單，要按此鍵才可修改或刪除其資料。
- ◆ ：可回上一層畫面。
- ◆ 列印：列印此退貨單。

注意事項

1. 貨品代號可用「%」來查詢，電腦會顯示所有貨品資料供使用者作選擇。
2. 輸入貨品代號電腦會自動帶出貨品名稱。
3. 於列印時，請先至「設定」內的印表機設定，選擇所需之印表機。
4. 單價爲未稅價格。
5. 已確認之退貨單不可刪除或修改。
6. 當按 確認鍵將此張退貨單確認後，即產生一筆應付負值。

期貨查詢管理

功能說明

交期別、貨號別、廠商別、單號別、部門別，來查詢已採購但未驗收未驗收完畢之採購單。

畫面說明

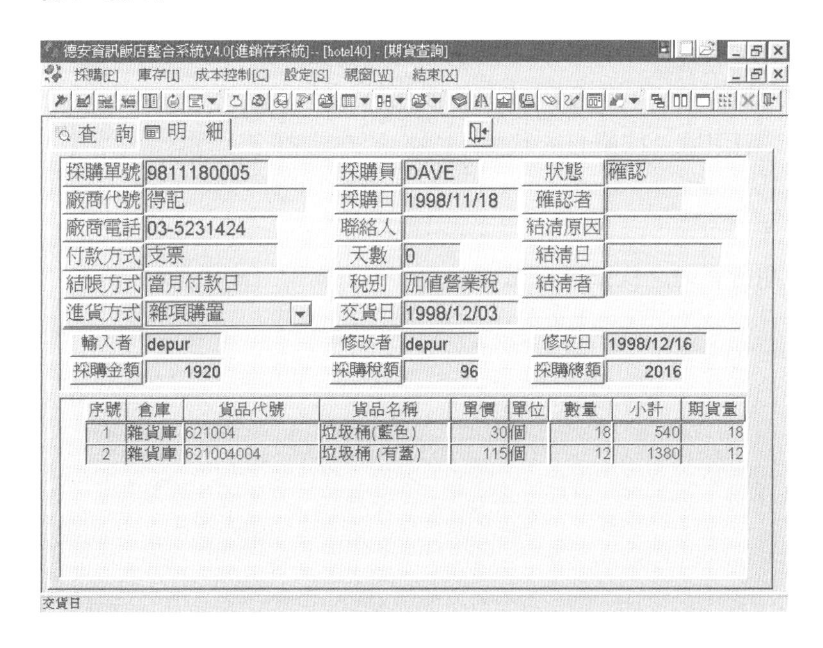

欄位說明

1.採購單號：採購單流水號。

2.狀態：採購單狀態（N：正常 I：驗收中 C：確認 G：請購結轉）。

3.付款方式：付款方式（1.現金 2.支票 3.電匯）。

4.天數：付款天數（01, 20, 30, 35, 45, 60）。

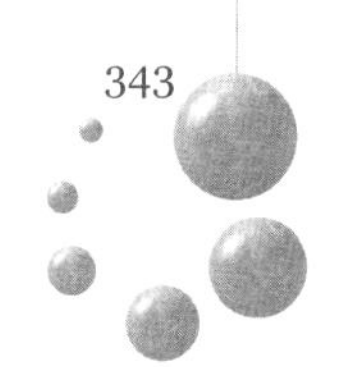

5.稅別：採購產品稅別（T：應稅　N：免稅　Z：零稅率）。

6.採購稅額：採購稅額＝採購金額×0.05（稅別為應稅時）。

7.採購總額：採購總額＝採購金額＋採購稅額。

8.小計：小計＝單價×數量。

操作方式

1.按了預覽鍵 　後，便可看到預覽的畫面，且可依其需要，列印所查詢資料之大小格式。

2..按了 　印表機設定鍵後，便可指定所需的印表機列印。

3.查詢條件：貨品代號、廠商代號、倉庫代號、交貨日、採購單號、採購日、狀態。

注意事項

期貨查詢之採購單只單做查詢，不可新增、刪除、修改。

請購轉採購作業

功能說明

若請購單與採購單資料相同，便可使用此系統將資料直接轉給採購單，節省其作業手續。

畫面說明

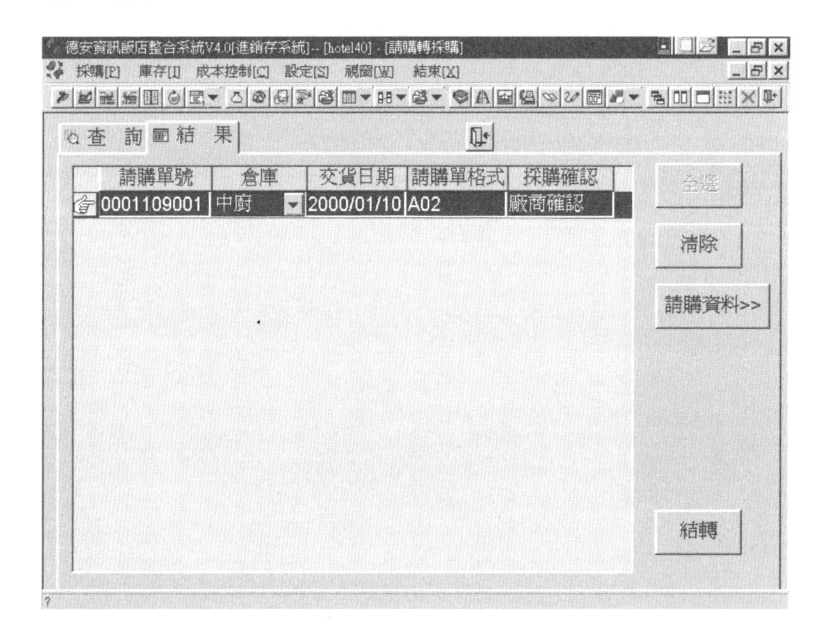

操作方法

1. 全選：當使用者要將所有請購單轉成採購單時，便可使用此功能鍵。
2. 結轉：將選擇之請購單轉成採購單。

注意事項

1.輸入交貨日期，查詢供選擇的請購單清單。

2.請購單清單僅供查詢不能修改。

3.使用者亦可做單筆資料結轉。

Chapter 17
庫存管理系統

成功的庫存管理（Inventory），是既要減少庫存量，又要避供不應求這兩個對立業務，透過對各倉庫之產品、類別存量管理，各部門領用之統計分析是管理者掌握部門耗用成本之資訊。

所謂「庫存」，就是將各項物料依其本身性質之不同，分別予以妥善儲存於倉庫中，以保存足夠物料以供銷售，並可在某項食品物料最低價時，予以適時購入儲存，藉以降低生產成本，此外妥善之庫存更可使餐飲物料用品免於不必要的損失，因此今天任何一家餐廳或旅館均有相當完備的庫存設施。

有效保管並予維護物料庫存之安全，使其不受任何損害，這是倉庫管理最主要的目的。爲達此目的，因此倉庫設計必須要注意防火、防混、防盜等措施，並加強盤存檢查，以防短缺、腐敗之發生。

1. 倉庫良好的服務作業，協助產銷業務。
2. 倉庫應有適當空間，以利物品搬運進出，儲藏物架之設計須注意人體工程力學，勿太高。
3. 提供實際物料配合採購作業。
4. 有些物料如在儲存期間發生品質變化，可隨時提供作爲下次採購改進之參考。
5. 有效發揮物料庫存管制之功能，以減少生產成本。
6. 縮短儲存期，可減低資金凍結，減少殘呆料之損失。
7. 改善倉儲空間，加速存貨率週轉，以促進投資報酬之提高。

即是促使倉庫之利用發揮到最大效果。

庫存管理系統簡介

1. 本系統為庫存管理系統之作業。
2. 本系統採用西元年度。

畫面說明

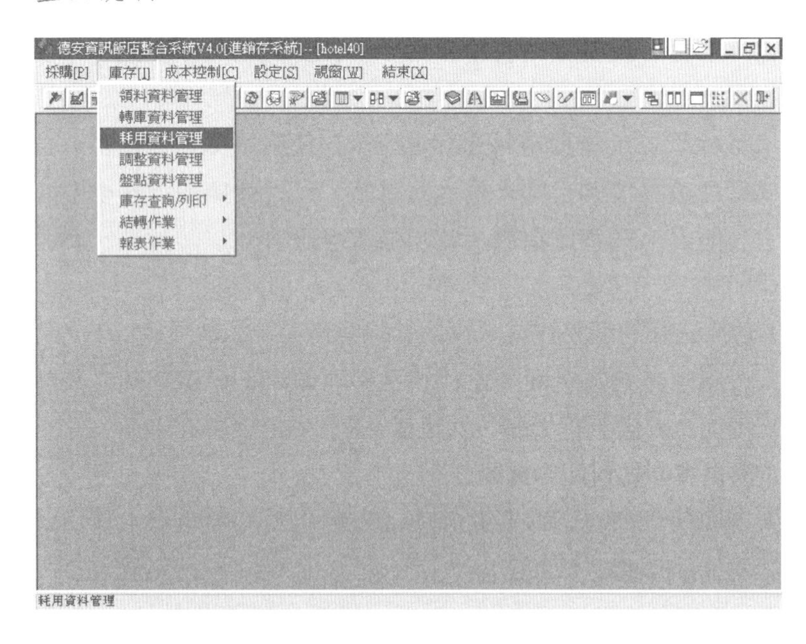

庫存作業流程圖

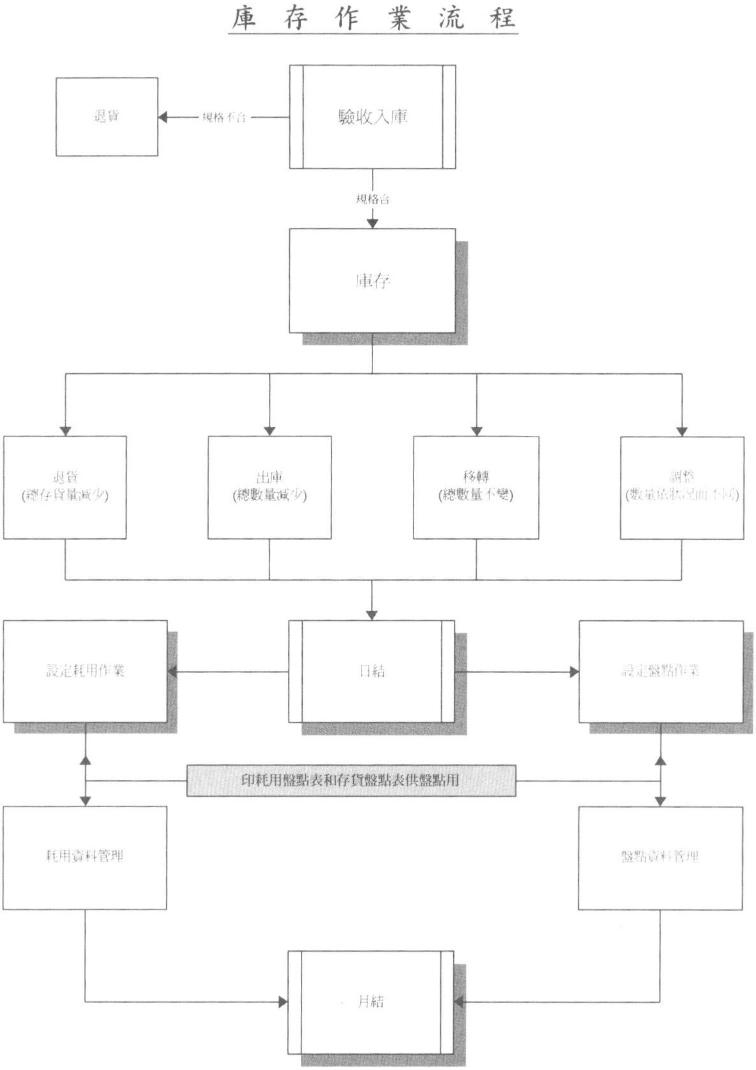

庫 存 作 業 流 程

退貨

規格不合

驗收入庫

規格合

庫存

退貨
(總存貨量減少)

出庫
(總數量減少)

移轉
(總數量不變)

調整
(數量依狀況而不同)

設定耗用作業

日結

設定盤點作業

印耗用盤點表和存貨盤點表供盤點用

耗用資料管理

盤點資料管理

月結

庫存管理系統功能簡介

1. 出貨資料管理：可做新增、查詢、刪除、修改、確認、還原，零售部門銷售貨品或是公司內部發放紀念品等皆可使用。
2. 移轉／領料資料管理：可做新增、查詢、刪除、修改、確認、還原，各部門倉庫間貨品發生移轉或是欲從大倉庫領料時皆可使用。
3. 耗用資料管理：可做新增、查詢、刪除、修改、確認、還原，像廚房使用物料難以估計其用量時即可使用本系統利用結存量反推耗用量。
4. 調整資料管理：可做新增、查詢、刪除、修改、確認、還原，當貨品有破損情形不堪陳列販賣時，即可利用調整功能扣其庫存量。
5. 盤點資料管理：可做新增、查詢、刪除、修改、確認、還原，公司於每月或年終盤點貨品時使用。
6. 庫存查詢／列印：

◇庫存異動查詢：可用來查詢某期間某貨品之異動情形。

◇即時庫存查詢（倉庫別）：依倉庫別查詢貨品庫存量。

◇即時庫存查詢（貨號別）：依貨號別查詢貨品庫存量。

◇期末庫存異動查詢：查詢某月份某倉庫某貨品的期末庫存量。

◇歷次採購成本查詢：可查詢某貨品於某期間的進貨記錄。

7. 結轉作業：將所有單據確認並計算出正確的金額，已確認

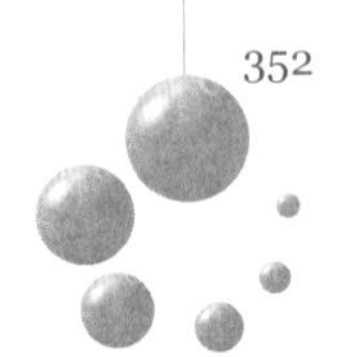

的單據便不可做刪除、修改之動作：

◇日結作業。
◇月結作業。
◇設定盤點作業。
◇設定耗用作業。

8.報表作業：

◇出貨日報表：列印某日期各部門貨品的出貨情形。
◇進銷存總表：列印出各項貨品的進銷存量的統計資料。
◇耗用盤點表：列印出各倉庫的耗用明細資料。
◇盤盈虧彙總表：完成盤點資料輸入後，列印出各貨品盤盈虧情形。
◇期末存貨明細表（倉庫別）：列印出某期間倉庫貨品的庫存量。
◇期末存貨明細表（料號別）：列印出某期間貨品的庫存量。
◇存貨盤點表：列印欲盤點倉庫所有貨品資料以供盤點人員記錄用。
※注意事項：報表內之「報表備註」為此份報表之細項說明。

9.QBE（Query By Example）查詢法：依照使用者的需要，輸入查詢的條件，電腦依照條件，搜尋符合的資料，顯示在螢幕上。

◇符號：

◆＝ 等於，不加等號也可以。

◆＞ 大於。

◆＞＝ 大於或等於。

◆＜ 小於。

◆＜＝ 小於或等於。

◆＜＞ 不等於。

◆like 如。

◇範例：

◆＝9801010001 或 9801010001 單號等於9801010001。

◆＞1000 某數字大於1000。

◆＞＝980601 某日期大於或等於西元1998年6月1日。

◆＜1000 某數字小於1000。

◆＜＝980601 某日期小於或等於西元1998年6月1日。

◆＜＞N 某狀態不等於N，此查詢需輸入完整資料。

◆like a% 資料爲a開頭的所有資料。

10.系統Icon說明：

◇ ：新增。

◇ ：刪除。

◇ ：返回上一層。

◇ ：插入一筆明細。

◇ ：刪除一筆明細。

◇ ：清除查詢資料。

◇ ：離開系統。
◇ ：跳至第一筆資料。
◇ ：上一筆。
◇ ：下一筆。
◇ ：跳至最後一筆。
◇ ：修改。
◇ ：預覽。
◇ ：列印。
◇ ：印表機設定。
◇ ：查詢。
◇ ：開始搜尋。
◇ ：儲存。

庫存管理功能系統操作說明

出貨作業管理

功能說明

當倉庫貨品將銷售或領用時，便要從此系統輸入資料後，倉庫才可將 貨品出貨，零售部門銷售貨品或是公司內部發放紀念品等皆可使用。

畫面說明

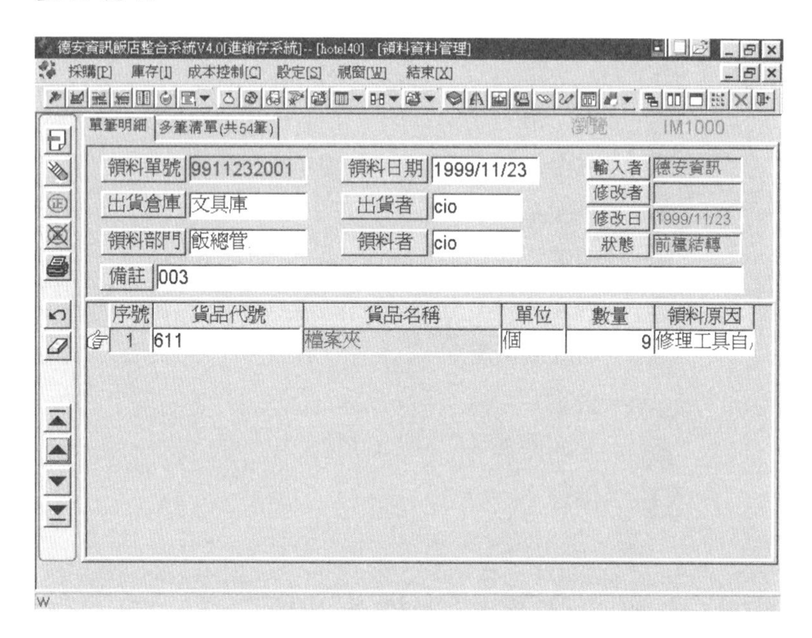

欄位說明

1. 出貨單號：由電腦依採購日期自動帶出請購單流水號，例如：9701010001。
2. 出貨倉庫：依倉庫對照檔，例如，中餐廳、咖啡廳。
3. 出貨部門：依部門代號對照檔，為出貨倉庫之所屬部門，電腦會自動帶出。
4. 狀態：出貨單狀態（N：正常　C：確認）。
5. 出貨原因：依出貨原因對照檔，如：出售、交際。
6. 貨品代號：資料來自所選倉庫內所有的貨品資料。
7. 單位：為基本單位，亦可換成同類之單位，例如：瓶→箱。

操作方法

進入出貨資料管理後，點選左方的圖示 新增一筆出貨資料，或點選圖示 查詢出貨資料。

1.新增：新增一筆出貨資料（依序輸入白色欄位），而按 插入鍵便可開始輸入明細資料，亦可按 刪除鍵資料，輸入完畢後，點選 儲存圖示存檔。

2.查詢：

◇在「多筆清單」狀態下可選擇輸入查詢條件，或不輸入條件直接點選開始查詢 圖示。

◇查詢條件：出貨單號、出貨日期、出貨倉庫、出貨部門。

◇查詢結果出現後，可選擇多筆清單或點選單筆明細顯示，執行次功能選項。

◇查詢後的次功能選項：

◆ 清除：重新查詢資料。

◆ 刪除：刪除出貨資料。

◆ 修改：修改出貨資料。

◆ 確認：將此張出貨單確認。

◆ 確認還原鍵：若欲修改或刪除出貨單，要按此鍵才可修改或刪除其資料。

◆ ：可回上一層畫面。

◆ 列印：列印此出貨單。

注意事項

貨品代號可用「%」來查詢，並自動帶出貨品名稱。

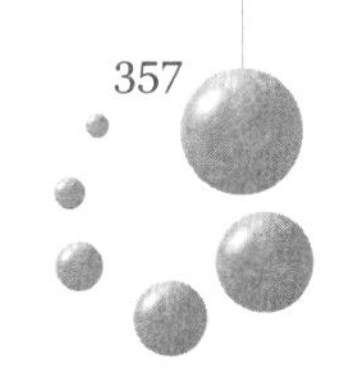

移轉／領料資料管理

功能說明

若各部門倉庫間貨品發生移轉是欲從大倉庫領料時便可使用。

畫面說明

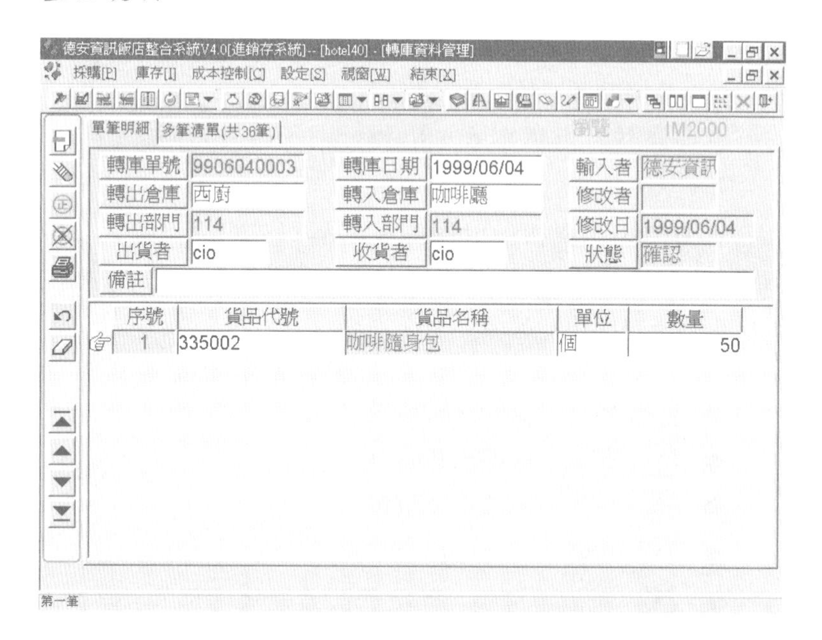

欄位說明

1. 轉庫單號：由電腦依採購日期自動帶出請購單流水號，例：9701010001。
2. 轉出倉庫：依倉庫對照檔，例如，中餐廳、咖啡廳。
3. 轉入倉庫：依倉庫對照檔，例如，客房餐廳、和食餐廳。
4. 轉出部門：選擇轉出倉庫後，便會自動帶出倉庫所屬的部

門。

5.轉入部門：選擇轉入倉庫後，便會自動帶出倉庫所屬的部門。

6.貨品代號：資料來自貨品資料管理，可用「%」快速查詢，並自動帶出貨品名稱、單 位。

7.單位：爲基本單位，亦可換成同類之單位，例如，瓶→箱。

操作方法

進入移轉／領料資料管理後，點選左方的圖示 新增一筆移轉／領料資料，或點選圖示 查詢移轉／領料資料。

1.新增：新增一筆移轉／領料資料（依序輸入白色欄位），而按 插入鍵便可開始輸入明細資料，亦可按 刪除鍵資料，輸入完畢後，點選儲存 圖示存檔。

2.查詢：

◇在「多筆清單」狀態下可選擇輸入查詢條件，或不輸入條件直接點選開始查詢 圖示。

◇查詢條件：轉庫單號、轉庫日期、轉入倉庫、轉出倉庫、轉入部門、轉出部門、出貨者、收貨者。

◇查詢結果出現後，可選擇多筆清單或點選單筆明細顯示，執行次功能選項。

◇查詢後的次功能選項：

- 清除：重新查詢資料。
- 刪除：刪除移轉／領料資料。
- 修改：修改移轉／領料資料。
- 確認：將此張移轉／領料單確認。

- 確認還原鍵：若欲修改或刪除移轉／領料單，要按此鍵才可修改或刪除其資料。
- ：可回上一層畫面。
- 列印：列印此移轉／領料單。

耗用資料管理

功能說明

當所使用之物料（例如，廚房之調味料）難以估計其用量時，即可使用本系統利用結存量反推耗用量。

畫面說明

德安資訊飯店整合系統V4.0[進銷存系統]-- [hotel40] - [耗用資料管理]

採購[P] 庫存[I] 成本控制[C] 設定[S] 視窗[W] 結束[X]

單筆明細 多筆清單(共67筆) 瀏覽 IM3000

耗用單號 9908106024 狀態 確認 輸入者 德安資訊

耗用日期 1999/08/10 耗用者 cio 修改者 使用者

耗用倉庫 咖啡廳 耗用部門 114 修改日期 1999/08/17

備註

序號	貨品代號	貨品名稱	單位	庫存量	結存量	耗用量
1	111000007	黃魚(小) kg	公斤	2	1	1
2	111000009	七星鱸魚 kg	公斤	10	6	4
3	131000007	大頭菜	公斤	5	2	3

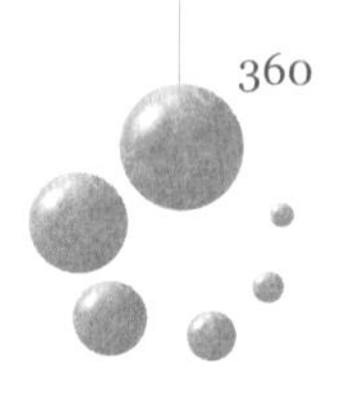

欄位說明

1.耗用單號：由電腦依採購日期自動帶出請購單流水號，例如：9701010001。

2.狀態：耗用單狀態（N：正常　C：確認）。

3.耗用倉庫：依倉庫對照檔，例如，中餐廳、咖啡廳。

4.耗用部門：選擇耗用倉庫後，便會自動帶出倉庫所屬的部門。

5.單位：爲基本單位，亦可換成同類之單位，例如，瓶→箱。

操作方法

進入耗用資料管理後，點選左方的圖示 新增一筆耗用資料，或點選圖示 查詢耗用資料。

1.新增：新增一筆耗用資料（依序輸入白色欄位），而按 插入鍵便可開始輸入明細資料，亦可按 刪除鍵資料，輸入完畢後，點選儲存 圖示存檔。

2.查詢：

◇在「多筆清單」狀態下可選擇輸入查詢條件，或不輸入條件直接點選開始查詢 圖示。

◇查詢條件：耗用單號、耗用日期、耗用部門、耗用倉庫、耗用者。

◇查詢結果出現後，可選擇多筆清單或點選單筆明細顯示，執行次功能選項。

◇查詢後的次功能選項：

◆ 清除：重新查詢資料。

- ◆ 刪除：刪除耗用資料。
- ◆ 修改：修改耗用資料。
- ◆ 確認：將此張耗用單確認。
- ◆ 確認還原鍵：若欲修改或刪除耗用單，要按此鍵才可修改或刪除其資料。
- ◆ ：可回上一層畫面。
- ◆ 列印：列印此耗用單。

注意事項

1.選擇耗用倉庫後直接帶出所屬耗用部門。

2.貨品代號可用「%」來查詢，並自動帶出貨品名稱、單位、庫存量。

調整資料管理

功能說明

當貨品有破損情形不堪陳列販賣時，即可利用此調整功能扣其庫存量。

畫面說明

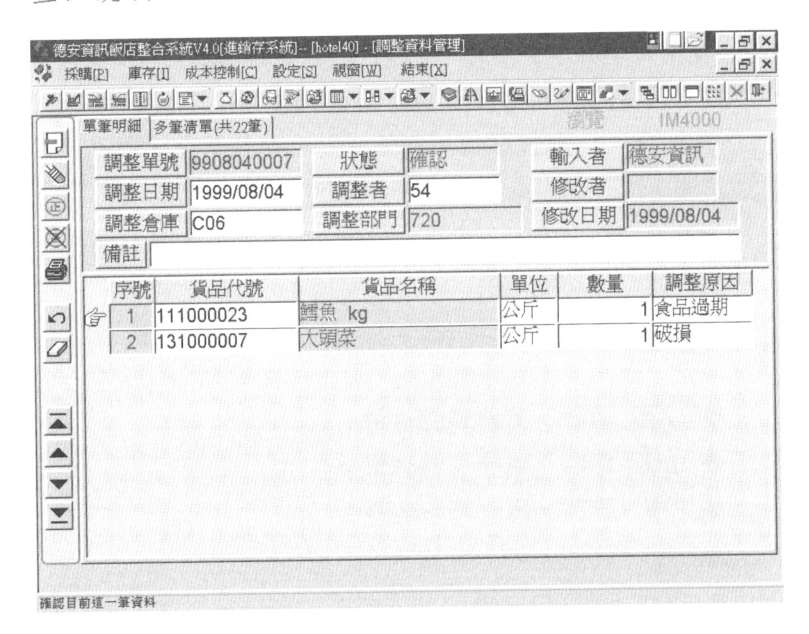

欄位說明

1. 調整倉庫：依倉庫對照檔，例如，中餐廳、咖啡廳。
2. 調整部門：選擇轉出倉庫後，便會自動帶出倉庫所屬的部門。
3. 調整原因：依調整原因對照檔，例如，破損、溢增。

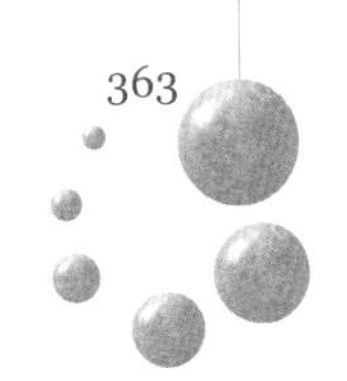

操作方法

進入調整資料管理後，點選左方的圖示 新增一筆調整資料，或點選圖示 查詢調整資料。

1. 新增：新增一筆調整資料（依序輸入白色欄位），而按 插入鍵便可開始輸入明細資料，亦可按 刪除鍵資料，輸入完畢後，點選儲存 圖示存檔。
2. 查詢：

◇在「多筆清單」狀態下可選擇輸入查詢條件，或不輸入條件直接點選開始查詢 圖示。

◇查詢條件：調整單號、調整日期、調整倉庫、異動者、調整者。

◇查詢結果出現後，可選擇多筆清單或點選單筆明細顯示，執行次功能選項。

◇查詢後的次功能選項：

- ◆ 清除：重新查詢資料。
- ◆ 刪除：刪除調整資料。
- ◆ 修改：修改調整資料。
- ◆ 確認：將此張調整單確認。
- ◆ 確認還原鍵：若欲修改或刪除調整單，要按此鍵才可修改或刪除其資料。
- ◆ ：可回上一層畫面。
- ◆ 列印：列印此調整單。

注意事項

貨品代號可用「%」來查詢，並帶出貨品名稱。

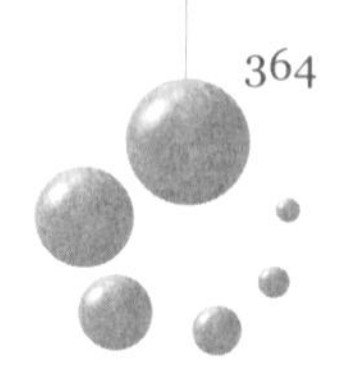

盤點作業管理

功能說明

此系統主要爲稽核盤點作業是否正確。

畫面說明

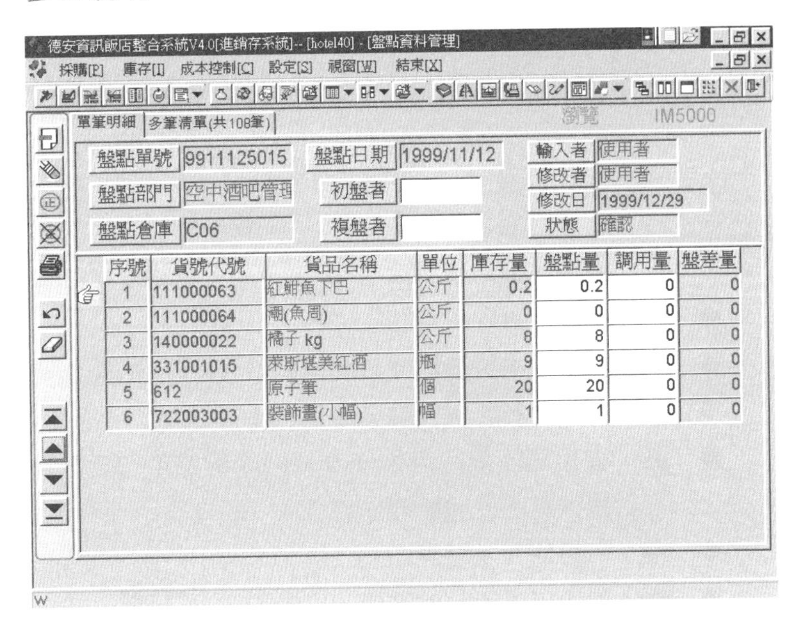

欄位說明

1.盤點單號：於做盤點動作後便由系統自動產生流水號。

2.狀態：盤點單狀態（N：正常　C：確認）。

3.盤點量：爲實際盤點之數量。

4.調用量：當正在盤點時，所使用的貨品數量。

5.盤差量：即盤盈虧，電腦會自動算出。

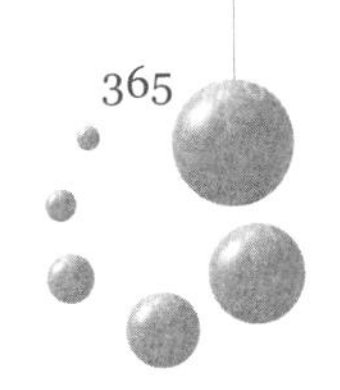

操作方法

進入盤點作業管理後，點選圖示 查詢盤點作業。

1.查詢：

◇在「多筆清單」狀態下可選擇輸入查詢條件或不輸入條件直接點選開始查詢 圖示。

◇查詢條件：盤點單號、盤點日期、盤點部門、盤點倉庫、盤點者、初盤者、複盤者、狀態。

◇查詢結果出現後，可選擇多筆清單或點選單筆明細顯示，執行次功能選項。

◇查詢後的次功能選項：

- ◆ 清除：重新查詢資料。
- ◆ 刪除：刪除盤點作業資料。
- ◆ 修改：修改盤點作業資料。
- ◆ 確認：將此張盤點單確認。
- ◆ 確認還原鍵：若欲修改或刪除盤點單，要按此鍵才可修改或刪除其資料。
- ◆ ：可回上一層畫面。
- ◆ 列印：列印此盤點單。

注意事項

1.盤點日期之前所有單據需確認日結。

2.開始做盤點後即將各倉庫貨品庫存量存檔。

庫存查詢作業

庫存異動查詢

查詢條件

1.貨品代號。

2.異動期間。

3.異動單號。

4.異動原因。

5.倉庫代號。

6.報表備註。

欄位說明

異動原因：

1.IN：進貨。

2.IO：退貨。

3.AJ：調整。

4.RQ：出貨。

5.IU：耗用。

6.TI：轉出。

7.TO：轉入。

注意事項

查詢之起訖時間必須輸入。

即時庫存查詢（倉庫別）

查詢條件

1. 倉庫代號。
2. 貨品代號。
3. 報表備註：出現在報表抬頭的下方。

即時庫存查詢（貨號別）

查詢條件

1. 貨品代號。
2. 列表備註：出現在報表抬頭的下方。

注意事項

1. 可查看單一筆貨品之明細。
2. 因預覽爲列印報表用，故在查看單筆明細時，不可在預覽模式下執行。

期末庫存異動查詢

查詢條件

1. 月份。
2. 倉庫。
3. 貨品代號。
4. 列表備註：出現在報表抬頭的下方。

欄位說明

1.期初庫存：若查詢12月，其值爲11月的期末庫存數量。

2.期末庫存：爲期初庫存加減異動數量所得之值。

3.庫存量：爲期初庫存加減異動數量之累積數量。

注意事項

因針對個別貨品查詢庫存異動，必須輸入倉庫代號及貨品代號。

歷次採購成本查詢

查詢條件

1.貨品代號。

2.期間。

3.列表備註：出現在報表抬頭的下方。

結轉作業

日結作業

功能說明

將所有單據都轉成「確認」狀態。

畫面說明

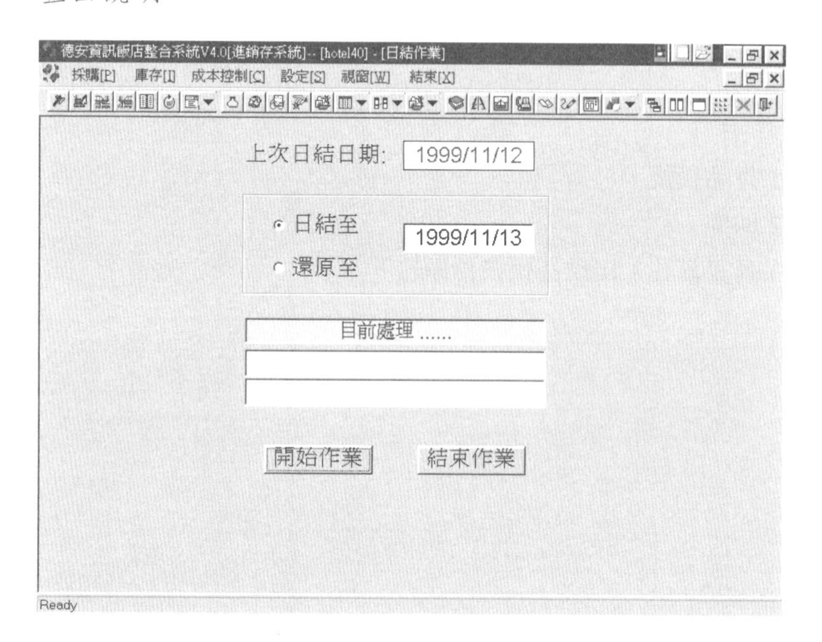

注意事項

1. 日結：是將日結當天及其以前之日期同時作日結動作，例如，輸入1998／2／13，按「開始作業」後，電腦便會將在1998／2／13當天及之前所有單據做日結。

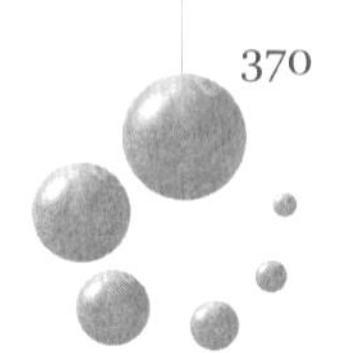

2. 日結還原：爲將目前日結日期到要日結還原日期的這段時間之單據做還原動作，但不會將所有單據改回正常狀態，若要修改或刪除單據，需先將單據確認還原，使其在正常狀態亦可修改或刪除，例如，目前日結日期爲 1998／2／13，而要日結還原日期爲1998／1／1，此時電腦便會將1998／2／13這段時間的所有單據做日結還原的動作。
3. 當使用者在「設定」系統中的系統參數設定日結爲直接確認時，在作日結中電腦便會自動將單據直接確認，若設定日結爲提示訊息時，在作日結中電腦便會提出訊息告知使用者還有哪些單據未確認。

月結作業

功能說明

爲將統計進銷存整個月份所有的期初存貨、進貨、退貨等…之數量與金額。

畫面說明

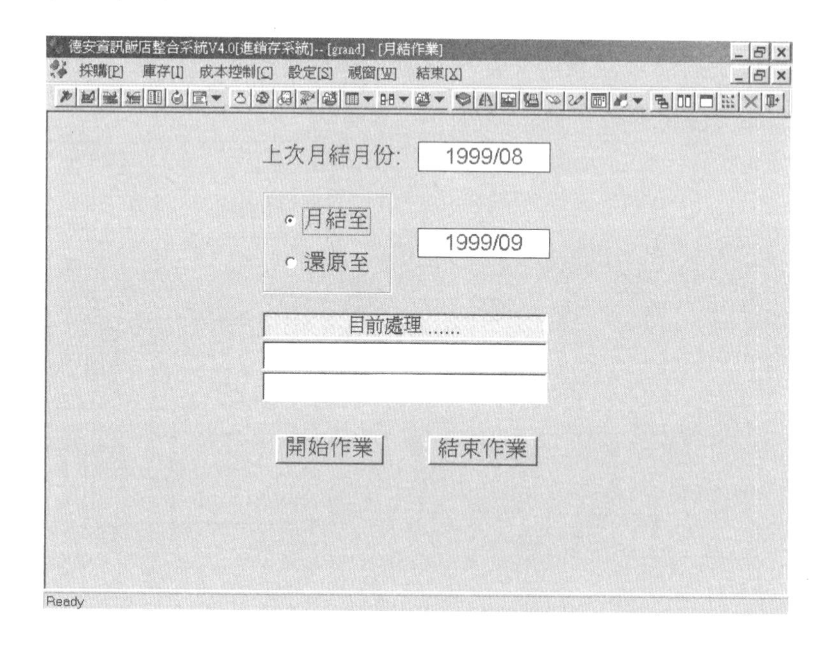

注意事項

1. 月結：爲將進銷存整個月份做總計算，並可在報表作業中的進銷存總表看得到 ，月結之日期電腦會自動帶出尚未月結之月份。
2. 月結還原 ：當使用者要修改或刪除某一張單據時，但已做了月結，此種情形使用者便先要將月結還原至前一個月

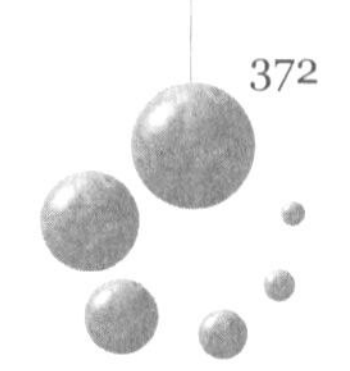

份，再做日結還原，等修改或刪除單據後，再做日結，月結，例如，目前月結至1998／1，而要修改1998／1／10號之單據，此時便先要將月結還原至1997／12（表目前月結到12月），再將日結還原到1998／1／09，便可修改。

設定盤點作業

功能說明

於月底或年底時做所有倉庫的盤點，以確實瞭解公司有多少庫存。

畫面說明

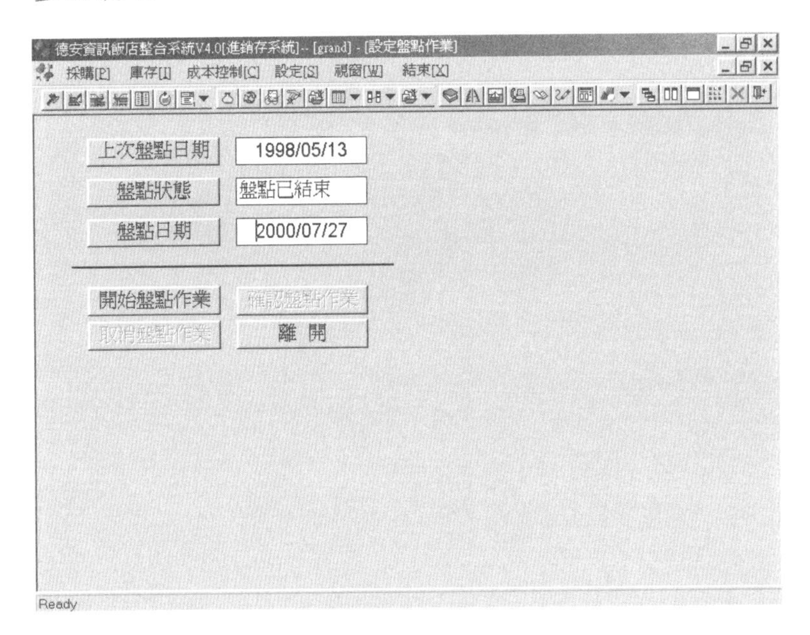

注意事項

1. 當按「開始盤點作業」後，電腦便會自動記錄出所有貨品之庫存，使用者可以至盤點資料管理列印出盤點單，且實際到倉庫做盤點作業，之後再將所盤點貨品數量記錄在盤點資料管理中。
2. 當輸入完資料後，按「確認盤點作業」，電腦便會將盤點單做確認動作。
3. 當盤點狀態爲「正在盤點中」時，不能輸入任何單據，直到盤點結束才可輸入單據。

設定耗用作業

功能說明

定期做所有倉庫的耗用，以確實了解公司剩下多少庫存。

畫面說明

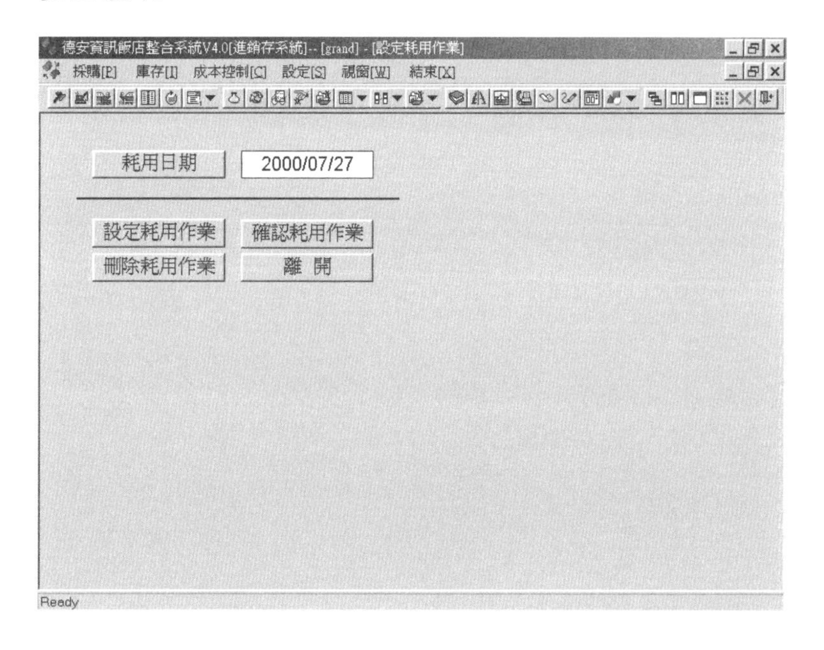

注意事項

必須先做日結至耗用盤點日止，才可開始執行耗用結轉作業。

Chapter 18
固定資產系統

資產管理爲飯店之重要管理。一個飯店中的上千種產品從大自發電機、電梯及小到一個計算機多歸資產管理，且飯店部門各資產之保管與調撥多是財務部人力之負擔，電腦提供清楚記錄固定資產折舊情況，及增值、報廢等處理。

固定資產系統的功能

1.固定資產管理：

◇資產取得。
◇資料修改。
◇查詢。
◇處分／報廢／出售。
◇改良／重估。

2.折舊作業：

◇計算折舊。
◇折舊還原。

3.資產查詢：

◇資產卡查詢。
◇異動查詢。
◇折舊查詢。
◇報表作業。

固定資產系統功能簡介

1.本系統爲財務管理系統之固定資產作業。

2.本系統採用西元年度。

畫面說明

固定資產作業流程

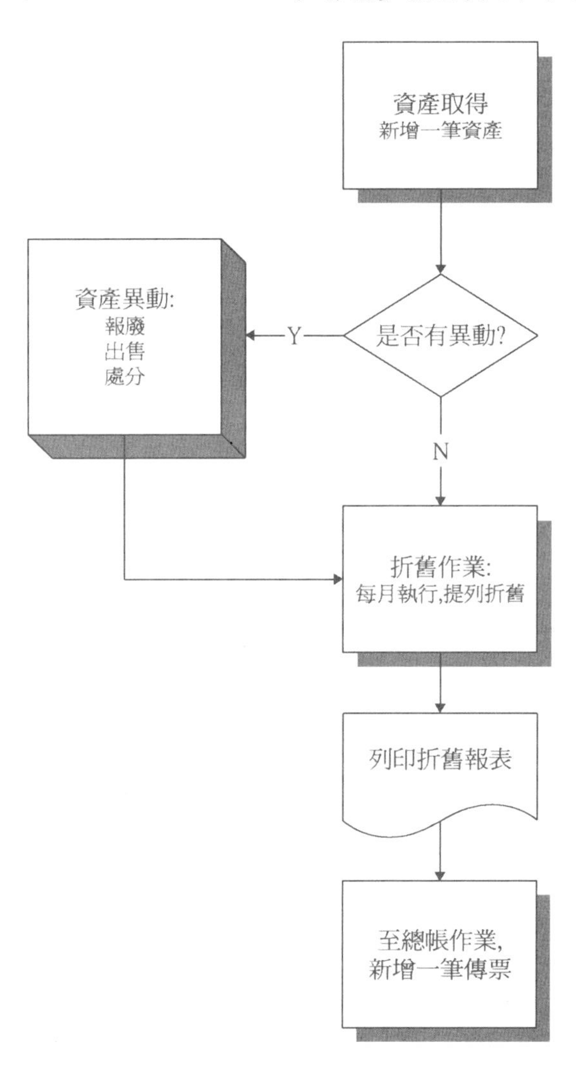
固定資產作業流程
資產取得
新增一筆資產
資產異動:
報廢
出售
處分
Y
是否有異動?
N
折舊作業:
每月執行,提列折舊
列印折舊報表
至總帳作業,
新增一筆傳票

功能簡介

1.資產管理：根據資產性質（固定資產、遞延資產、一般資產）及資產類別（使用者自對照檔設定）編列資產編號做爲資產管理，及相關之新增、查詢、刪除、修改、改良／重估、處分／報廢／出售、異動還原等作業。

2.折舊作業：電腦自動執行輸入年月之折舊計算，並將累計折舊及殘餘月數更新。

3.資產查詢：

◇財產卡查詢：資產的所有異動明細（包括財產取得、折舊計錄、報廢、出售或處分等）。

◇異動查詢：資產做過報廢、出售或處分等異動時，可由此查詢異動明細。

◇折舊查詢：查詢已做折舊計算的明細。

4.報表：

◇折舊明細月報表（財產別）。

◇折舊明細月報表（部門別）。

◇折舊月報表（財產別）。

◇折舊月報表（部門別）。

◇財產異動明細表。

◇財產取得報告表。

◇盤點清冊。

◇固定資產增減變動表。

◇財產目錄。

◇財產目錄總表。

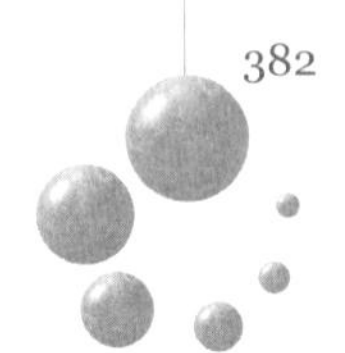

5.QBE（Query By Example）查詢法：依照使用者的需要，輸入查詢的條件，電腦依照條件搜尋符合的資料，顯示在螢幕上。

◇符號：

◆＝ 等於，不加等號也可以。
◆＞ 大於。
◆＞＝ 大於或等於。
◆＜ 小於。
◆＜＝ 小於或等於。
◆＜＞ 不等於。
◆like 如。

◇範例：

◆＝8301010001 或 8301010001 單號等於8301010001。
◆＞1000 某數字大於1000。
◆＞＝830601 某日期大於或等於民國83年6月1日。
◆＜1000 某數字小於1000。
◆＜＝830601 某日期小於或等於民國83年6月1日。
◆＜＞N 某狀態不等於N，此查詢需輸入完整資料。
◆like a% 資料爲A開頭的所有資料。

6.系統Icon說明：

◇ ：新增。
◇ ：刪除。

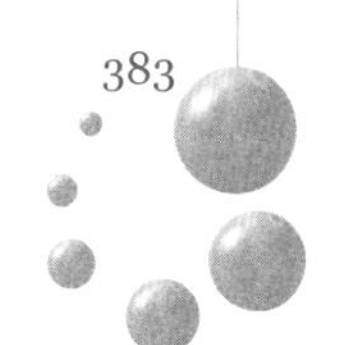

◇ ：返回上一層。

◇ ：插入一筆明細。

◇ ：刪除一筆明細。

◇ ：清除查詢資料。

◇ ：離開系統。

◇ ：跳至第一筆資料。

◇ ：上一筆。

◇ ：下一筆。

◇ ：跳至最後一筆。

◇ ：修改。

◇ ：預覽。

◇ ：列印。

◇ ：印表機設定。

◇ ：查詢。

◇ ：開始搜尋。

◇ ：儲存。

固定資產系統操作說明

資產管理

功能說明

根據資產性質（固定資產、遞延資產、一般資產）及資產類別（使用者自對照檔設定）編列資產編號做爲資產管理，及相關之新增、查詢、刪除、修改、改良／重估、處分／報廢／出售、異動還原等作業。

畫面說明

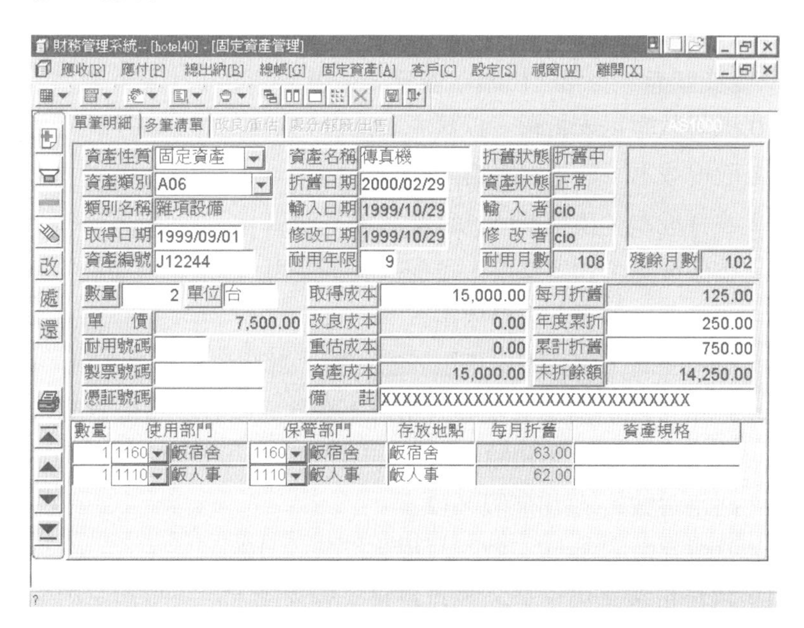

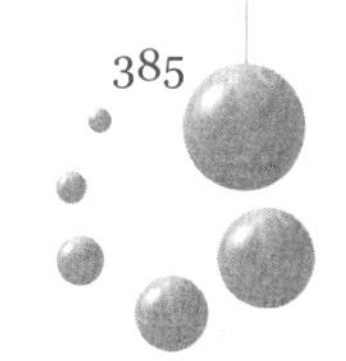

欄位說明

灰色部分由電腦產生，不可輸入，僅白色欄位可由使用者輸入。

1.資產編號：使用者自行編碼，最大可輸入10位（英文或數字），但資產編號不可重複。
2.資產名稱：資產的中文說明。
3.資產性質：遞延資產、固定資產、一般資產。
4.資產類別：由對照檔帶出所有類別供使用者選擇（設定：固定資產對照檔）。
5.取得日期：資產取得的日期。
6.折舊日期：第一次提折舊的日期（已做過折舊的月份不可再輸入）。
7.製票號碼： 購買資產的傳票製票號碼。
8.使用狀況：良品／不堪使用。
9.資產狀態：正常、出售、處分、報廢。
10.折舊狀態：未折舊、折舊中、折舊完畢。
11.取得成本：數量×單價。
12.改良成本：預留欄位，目前系統不使用。
13.重估成本：預留欄位，目前系統不使用。
14.資產成本：等於取得成本。
15.耐用號碼：固資耐用年限表的代號，此欄位僅供參考用。
16.耐用年限：固定資產輸入耐用年限，遞延資產電腦自動帶5年，一般資產不用輸年限。
17.耐用月數： 耐用年限×12。
18.殘餘月數： 耐用月數－已提列折舊的月數.
19.每月折舊：固定資產每月折舊＝資產成本÷（耐用年限＋1）÷12。

遞延資產每月折舊＝資產成本÷5年÷12。

改
處
還

20. 本年折舊：本年度之每月折舊累計。
21. 累計折舊：歷年的每月折舊累計。
22. 未折餘額：資產成本－累計折舊。

操作方法

進入傳票輸入作業後，點選左方的圖示 新增一筆資產，或點選圖示 查詢資產管理。

1. 新增：新增一筆資產明細（依序輸入白色欄位），數量超過1台時可點選 增加一筆使用單位明細，點選 可刪除一筆，輸入完畢後，點選執行圖示。
2. 查詢：

◇在「多筆清單」狀態下可選擇輸入查詢條件，或不輸入條件直接點選查詢圖示。

◇查詢條件：資產編號、資產名稱、資產性質、資產類別、取得日期、開始折舊日、資產狀態、折舊狀態、使用狀況、耐用年限。

◇查詢結果出現後，可選擇多筆清單或點選單筆明細顯示，執行次功能選項。

◇查詢後的次功能選項:

- ◆ 新增：新增一筆資產編號（操作方式同上一層）。
- ◆ 查詢：可重新下條件查詢資產。
- ◆ 刪除：刪除資產資料，已經開始折舊的資產不能刪除。
- ◆ 修改：折舊中的資產只能修改資產名稱、單位、製票及傳票號碼及備註等欄位。

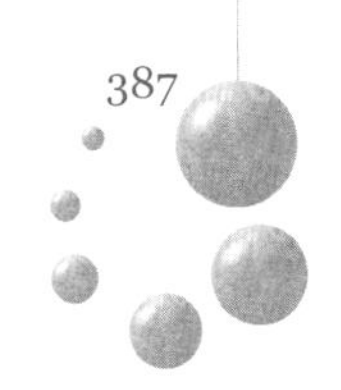

- ◆ **改** 改良／重估：在畫面上方點選資產改良或重估。
- ◆ **處** 處分／報廢／出售：在畫面上方點選資產處分或報廢或出售。
- ◆ **還** 異動還原：電腦會顯示出最後一次異動資料，點選確認鍵即可還原。

折舊作業

功能說明

折舊費用計算，執行過當月份之折舊計算後，電腦會將資產管理的本年累折及累計折舊更新，殘餘月數減1。

畫面說明

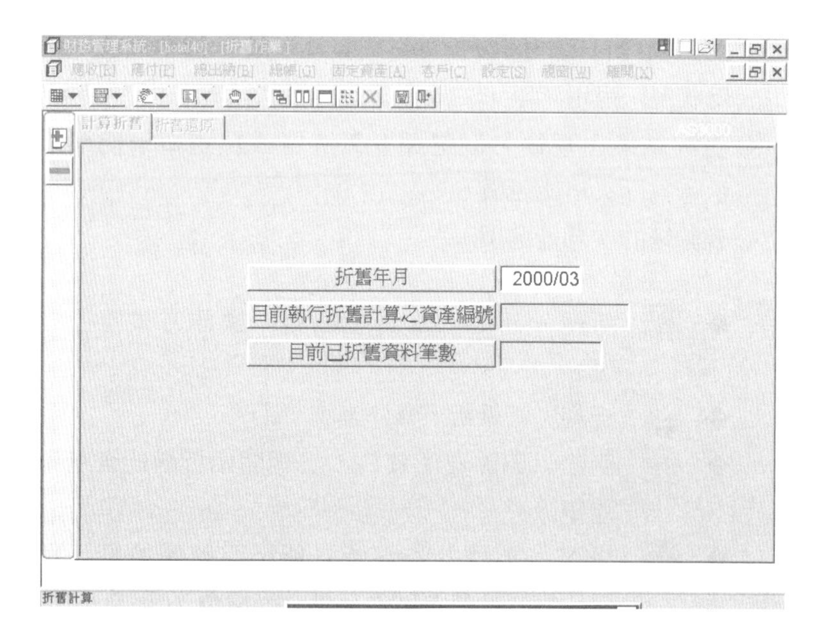

操作方法

1. 進入折舊計算作業後，點選新增圖示 ，輸入要計算的年月（必須逐月做，不可跨月），點選執行圖示後，便開始計算作業。
2. 要執行折舊還原，點選還原圖示 ，輸入要還原的年月（必須逐月做，不可跨月），點選執行圖示後，便開始還原作業。

資產查詢

財產卡查詢

功能說明

可查詢資產的所有異動明細，包括財產取得、折舊計錄、報廢、出售或處分等。

畫面說明

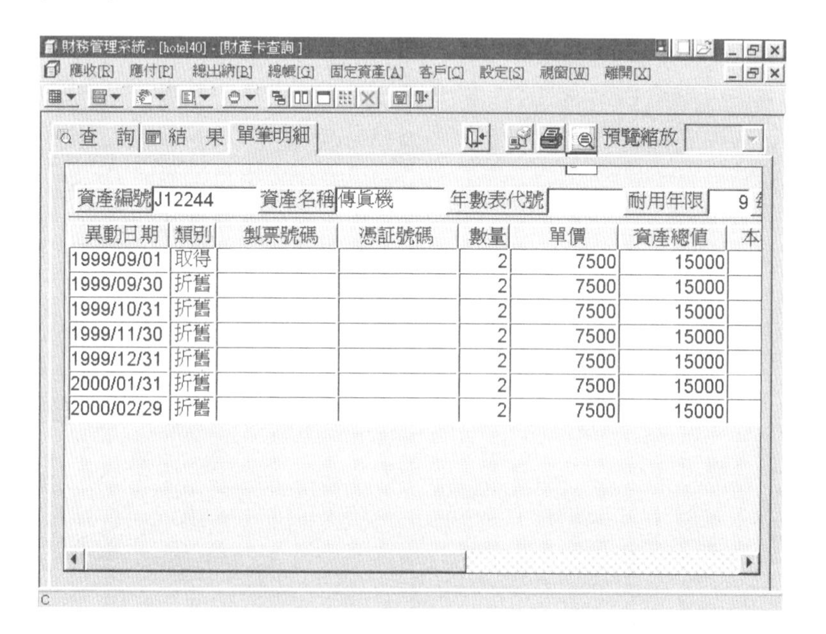

異動日期	類別	製票號碼	憑証號碼	數量	單價	資產總值	本
1999/09/01	取得			2	7500	15000	
1999/09/30	折舊			2	7500	15000	
1999/10/31	折舊			2	7500	15000	
1999/11/30	折舊			2	7500	15000	
1999/12/31	折舊			2	7500	15000	
2000/01/31	折舊			2	7500	15000	
2000/02/29	折舊			2	7500	15000	

操作方法

1. 進入財產卡查詢，輸入查詢條件後按確認鍵，顯示符合條件的多筆資料，可再選擇單筆明細查看內容。
2. 查詢條件：資產編號、資產性質、資產類別。

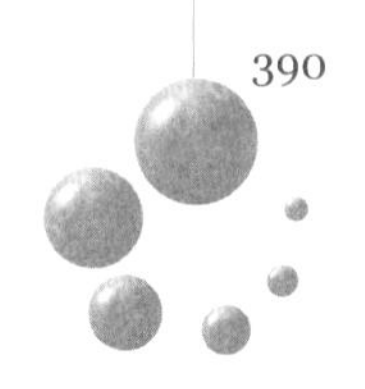

異動查詢

功能說明

資產做過報廢、出售或處分等異動時，可由此查詢異動明細。

畫面說明

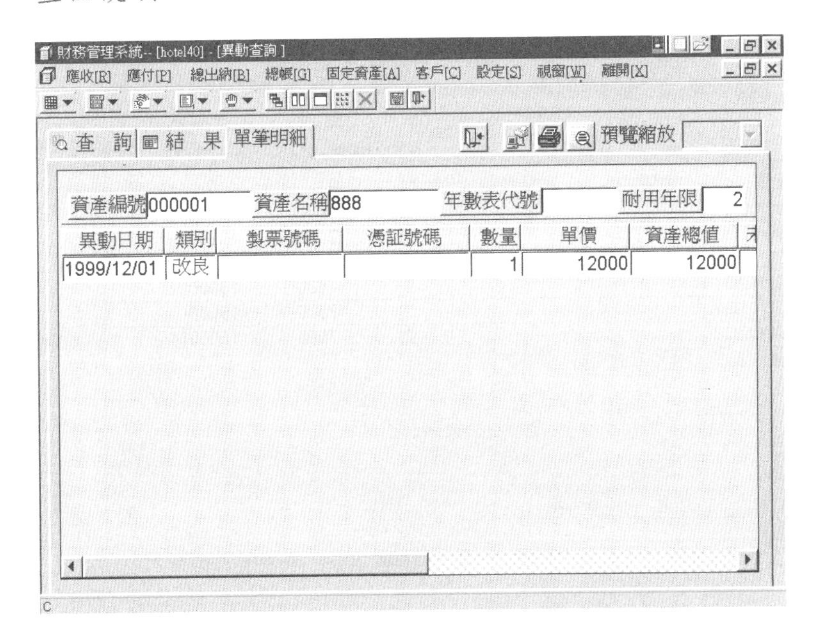

操作方法

1. 進入異動查詢，輸入查詢條件後按確認鍵，顯示符合條件的多筆資料，可再選擇單筆明細查看內容。
2. 查詢條件：資產編號、資產性質、資產類別。

折舊查詢

功能說明

查詢已做折舊計算的明細。

畫面說明

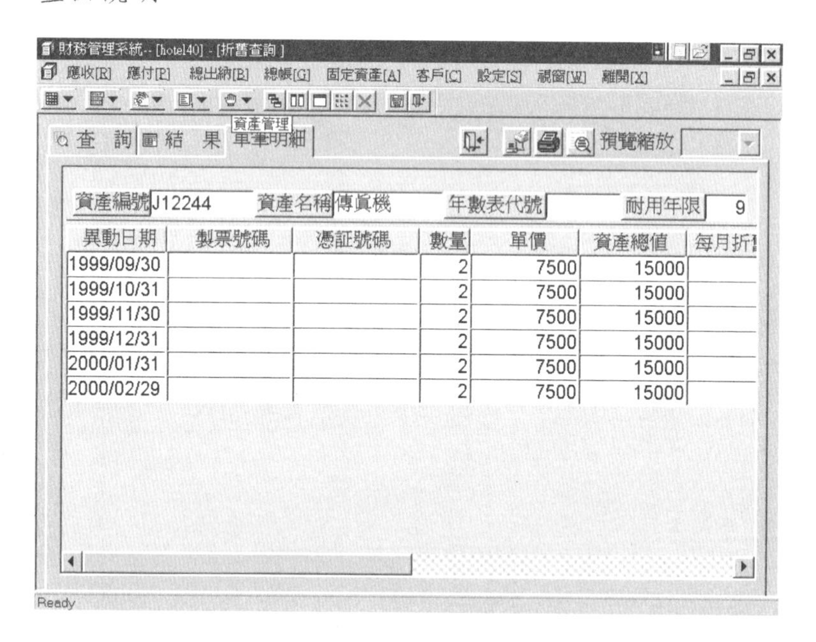

操作方法

1. 進入折舊查詢，輸入查詢條件後按確認鍵，顯示符合條件的多筆資料，可再選擇單筆明細查看內容。
2. 查詢條件：資產編號、資產性質、資產類別。

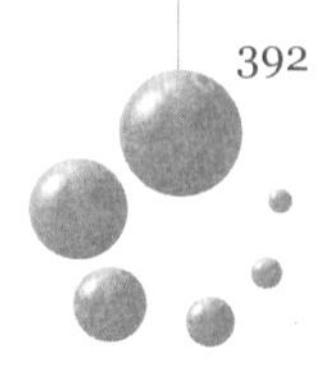

Chapter 19
人事薪資管理系統

旅館必須面對不同消費者喜好的多樣性，產品的種類也要不斷推陳出新，各類型的旅館因淡、旺季的明顯，使得在服務流程上變得更用心去安排，爲了使人力的配置合理，人力的規劃就顯得非常重要。

旅館在訂定人力計畫時應考慮的因素：

1.未來發展：必須與旅館各部門密切配合，了解旅館未來發展所需人力。

2.以往人力異動情形。

3.專業技術人員的聘僱。

4.外在環境之變化。

◇未來人口及勞動供需之變化。

◇整體經濟環境之變化。

製定出旅館各部門所需的員額編制：爲使旅館人力之適量適質適時的補充，下列幾項質建立，可作爲人力運用標準：

1.生產量。

2.生產力指數。

3.目標生產力指數。

4.最大生產力指數。

人事薪資管理系統功能簡介

系統簡介

1.本系統爲人事系統之人事基本資料管理作業 。
2.本系統採用西元年度。

畫面說明

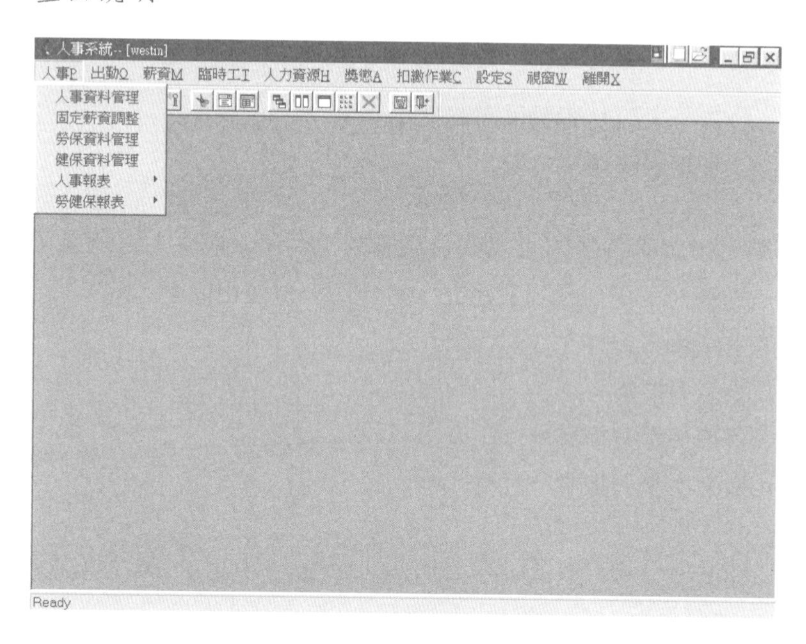

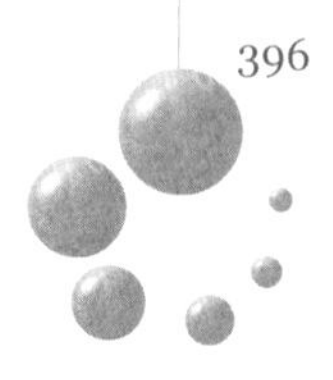

人事薪資系統架構圖

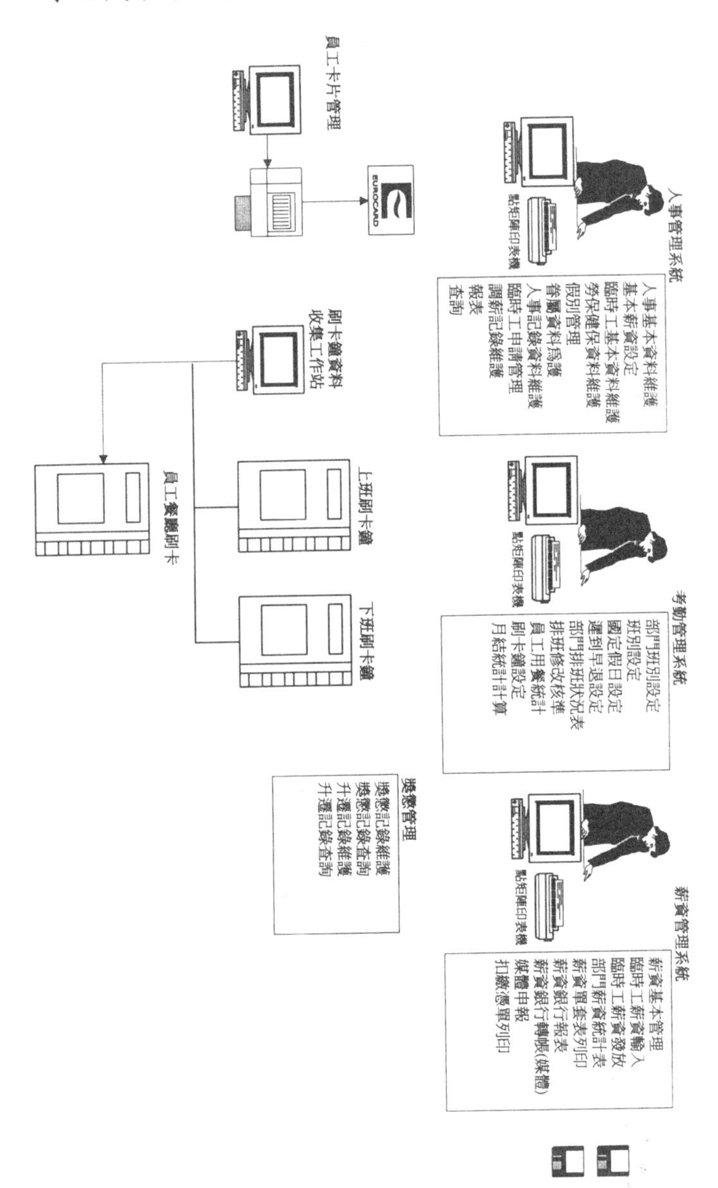
員工卡片管理
EUROCARD
刷卡鐘資料收集工作站
上班刷卡鐘
下班刷卡鐘
員工餐廳刷卡
人事管理系統
點矩陣印表機
人事基本資料維護
基本薪資設定
臨時工基本資料維護
勞保健保資料維護
假別管理
眷屬資料爲護
人事記錄資料維護
臨時工申請管理
調薪記錄維護
報表
查詢
考勤管理系統
點矩陣印表機
部門班別設定
班別設定
國定假日設定
遲到早退設定
部門排班狀況表
排班修改核準
員工用餐統計
刷卡鐘設定
月結統計計算
薪資管理系統
點矩陣印表機
薪資基本管理
臨時工薪資輸入
臨時工薪資發放
部門薪資統計表
薪資單套表列印
薪資銀行報表
薪資銀行轉帳(媒體)
媒體申報
扣繳憑單列印
獎懲管理
獎懲記錄維護
獎懲記錄查詢
升遷記錄維護
升遷記錄查詢

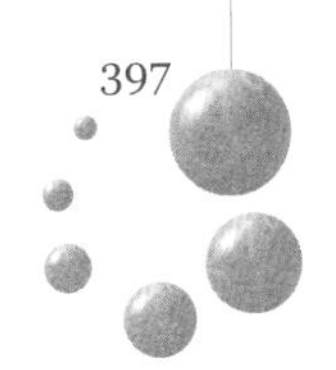

功能簡介

1. 人事資料管理：人事資料之新增、查詢、修改、離職、留職、復職、調職及異動查詢等作業。
2. 報表：

   ◇壽星名冊。

   ◇員工通訊錄。

   ◇員工郵遞標籤。

3. QBE（Query By Example）查詢法：依照使用者的需要，輸入查詢的條件，電腦依照條件，搜尋符合的資料，顯示在螢幕上。

   ◇符號：

   ◆＝ 等於，不加等號也可以。

   ◆＞ 大於。

   ◆＞＝ 大於或等於。

   ◆＜ 小於。

   ◆＜＝ 小於或等於。

   ◆＜＞ 不等於。

   ◆like 如。

   ◇範例：

   ◆＝8301010001或8301010001 單號等於8301010001。

   ◆＞1000 某數字大於1000。

   ◆＞＝830601 某日期大於或等於民國83年6月1日。

◆＜1000 某數字小於1000。

◆＜=830601 某日期小於或等於民國83年6月1日。

◆＜＞N 某狀態不等於N，此查詢需輸入完整資料。

◆like a％ 資料爲A開頭的所有資料。

4.系統Icon說明：

◇ ：新增。

◇ ：刪除。

◇ ：返回上一層。

◇ ：修改。

◇ ：查詢。

◇ ：儲存。

◇ ：離開系統。

◇ ：跳至第一筆資料。

◇ ：上一筆。

◇ ：下一筆。

◇ ：跳至最後一筆。

◇ ：預覽。

◇ ：列印。

◇ ：印表機設定。

人事薪資管理系統操作說明

人事資料管理

功能說明

人事基本資料之新增、修改或查詢作業，及職務異動（離職、留職停薪、復職、調職）等相關作業。

畫面說明

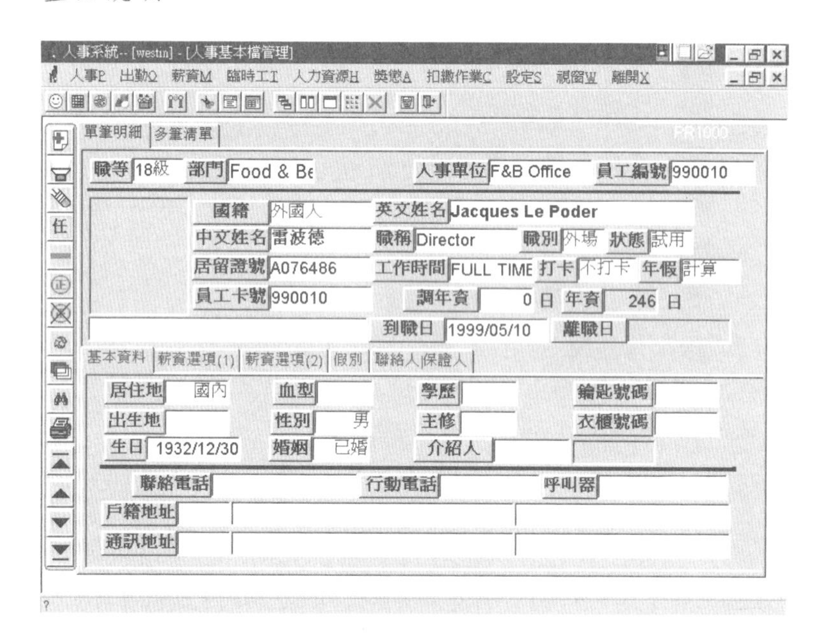

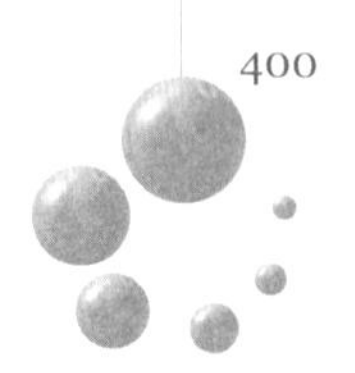

欄位說明

灰色部分由電腦產生，不可輸入，僅白色欄位可由使用者輸入。

1. 人事編號：由使用者自行輸入，最多可輸入6位。
2. 狀態：該名員工目前的勤務狀態：試用、任用、離職、留職。
3. 員工卡號：員工刷卡卡號，最多可輸入8位。
4. 調年資：使用者可自行輸入，調整年資。
5. 到職日：員工到職日，新增時系統會自動顯示當天日期，可自行修改，但不可晚於當天日期或早於出勤月結日。
6. 戶籍地址：巷弄號數請輸入中文數字（例：一二三四…），列印扣繳憑單時會用到。
7. 保證人：請輸入2位保證人資料。

操作方法

進入人事資料管理後，點選左方的圖示 新增一筆人事資料，或點選圖示 查詢。

1. 新增：新增一筆人事資料（依序輸入白色欄位），輸入完畢後，點選執行圖示存檔。需注意人事編號及員工卡號不可重複。
2. 查詢：

   ◇在「多筆清單」狀態下可選擇輸入查詢條件，或不輸入條件直接點選查詢圖示。

   ◇查詢條件：人事編號、姓名、部門、狀態、離職日、年資、職稱、性別、婚姻、教育程度、學科、員工卡號、到職日。

◇查詢結果出現後，可選擇多筆清單或點選單筆明細顯示，執行次功能選項。

◇查詢後的次功能選項：

- ◆ 新增：新增一筆人事資料（操作方式同上一層）。
- ◆ 查詢：可重新下條件查詢人事資料。
- ◆ 修改：只可修改人事基本資料，人事編號、狀態、部門、年資等欄位不可修改。
- ◆ 離職：員工離職時，輸入異動編號及原因，狀態改爲「離職」。
- ◆ 留職：員工辦理留職停薪時，輸入異動編號及原因。
- ◆ 復職：留職要復職時，輸入異動編號及原因，電腦才又開始計薪。
- ◆ 調職：調部門或職稱異動時，輸入異動編號及原因。
- ◆ 異動查詢：可針對單筆人事編號，查詢所有職務異動資料。
- ◆ 列印：可印出所有人事基本資料。

注意事項

1. 人事編號不可重複。
2. 若員工之狀態離職或留職，不可執行調職作業。

報表

1.壽星名冊。

2.員工通訊錄。

3.員工郵遞標籤。

操作方法

1.輸入報表查詢條件後，點選「確定」鍵，報表結果即出現在畫面上。

2.報表結果圖示說明：

◇ 印表機設定。

◇ 列印。

◇ 列印預覽（可選擇預覽縮放百分比）。

◇ 離開（結束報表作業）。

3.欲重新下條件，請點選「查詢」鍵，或選擇離開圖示，重新執行報表作業。

報表說明

1.壽星名冊：查詢條件——起迄期間（月，日）。

2.員工通訊錄：查詢條件——部門代號。

3.員工郵遞標籤：查詢條件——部門代號。

出勤資料管理

1.本系統爲人事系統之出勤資料管理作業。

2.本系統採用西元年度。

畫面說明

功能簡介

1.休假資料管理：查詢或修改未休假時數等資料。

2.排班資料管理：可做單筆排班新增，部門排班及換班修改等作業。

3.出勤異常資料：出勤資料有異常時之新增、查詢或修改等作業。

4.查詢：

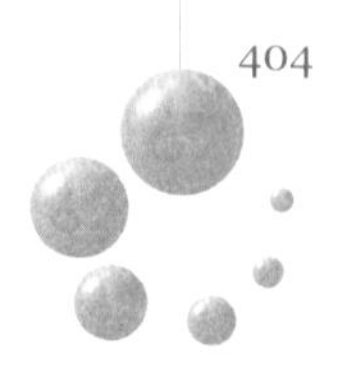

◇出勤資料：可針對單一員工查詢出勤月結後的出勤資料。

◇刷卡資料：可針對單一員工查詢卡鐘結轉後的刷卡資料。

5.報表：

◇員工出勤彙總表。

◇員工出勤記錄表。

◇班別資料表。

◇休假資料表。

◇出勤異常表。

6.結轉：

◇讀取卡鐘資料：將卡鐘上的刷卡資料轉至電腦上。

◇出勤月結：執行過出勤月結後，才可查詢該月份之資料及相關報表。

◇出勤月結確認：月結資料無誤後，執行月結確認便不能再修改。

7.QBE（Query By Example）查詢法：依照使用者的需要，輸入查詢的條件，電腦依照條件，搜尋符合的資料，顯示在螢幕上。

◇符號：

◆＝ 等於，不加等號也可以。

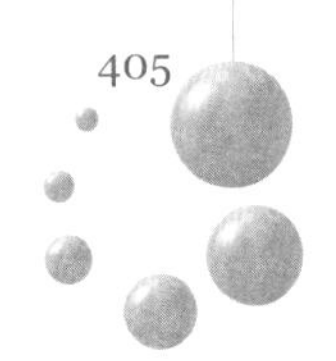

◆＞ 大於。

◆＞＝ 大於或等於。

◆＜ 小於。

◆＜＝ 小於或等於。

◆＜＞ 不等於。

◆like 如。

◇範例：

◆＝8301010001或8301010001 單號等於8301010001。

◆＞ 1000 某數字大於1000。

◆＞＝ 830601 某日期大於或等於民國83年6月1日。

◆＜1000 某數字小於1000。

◆＜＝830601 某日期小於或等於民國83年6月1日。

◆＜＞N 某狀態不等於N，此查詢需輸入完整資料。

◆like a% 資料爲A開頭的所有資料。

8.系統Icon說明：

◇ ：新增。

◇ ：刪除。

◇ ：返回上一層。

◇ ：修改。

◇ ：查詢。

◇ ：儲存。

◇ ：離開系統。

◇ ：跳至第一筆資料。

◇ ：上一筆。

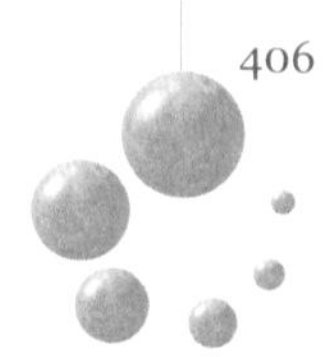

◇ ：下一筆。

◇ ：跳至最後一筆。

◇ ：預覽。

◇ ：列印。

◇ ：印表機設定。

休假資料管理

功能說明

查詢或修改未休假時數等資料。

畫面說明

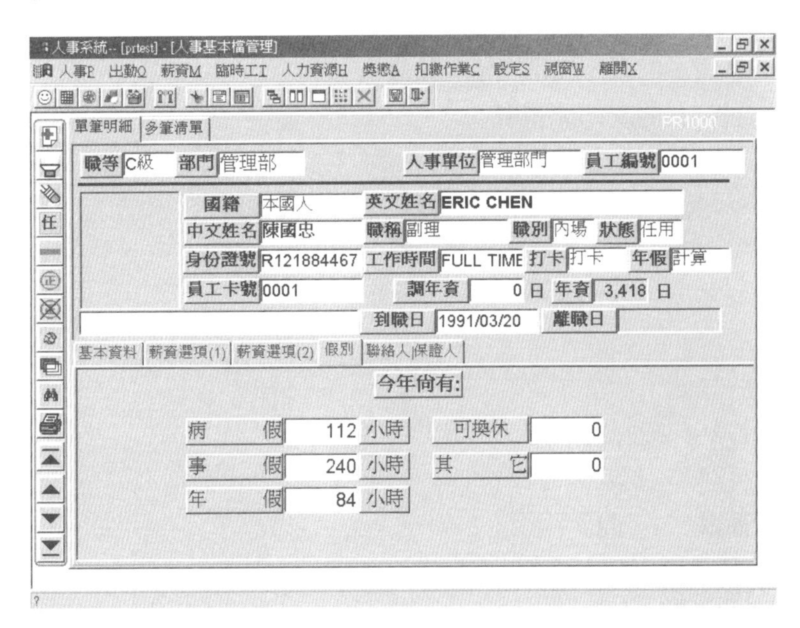

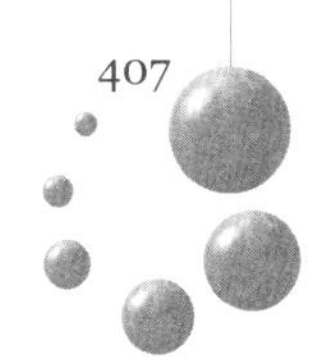

欄位說明

灰色部分由電腦產生，不可輸入，僅白色欄位可由使用者輸入。

1.病假。

2.事假：以小時計算，休假時數可由對照檔設定。

3.年假。

4.加班可換休：依據出勤異常處理所輸入的異常狀態及時間，折算換修時數。

5.其他：不屬於上述原因之其他休假。

操作方法

進入休假資料管理後，點選左方的查詢圖示，可選擇輸入查詢條件，或不輸入條件直接點選執行圖示。

1.查詢條件：人事編號、姓名、部門、狀態、職稱、病假、事假、年假、加班換休、其他。

2.查詢後的次功能選項：

◇  查詢：可重新下條件查詢休假資料。

◇  修改：修改可休時數。

排班資料管理

功能說明

可做單筆排班新增、部門排班及換班修改等作業。

畫面說明

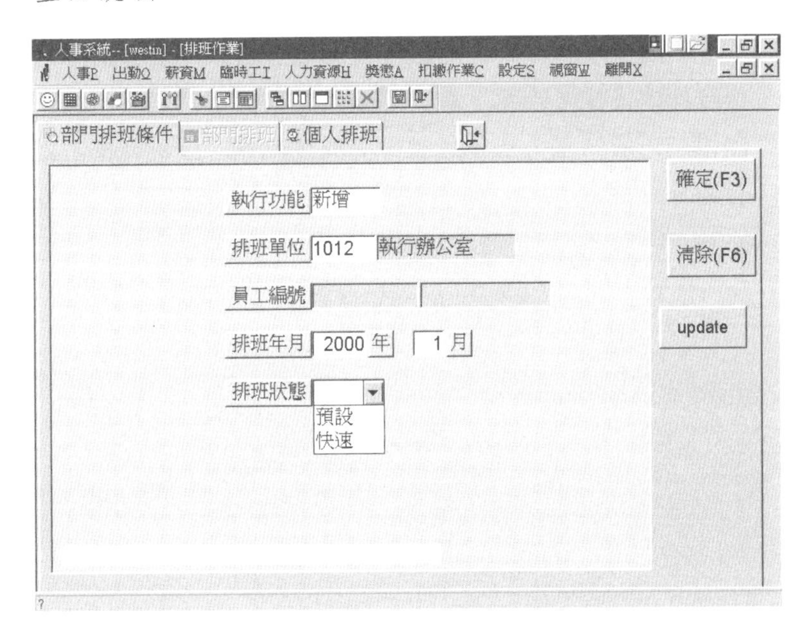

欄位說明

日期旁的空格內，請輸入班別代號（若不知班別代號請查詢對照檔維護）。

操作方法

1.單筆新增：輸入排班年份、月份及人事編號後按「確認」鍵，電腦會將班別全部先帶A班，使用者再自行修改，電

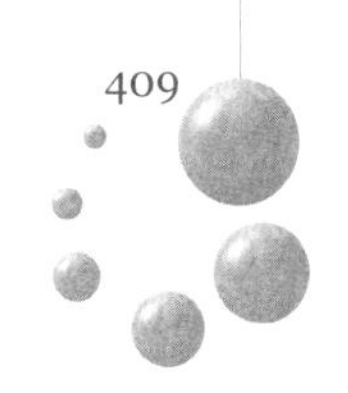

腦會自動計算出總時數。結束前再點選「排班完畢」做最後確認。

2. 部門排班：輸入排班年份、月份及部門代號後按「確認」鍵，電腦自動執行部門排班。

3. 換班修改：輸入欲換班的年月、部門代號及人事編號後按「確認」鍵，電腦帶出該名員工之排班表，再進行換班修改。結束前再點選「修改完畢」做最後確認。

4. 部門星期排班：可依部門做一周排班，輸入排班年份、月份及部門後按「確認」鍵，電腦自動將該部門之員工顯示出來，再依序輸入班別代號，完成後點選「排班完畢」做存檔。

出勤異常處理

功能說明

出勤資料有異常時（遲到、早退或加班超過系統參數所設定的時間）有關之新增、查詢或修改等作業。

畫面說明

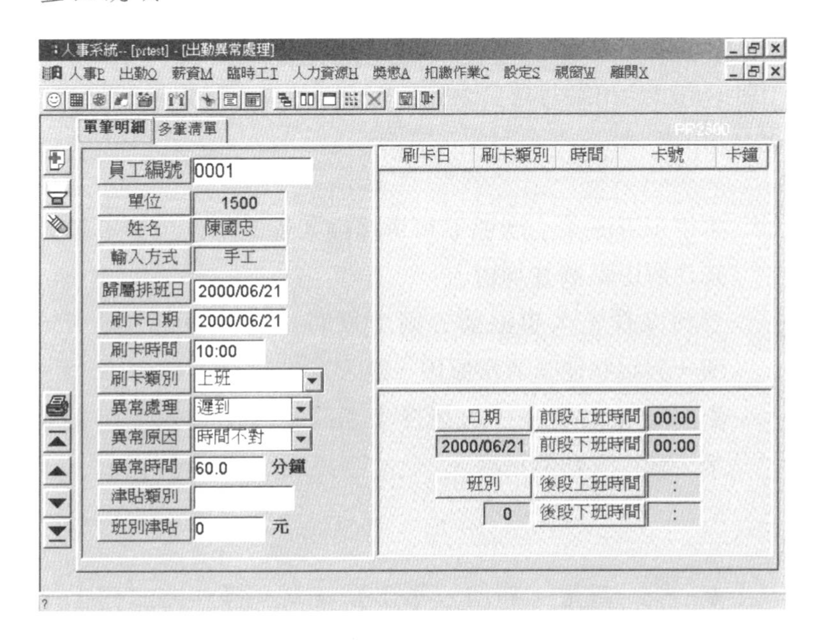

欄位說明

1.刷卡類別：上班、下班、外出、外出回來、加班。

2.異常狀態：忘打卡、異常、不算、遲到、早退、加班、曠職、病假……等等。

3.異常時間：以小時為單位。

4.異常原因：沒打卡、多打卡、時間不對、沒排班、刷卡類

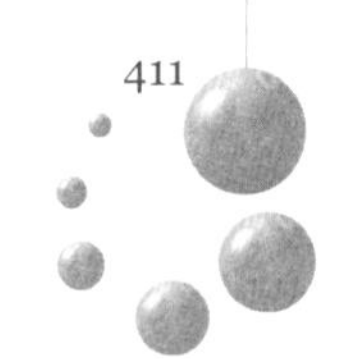

別異常、資料錯誤。

5.輸入方式：由電腦自動產生讀卡或手工輸入。

6.卡鐘號碼：由刷卡輸入時，顯示卡鐘的台號。

操作方法

進入出勤異常處理後，點選左方的圖示 新增一筆資料，或點選查詢 圖示，查詢出勤異常資料。

1.新增：新增一筆出勤資料（依序輸入白色欄位），輸入完畢後點選執行圖示存檔。輸入方式帶「手工」，需注意刷卡日期不可早於出勤月結日。

2.查詢：

◇在「多筆清單」狀態下可選擇輸入查詢條件，或不輸入條件直接點選查詢圖示。

◇查詢條件：人事編號、刷卡日期、刷卡時間、刷卡類別、異常狀態、異常原因、輸入方式。

◇查詢結果出現後，可選擇多筆清單或點選單筆明細顯示，執行次功能選項。

◇查詢後的次功能選項：

- ◆ 新增：新增一筆出勤資料（操作方式同上一層）。
- ◆ 查詢：可重新下條件查詢出勤異常資料。
- ◆ 修改：未做出勤月結前均可修改出勤資料。

查詢

出勤資料

功能說明

執行完出勤月結後，才可查詢出勤資料。

畫面說明

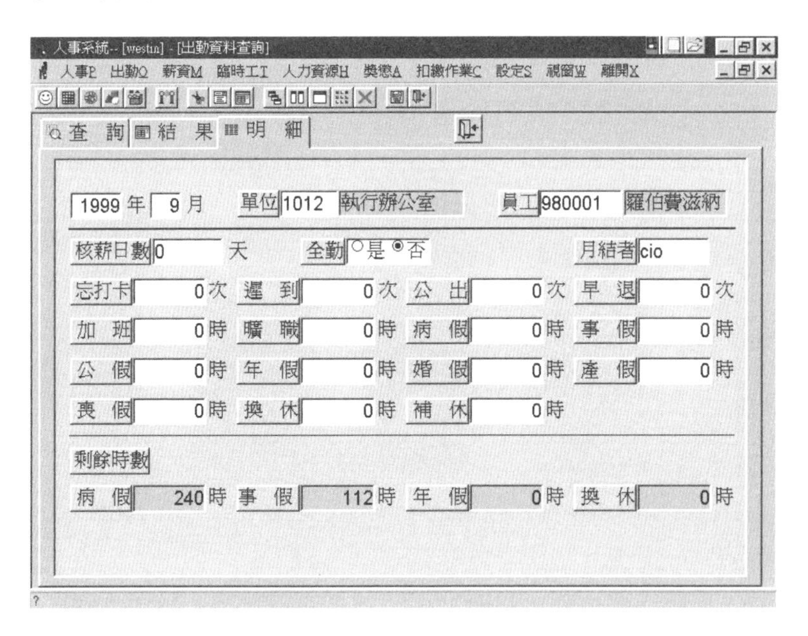

操作方法

輸入查詢條件：年月、人事編號、部門代號後，點選「確定」鍵，出現結果後可再查看明細。

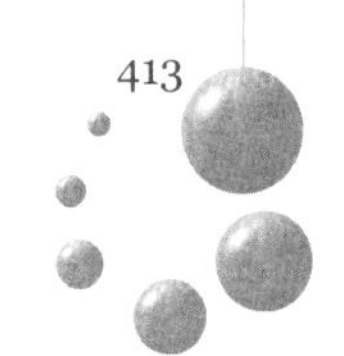

刷卡資料

功能說明

執行完讀取卡鐘資料後，才可查詢刷卡資料。

畫面說明

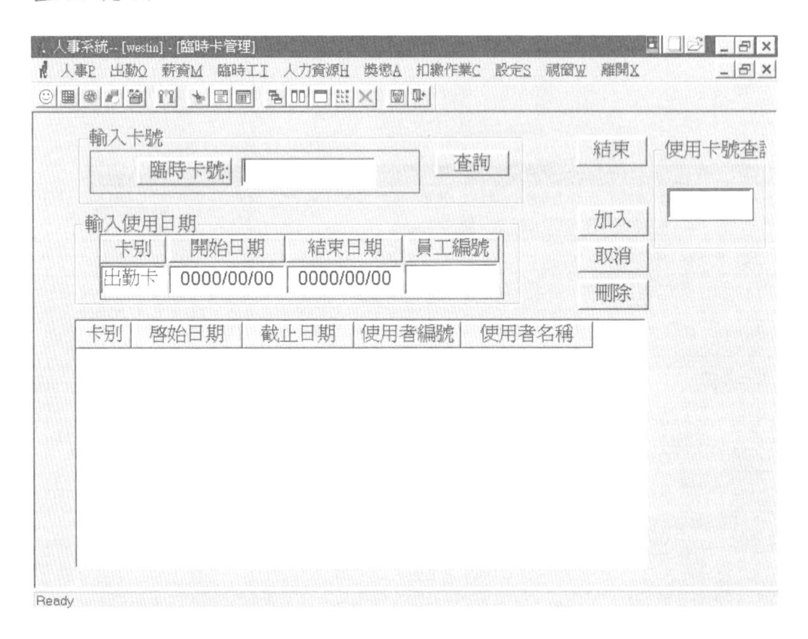

操作方法

輸入查詢條件：起迄日期、部門、人事編號後，點選「確定」鍵，出現上述結果，亦可選擇列印。

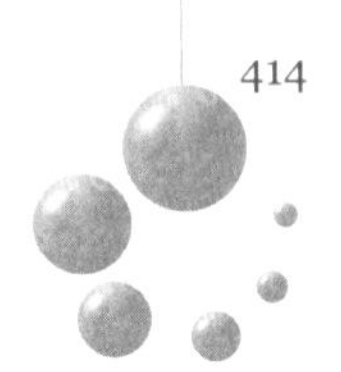

薪資管理系統

1.本系統爲人事系統之薪資管理作業 。

2.本系統採用西元年度。

畫面說明

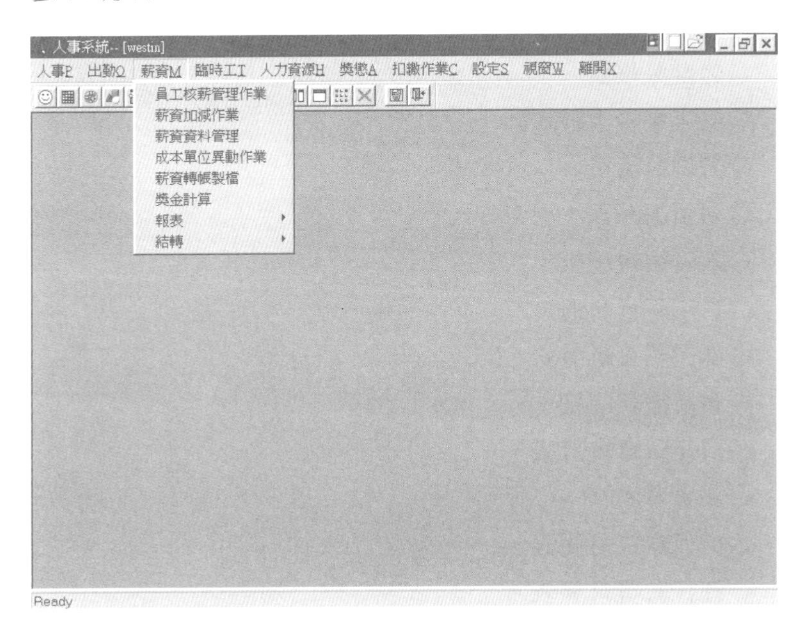

功能簡介

1.薪資調整作業：新進員工薪資建檔或薪資調整作業之新增或查詢。

2.薪資加減作業：可針對員工別或項目別做薪資加減之新增或查詢作業。

3.薪資資料管理：不是採「月薪」計算的本薪類別（時薪或契約），發放薪資之新增、查詢、修改等作業。

4.薪資轉帳製檔：將薪資轉帳的資料製成磁片，提供銀行轉帳使用。

5.獎金計算：依「定額獎金」或「基數獎金」等不同方式作獎金計算作業。

6.臨時工薪資發放：

7.報表：

◇勞健保報表。
◇勞工保險人數統計。
◇勞健保清冊。
◇薪資加減表。
◇薪資領現明細。
◇員工薪資名冊。
◇部門薪資統計表。
◇薪資撥款明細。
◇員工薪資統計表。
◇薪資單。
◇勞保繳費月報表。
◇健保繳費月報表。
◇臨時工薪資日報表。
◇臨時工薪資月報表。
◇臨時工薪資年報表。

8.結轉：

◇薪資月結：電腦自動計算以月薪核發薪資之資料。
◇薪資月結確認：執行完薪資月結，資料完全無誤後再執行出勤月結。

◇勞健保計算：勞健保費率有異動時，才需執行「勞健保計算」，當月份的勞健保費用才會更新。

9.QBE（Query By Example）查詢法：依照使用者的需要，輸入查詢的條件，電腦依照條件，搜尋符合的資料，顯示在螢幕上。

◇符號：

◆＝ 等於，不加等號也可以。
◆＞ 大於。
◆＞＝ 大於或等於。
◆＜ 小於。
◆＜＝ 小於或等於。
◆＜＞ 不等於。
◆like 如。

◇範例：

◆＝8301010001或8301010001 單號等於8301010001。
◆>1000 某數字大於1000。
◆＞＝830601 某日期大於或等於民國83年6月1日。
◆<1000 某數字小於1000。
◆＜＝830601 某日期小於或等於民國83年6月1日。
◆＜＞N 某狀態不等於N，此查詢需輸入完整資料。
◆like a％ 資料爲A開頭的所有資料。

10.系統Icon說明：

◇ ：新增。
◇ ：刪除。
◇ ：返回上一層。
◇ ：修改。
◇ ：查詢。
◇ ：儲存。
◇ ：離開系統。
◇ ：跳至第一筆資料。
◇ ：上一筆。
◇ ：下一筆。
◇ ：跳至最後一筆。
◇ ：預覽。
◇ ：列印。
◇ ：印表機設定。

薪資調整作業

功能說明

新進員工薪資建檔或薪資調整作業之新增或查詢作業。

畫面說明

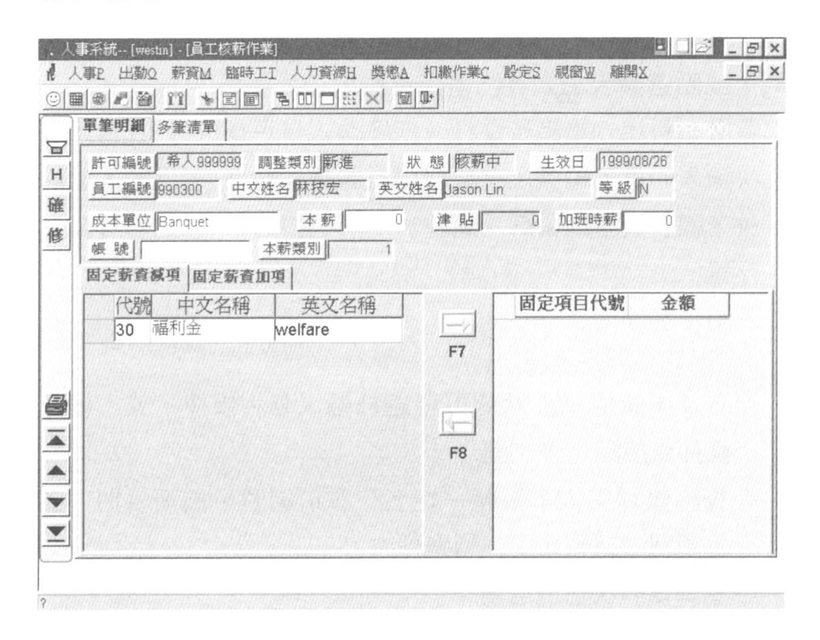

欄位說明

灰色部分由電腦產生，不可輸入，僅白色欄位可由使用者輸入。

1.調整日期：輸入的日期。

2.許可編號：此欄位一定要輸入。

3.調整類別：新進或調整（如果是新進員工尚未有薪資資料，電腦會自動帶「新進」）。

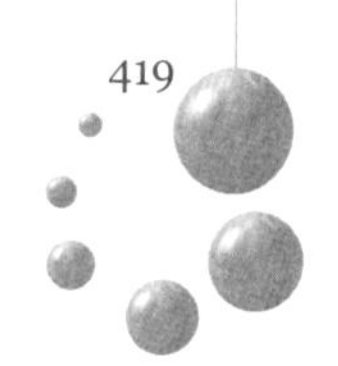

4.調整理由：可由對照檔自行輸入調整理由。

5.本薪類別：月薪、時薪或契約。

6.調薪比率：新進員工為100%，調薪時電腦自動計算本次調幅。

7.健保眷屬：至少要輸入1人。

操作方法

進入薪資調整作業後，點選左方的圖示 新增一筆薪資調整資料，或點選圖示 查詢薪資資料。

1.新增：新增一筆調薪資料（依序輸入白色欄位），若為第一次輸入的員工編號，調整理由電腦帶「新進」，已輸入過的員工編號調整理由為「調整」，輸入完畢後，點選執行圖示存檔。

2.查詢：

◇在「多筆清單」狀態下可選擇輸入查詢條件，或不輸入條件直接點選查詢圖示。

◇查詢條件：人事編號、姓名、許可編號、調薪日期、調薪類別、調薪比率、調整理由。

◇查詢後的次功能選項：

- ◆ 新增：新增一筆薪資調整資料（操作方式同上一層）。
- ◆ 查詢：可重新下條件查詢資料。
- ◆ 修改：修改薪資調整資料。
- ◆ 押款：員工有借款或其他原因暫不發放薪資時，薪資轉檔將不做該員工。
- ◆ 押款還原：將上述之押款作業還原。

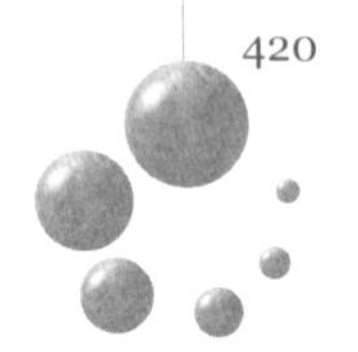

注意事項

調整作業只可做新增及查詢，如果有輸入錯誤，請再新增一筆正確之調整資料。

薪資加減作業

功能說明

可針對員工別或項目別做薪資加減之新增或查詢作業。

畫面說明

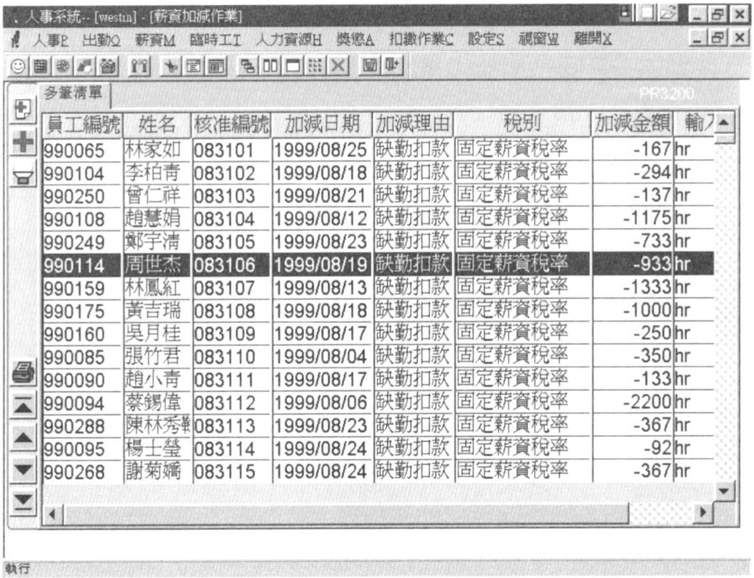

人事系統-- [westin] - [薪資加減作業]

人事P 出勤O 薪資M 臨時工T 人力資源H 獎懲A 扣繳作業C 設定S 視窗W 離開X

多筆清單 PR3200

員工編號	姓名	核准編號	加減日期	加減理由	稅別	加減金額	輸
990065	林家如	083101	1999/08/25	缺勤扣款	固定薪資稅率	-167	hr
990104	李柏青	083102	1999/08/18	缺勤扣款	固定薪資稅率	-294	hr
990250	曾仁祥	083103	1999/08/21	缺勤扣款	固定薪資稅率	-137	hr
990108	趙慧娟	083104	1999/08/12	缺勤扣款	固定薪資稅率	-1175	hr
990249	鄭宇清	083105	1999/08/23	缺勤扣款	固定薪資稅率	-733	hr
990114	周世杰	083106	1999/08/19	缺勤扣款	固定薪資稅率	-933	hr
990159	林鳳紅	083107	1999/08/13	缺勤扣款	固定薪資稅率	-1333	hr
990175	黃吉瑞	083108	1999/08/18	缺勤扣款	固定薪資稅率	-1000	hr
990160	吳月桂	083109	1999/08/17	缺勤扣款	固定薪資稅率	-250	hr
990085	張竹君	083110	1999/08/04	缺勤扣款	固定薪資稅率	-350	hr
990090	趙小青	083111	1999/08/17	缺勤扣款	固定薪資稅率	-133	hr
990094	蔡錫偉	083112	1999/08/06	缺勤扣款	固定薪資稅率	-2200	hr
990288	陳林秀	083113	1999/08/23	缺勤扣款	固定薪資稅率	-367	hr
990095	楊士瑩	083114	1999/08/24	缺勤扣款	固定薪資稅率	-92	hr
990268	謝菊嬌	083115	1999/08/24	缺勤扣款	固定薪資稅率	-367	hr

執行

欄位說明

1.加減理由。

2.屬於：此欄位由對照檔維護作業，使用者自行輸入資料。

3.稅別。

操作方法

1.新增——員工別 ：輸入人事編號及核准編號後，電腦會先帶出姓名及部門，再點選 圖示，新增一筆加減資料，或點選 圖示刪除一筆加減資料，結束之前再點選執行圖示 完成存檔。

2.新增——項目別 ：輸入加減理由、日期以及核准編號之後，點選 圖示新增一筆人事編號，以及加、減金額，或是點選 圖示刪除一筆加、減資料，結束之前再點選執行圖示 完成存檔。

3.查詢：在「多筆清單」狀態下可選擇輸入查詢條件，或不輸入條件直接點選查詢圖示。

4.查詢條件：人事編號、姓名、核准編號、加減日期、加減理由、稅別、加減金額、輸入者。

薪資資料管理

功能說明

不是採「月薪」計算的本薪類別（時薪或契約），發放薪資之新增、查詢、修改等作業。

畫面說明

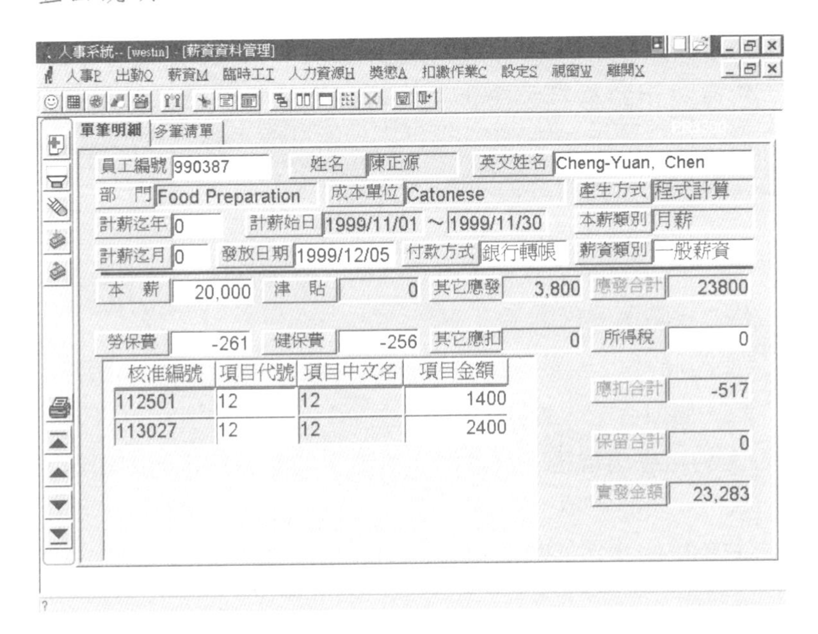

欄位說明

灰色部分由電腦產生，不可輸入，僅白色欄位可由使用者輸入。

1.付款方式：銀行轉帳或領現金。

2.計薪日期：此筆薪資的最後計薪日。

3.發放日期：現金發放的日期或轉帳日期。

4.本薪類別：單筆輸入或月薪。

5.應發合計：輸入以上空白欄位合計（需扣繳所得稅）。

6.免稅調整：不需扣所得稅之調整金額。

7.加班費：不需扣所得稅之加班費。

操作方法

進入薪資資料管理後，點選左方的圖示 新增一筆資料，或點選查詢 圖示，查詢薪資發放資料。

1.新增：新增一筆薪資資料（依序輸入白色欄位），以月薪計薪者須由薪資月結產生，輸入完畢後，點選執行圖示存檔。

2.查詢：

◇在「多筆清單」狀態下可選擇輸入查詢條件，或不輸入條件直接點選查詢圖示。

◇查詢條件：人事編號、計薪日、發放日、本薪、應發合計、應扣合計、實發金額。

◇查詢結果出現後，可選擇多筆清單或點選單筆明細顯示，執行次功能選項。

◇查詢後的次功能選項：

- ◆ 新增：新增一筆薪資資料（操作方式同上一層）。
- ◆ 查詢：可重新下條件查詢資料。
- ◆ 修改：未做薪資月結前均可修改薪資資料。

薪資轉帳製檔

將薪資轉帳的資料製成磁片，提供銀行轉帳之用。

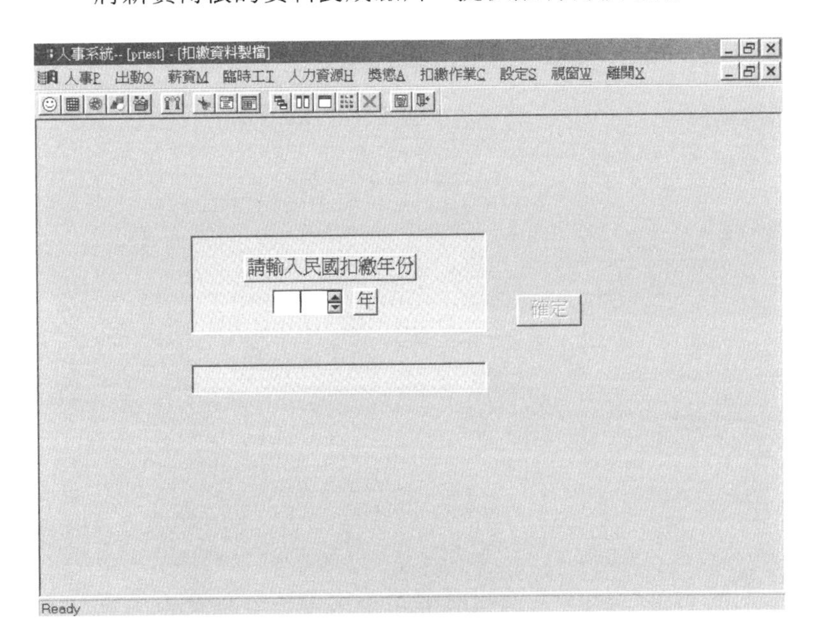

操作方法

選擇轉帳銀行，再輸入計薪日及轉帳日後，記得將磁片放好，點選「確定」鍵，電腦即開始執行製檔作業。

獎金計算

功能說明

依兩種獎金計算方式（定額獎金或基數獎金），執行獎金計算作業。

畫面說明

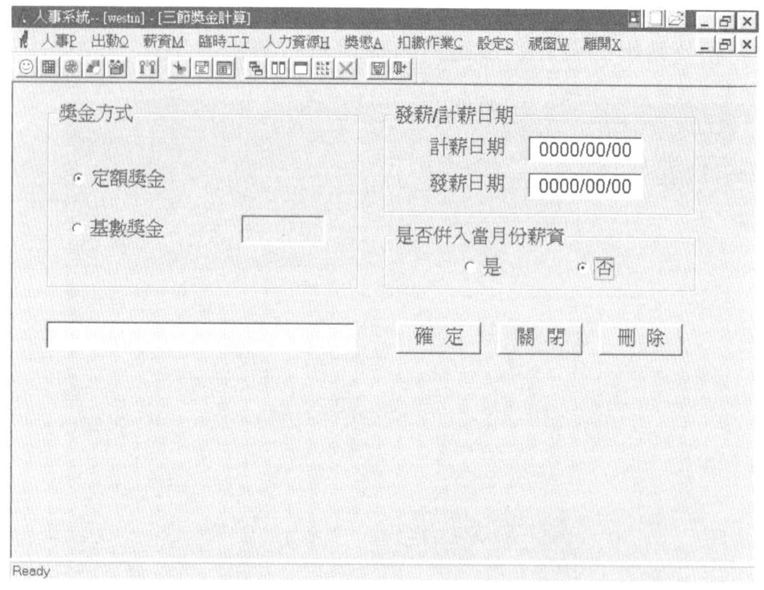

欄位說明

1. 定額獎金：依年資不同而給予不定等額之獎金（年資及金額由對照檔「三節獎金年資對照檔」輸入設定）。
2. 基數獎金：依公司盈虧決定發放一定基數比例，再依工作時間種類計算獎金。

◇發放金額＝月基本薪資×發放基數×年資基數×工作時間基數。

（請先設定：年終獎金年資對照檔，年終獎金工作時間對照檔）

操作方法

選擇獎金計算方式，再輸入計薪日及發放日，是否併入薪資發放後，點選確定鍵，在綠色區顯示電腦目前執行中。

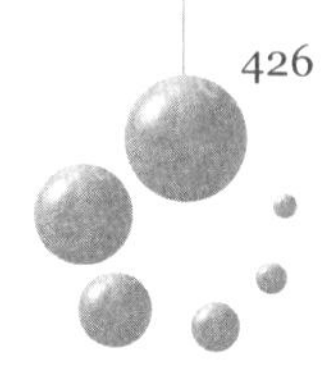

臨時工薪資發放

功能說明

臨時工之薪資發放作業。

畫面說明

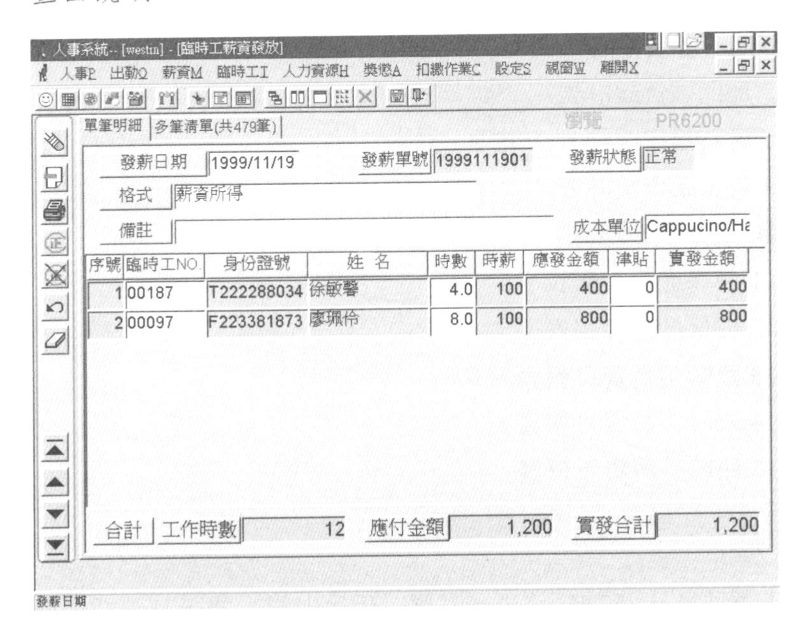

操作方法

依序輸入白色欄位，選擇部門代號及輸入發薪日期後，點選圖示，逐筆輸入員工編號、工作時數、時薪、津貼及稅額後，電腦會自動計算實付金額，全部輸入完畢後將加總合計儲存並產生一個序號，在電腦將依薪資資料管理設定之發放方式轉入帳戶或以現金發放。

報表

1.勞健保報表。

2.勞工保險人數統計。

3.勞健保清冊。

4.薪資加減表。

5.薪資領現明細。

6.員工薪資名冊。

7.部門薪資統計表。

8.薪資撥款明細。

9.員工薪資統計表。

10.薪資單。

11.勞保繳費月報表。

12.健保繳費月報表。

13.臨時工薪資日報表。

14.臨時工薪資月報表。

15.臨時工薪資年報表。

操作方法

1.輸入報表查詢條件後，點選「確定」鍵，報表結果即出現在畫面上。

2.報表結果圖示說明：

◇ 印表機設定。

◇ 列印。

◇ 列印預覽（可選擇預覽縮放百分比）。

◇ 離開（結束報表作業）。

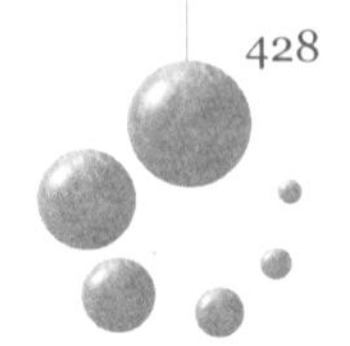

3.欲重新下條件，請點選「查詢」鍵，或選擇離開圖示，重新執行報表作業。

報表說明

1.勞健保報表：查詢條件——部門代號。」

2.勞工保險人數統計：不需輸入任何條件，即可將全部投保資訊列表出來。

3.勞健保清冊：查詢條件——部門代號。

4.薪資加減表：查詢條件——部門代號、人事編號。

5.薪資領現明細：查詢條件——計薪年月、薪資種類。

6.員工薪資名冊：查詢條件——計薪年月、薪資種類、部門代號、人事編號。

7.部門薪資統計表：查詢條件——計薪年月、薪資種類、部門代號、人事編號。

8.薪資撥款明細：查詢條件——計薪年月、薪資種類。

9.員工薪資統計表：查詢條件——西元年。

10.薪資單：套表列印。

11.勞保繳費月報表：查詢條件——西元年月。

12.健保繳費月報表：查詢條件——西元年月。

13.臨時工薪資日報表：查詢條件——部門、發薪期間、人事編號。

14.臨時工薪資月報表：查詢條件——部門、西元年月。

15.臨時工薪資年報表：查詢條件——部門、西元年。

結轉

薪資月結

輸入處理年月，電腦自動計算該月份以月薪核發薪資之資料。

薪資月結確認

執行完薪資月結後，可先列印報表核對，完全無誤後再執行出勤月結。

勞健保計算

勞健保費率有異動時，修改過對照檔的資料後，要執行「勞健保計算」，當月份的勞健保費用才會更新。

獎懲作業系統

1.本系統為人事系統之獎懲作業 。

2.本系統採用西元年度。

畫面說明

功能簡介

1.獎懲資料管理：可記錄員工獎懲次數，或作為考績評量。

2.報表：獎懲統計表。

3.QBE（Query By Example）查詢法：依照使用者的需要，輸入查詢的條件，電腦依照條件、搜尋符合的資料，顯示在螢幕上。

◇符號：

◆＝　等於，不加等號也可以。

◆＞　大於。

◆＞＝　大於或等於。

◆＜　小於。

◆＜＝　小於或等於。

◆＜＞　不等於。

◆like　如。

◇範例：

◆＝8301010001或8301010001　單號等於8301010001。

◆＞1000　某數字大於1000。

◆＞＝830601　某日期大於或等於民國83年6月1日。

◆＜1000　某數字小於1000。

◆＜＝830601　某日期小於或等於民國83年6月1日。

◆＜＞N　某狀態不等於N，此查詢需輸入完整資料。

◆like a%　資料爲A開頭的所有資料。

4.系統Icon說明：

◇　：新增。

◇　：刪除。

◇　：返回上一層。

◇　：修改。

◇　：查詢。

◇　：儲存。

◇ ：離開系統。
◇ ：跳至第一筆資料。
◇ ：上一筆。
◇ ：下一筆。
◇ ：跳至最後一筆。
◇ ：預覽。
◇ ：列印。
◇ ：印表機設定。

獎懲資料管理

功能說明

新增或查詢員工獎懲記錄。

畫面說明

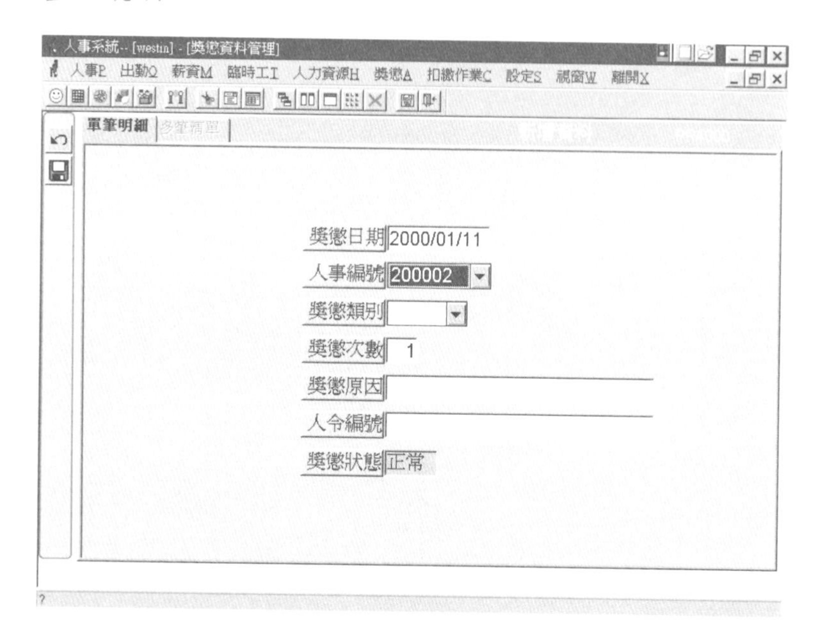

欄位說明

灰色部分由電腦產生，不可輸入，僅白色欄位可由使用者輸入。

1. 獎懲類別：申誡、警告、小過、大過、嘉獎、小功、大功、升職……等等。
2. 獎懲次數：輸入獎懲次數。
3. 獎懲原因：自行輸入獎懲原因。

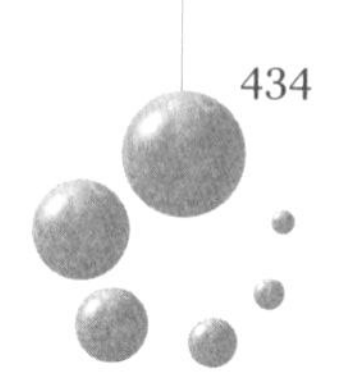

操作方法

進入獎懲資料管理後，點選左方的圖示 新增一筆獎懲資料，或點選圖示 查詢所有獎懲資料。

1.新增：新增一筆獎懲資料（依序輸入白色欄位），輸入完畢後，點選執行圖示存檔。

2.查詢：

◇在「多筆清單」狀態下可選擇輸入查詢條件，或不輸入條件直接點選查詢圖示。

◇查詢條件：獎懲日期、人事編號、類別、次數、人事令編號、獎懲原因。

◇查詢結果出現後，可選擇多筆清單或點選單筆明細顯示，執行次功能選項。

◇查詢後的次功能選項：

◆ 新增：新增一筆獎懲資料（操作方式同上一層）。

◆ 查詢：可重新下條件查詢獎懲資料。

◆ 刪除：刪除一筆資料。

◆ 修改：修改獎懲資料。

扣繳作業系統

1.本系統為人事系統之扣繳作業 。

2.本系統採用西元年度。

畫面說明

功能簡介

1.扣繳資料管理：扣繳資料之新增（薪資以外的所得類別）、查詢、刪除、修改等。

2.扣繳資料製單：電腦自動做薪資扣繳憑單製單作業

3.扣繳資料製檔：扣繳憑單正確無誤後，即可製成檔案。

4.報表：

◇應扣稅捐明細表。

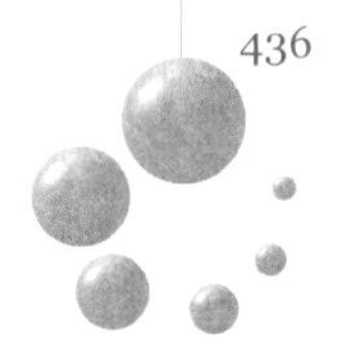

◇扣繳資料明細。

◇扣繳憑單報表。

◇扣繳憑單。

5.QBE（Query By Example）查詢法：依照使用者的需要，輸入查詢的條件，電腦依照條件，搜尋符合的資料，顯示在螢幕上。

◇符號：

◆＝ 等於，不加等號也可以。

◆＞ 大於。

◆＞＝ 大於或等於。

◆＜ 小於。

◆＜＝ 小於或等於。

◆＜＞ 不等於。

◆like 如。

◇範例：

◆＝8301010001或8301010001 單號等於8301010001。

◆＞1000 某數字大於1000。

◆＞＝830601 某日期大於或等於民國83年6月1日。

◆＜1000 某數字小於1000。

◆＜＝830601 某日期小於或等於民國83年6月1日。

◆＜＞N 某狀態不等於N，此查詢需輸入完整資料。

◆like a％ 資料為A開頭的所有資料。

6.系統Icon說明：

◇ ：新增。

◇ ：刪除。

◇ ：返回上一層。

◇ ：修改。

◇ ：查詢。

◇ ：跳至第一筆資料。

◇ ：上一筆。

◇ ：下一筆。

◇ ：跳至最後一筆。

◇ ：預覽。

扣繳資料管理

功能說明

除薪資以外的所得類別（格式50之外），針對單筆扣繳資料做新增、查詢、刪除、修改等作業。

畫面說明

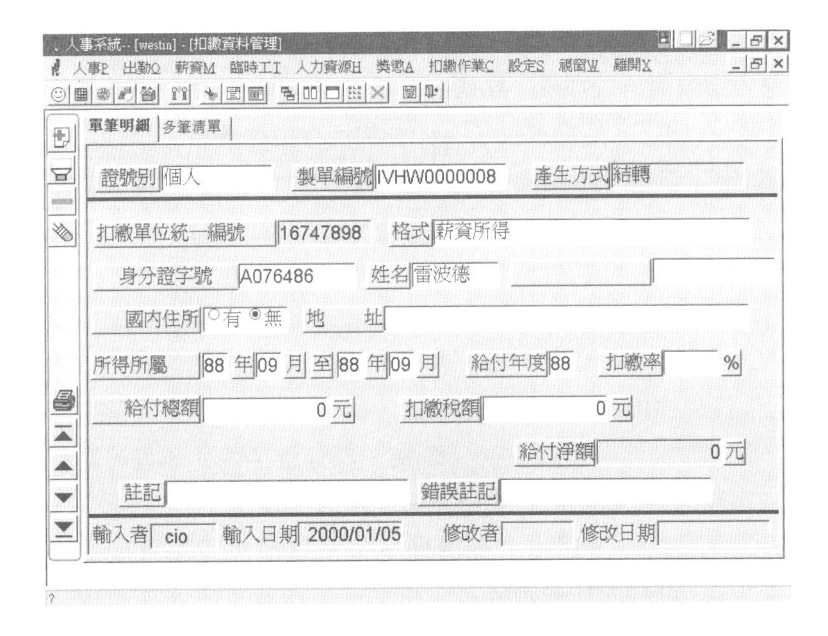

欄位說明

灰色部分由電腦產生，不可輸入，僅白色欄位可由使用者輸入。

1. 格式：依公司規定輸入格式代號（例：50 薪資，5A 金融業利息所得，54 盈餘所得，92 其他）。
2. 身分證字號：輸入員工身分證字號後，電腦自動帶出姓名及部門代號。

3.國內住所：選擇國內有住所者，電腦自動帶出戶籍地址（數字請用中文）。

4.所得所屬年月：所得給付年月，薪資為去年12月至今年11月。

5.給付淨額：給付總額－扣繳稅額。此欄位由電腦計算出，不可修改。

操作方法

進入扣繳資料管理後，點選左方的圖示 新增一筆扣繳資料（除薪資以外），或點選圖示 查詢所有扣繳資料。

1.新增：新增一筆扣繳資料（依序輸入白色欄位），輸入完畢後，點選執行圖示存檔。電腦自動產生製單編號。

2.查詢：

◇在「多筆清單」狀態下可選擇輸入查詢條件，或不輸入條件直接點選查詢圖示。

◇查詢條件：製單編號、格式、身分證字號、年度、給付總額、扣繳稅額、給付淨額、部門代號。

◇查詢結果出現後，可選擇多筆清單或點選單筆明細顯示，執行次功能選項。

◇查詢後的次功能選項：

◆ 新增：新增一筆扣繳資料（操作方式同上一層）。

◆ 查詢：可重新下條件查詢扣繳資料。

◆ 刪除：刪除一筆扣繳資料。

◆ 修改：修改扣繳資料。

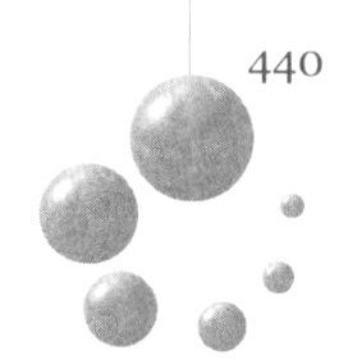

注意事項

除薪資以外的所得類別，才可由此新增。

扣繳資料製單

功能說明

針對年度自動做薪資扣繳憑單製單作業。

操作方法

1. 輸入處理年度，按「確定」鍵，電腦自動將該年度發放之薪資，製作成扣繳資料。
2. 核對資料是否有誤（由扣繳資料管理—查詢或修改），再重新製單。

扣繳資料製檔

功能說明

扣繳憑單列印完畢後，且不需再修改，即可製成檔案，提供國稅局申報之用。

操作方法

輸入處理年度，按「確定」鍵，電腦自動將該年度之所有扣繳資料，製作成檔案。

國家圖書館出版品預行編目資料

旅館資訊系統：客房電腦=Hotel Computer System／
蕭君安，陳堯帝著. -- 初版. -- 台北市：揚智文化，
2000〔民 89〕
面； 公分（餐旅叢書；3）

ISBN 957-818-179-5（平裝）

489.2029 89011019

旅館資訊系統——客房電腦 餐旅叢書 03

著　　者／蕭君安　陳堯帝
出 版 者／揚智文化事業股份有限公司
發 行 人／葉忠賢
責任編輯／賴筱彌
執行編輯／范維君
登 記 證／局版北市業字第 1117 號
地　　址／台北市新生南路三段 88 號 5 樓之 6
電　　話／886-2-23660309　886-2-23660313
傳　　真／886-2-23660310
印　　刷／鼎易印刷事業股份有限公司
法律顧問／北辰著作權事務所　蕭雄淋律師
初版一刷／2000 年 9 月
ISBN／957-818-179-5
定　　價／新台幣 500 元

郵政劃撥／14534976
帳　　戶／揚智文化事業股份有限公司
E-mail／tn605547@ms6.tisnet.net.tw
網　　址／http://www.ycrc.com.tw